高等职业教育计算机类专业系列教材
（人工智能技术应用专业）

计算机网络技术基础

主　编　向玉玲　段昌盛　夏裕民
副主编　谭再峰　王　欢　刘　荣

重庆大学出版社

内容提要

本书结合计算机网络的最新技术成果,改变原来"计算机网络"教学中按照七层协议或 TCP/IP 协议由低到高讲授协议层次的方法,以应用为出发点,理论讲解通俗生动。本书主要讲解计算机网络概述、网络体系结构、数据通信基础知识、网络安全与管理、网络基本设备、局域网、Internet 基础与应用、网络互联技术、网络管理与故障排除、网络技术展望等知识。本书每章最后都安排了实训,帮助学生加深对网络原理的理解,提高对网络的应用能力,促进创新性思维。每章内容后都配有课后练习,并根据每个项目的内容设置了相关技能提示。

本书可作为高职高专院校、中职计算机类课程教材,也可作为计算机相关工作人员的培训教材和参考用书。

图书在版编目(CIP)数据

计算机网络技术基础 / 向玉玲,段昌盛,夏裕民主编. -- 重庆 :重庆大学出版社, 2023.8

ISBN 978-7-5689-4144-0

Ⅰ. ①计… Ⅱ. ①向… ②段… ③夏… Ⅲ. ①计算机网络—高等职业教育—教材 Ⅳ. ①TP393

中国国家版本馆 CIP 数据核字(2023)第 164541 号

计算机网络技术基础

主 编 向玉玲 段昌盛 夏裕民

副主编 谭再峰 王 欢 刘 荣

策划编辑:秦旖旎

责任编辑:姜 凤 版式设计:秦旖旎

责任校对:关德强 责任印制:张 策

*

重庆大学出版社出版发行

出版人:陈晓阳

社址:重庆市沙坪坝区大学城西路 21 号

邮编:401331

电话:(023) 88617190 88617185(中小学)

传真:(023) 88617186 88617166

网址:http://www.cqup.com.cn

邮箱:fxk@cqup.com.cn(营销中心)

全国新华书店经销

重庆升光电力印务有限公司印刷

*

开本:787mm×1092mm 1/16 印张:13.5 字数:340 千

2023 年 8 月第 1 版 2023 年 8 月第 1 次印刷

印数:1—3 000

ISBN 978-7-5689-4144-0 定价:45.00 元

前言

"计算机网络技术基础"是一门实践应用性课程,是计算机应用、计算机网络、物联网应用技术、信息安全专业的一门专业基础课程。在科技发展日新月异的今天,物物相联逐渐普及,任何事情似乎都可以与网络有关,都可以通过网络完成,网络已经从传统的互联网到物联网向纵深阶段继续发展,从智能到智慧,从虚拟现实到人工智能并到了增强现实的阶段。在网络高速发展的今天,学会计算机网络知识已越来越重要,因为网络化已经成了计算机发展的必然趋势。

根据职业院校技能型人才培养的定位,本书在教学内容设计上,力图做到:既体现专业基础课的地位与作用,又充分反映技能型人才培养的目标与特色;既体现专业基础课对理论知识的基础性与系统性的强调,又兼顾职业院校对主流技术及其应用的关注;既强调基本知识与技能的掌握,又关注学生学习能力、合作能力、沟通与表达能力等综合素质的培养。

本书共10章,主要内容包括:计算机网络概述,网络体系结构,数据通信基础知识,网络安全与管理,网络基本设备,局域网,Internet基础与应用,网络互连技术,网络管理与故障排除,网络技术展望。本书着重培养能够进行局域网规划、设计,开展基于个人和企业因特网服务应用的信息化人才。

本书由向玉玲、段昌盛、夏裕民担任主编;谭再峰、王欢、刘荣担任副主编。其中,向玉玲编写项目1,段昌盛编写项目2、项目3,夏裕民编写项目4,谭再峰编写项目5、项目7,王欢编写项目6、项目8,刘荣编写项目9、项目10,向玉玲对全书进行了统稿工作。参与编写的老师都具有丰富的专业知识和理论素养,在此对积极参与编写工作的各位老师表示衷心的感谢。

鉴于编者水平有限,书中难免存在一些疏漏和不足之处,殷切希望同行专家和广大读者批评指正,在此表示衷心的感谢。

编　者

2023年1月

目录

项目 1 计算机网络概述

[任务导入]

小张是大三实习学生,应聘到一家国有企业做网络管理员。该公司正在组建办公局域网,公司主管要求小张绘制出公司的网络拓扑结构图。

[知识目标]

- 了解计算机网络的定义及发展简史。
- 了解计算机网络的功能和特点。
- 掌握计算机网络结构的组成。
- 熟记计算机网络的分类。
- 掌握计算机网络的拓扑结构。

[技能目标]

- 学会如何选择网络拓扑结构。
- 学会如何对计算机网络进行分类。

[课程思政目标]

通过对本项目的理解,培养学生具有良好的团队协作精神、团队意识、组织协调能力和探索创新能力。从"计算机网络在信息时代的作用"进行网络强国战略思想教育,深入学习习近平总书记网络强国的战略思想。通过绘制计算机网络拓扑结构图,可使读者认识到由于环境的不同,所用到的拓扑结构也会有所不同,以此培养学生"实事求是"的科学探究精神。

1.1 计算机网络的定义和发展

21 世纪的重要特征就是数字化、网络化和信息化,是一个以网络为核心的信息时代。这里所说的网络就是指"三网"——电信网络、有线电视网络和计算机网络。这 3 种网络向用户提供的服务不同:电信网络向用户提供电话、电报、传真业务;有线电视网络向用户提供各种电视节目,计算机网络则使用户能够迅速传递数据文件,查找并获取各种有用资料。随着科学技术的发展,电信网络和有线电视网络逐渐融入了计算机网络技术,形成现在所说的"三网融合"。现在的计算机网络不仅能够传送数据,还能够向用户提供打电话、听音乐、观看视频节目等服务。

目前,计算机网络的应用遍布世界各个领域,已成为生活中不可缺少的重要组成部分。从某种意义上讲,计算机网络的发展水平不仅反映了一个国家的计算机科学和通信技术的水平,也是衡量其国力及现代化程度的重要标志之一。

1.1.1 计算机网络的定义

计算机网络技术在不断发展,在不同的阶段,其定义也不尽相同。从目前的现状来看,可以这样描述:计算机网络是指将地理位置不同的具有独立功能的多台计算机及其外部设备,通过通信设备和线路连接起来,在网络操作系统、网络管理软件和网络通信协议的管理下,实现资源共享和信息传递的计算机互联系统。

该描述包括以下 4 个方面的含义:

①计算机之间相互独立自治:从数据处理能力来看,计算机既可以单机工作,也可以联网工作;从分布的地理位置来看,计算机是独立的个体,可以远在天边,也可以近在眼前。

②通信线路:计算机互相通信交换信息,必须有一条通道。这条通道的连接是物理的,由物理介质实现(如铜线、光纤、微波、卫星等)。

③网络协议:计算机之间的信息交换,必须要遵守统一的约定和规则。

④资源共享:任何一台计算机可以将自身的资源共享给其他处于该网络中的计算机实体,这些被共享的资源可以是硬件,也可以是软件和信息资源等。

1.1.2 计算机网络的发展历史

计算机网络从 20 世纪 60 年代开始发展至今,主要经历了以下 4 个阶段。

1)第一阶段(远程联机阶段——20 世纪 60 年代以前)

为了共享主机资源、信息采集以及综合处理,用一台计算机与多台用户终端设备相连,用户通过终端命令以交互方式使用计算机,人们将其称为远程联机系统。这些用户终端设备只能完成输入、输出功能。远程联机系统的特点是系统中只有一个计算机处理中心,各终端通过通信线路共享主计算机的硬件和软件资源,因此,主计算机负担过重,终端独占线路,资源利用率低,如图 1.1 所示。

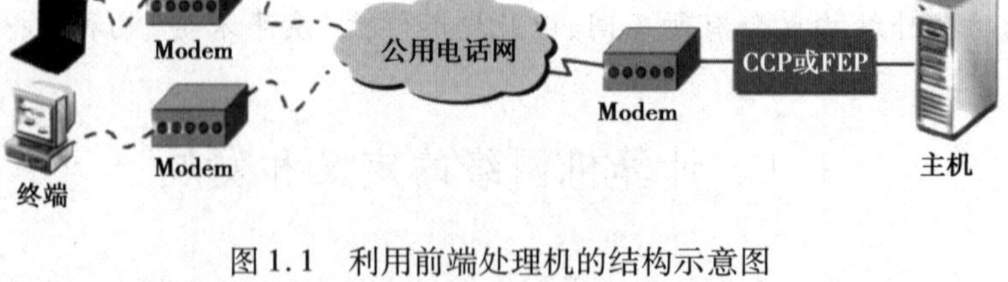

图 1.1 利用前端处理机的结构示意图

2)第二阶段(多机互联网络阶段——20 世纪 60 年代中期)

该阶段的计算机网络主要用于传输和交换信息,因此,在逻辑结构上产生了资源子网和通信子网的概念。美国的 ARPANET 网络就是第二代计算机网络的代表。

资源子网是计算机网络的外层,它由提供资源的主机和请求资源的终端组成。资源子网的任务是负责全网的信息处理。

通信子网是计算机网络的内层,其主要任务是将各种计算机互连起来完成数据传输、交换和通信处理,如图1.2所示。

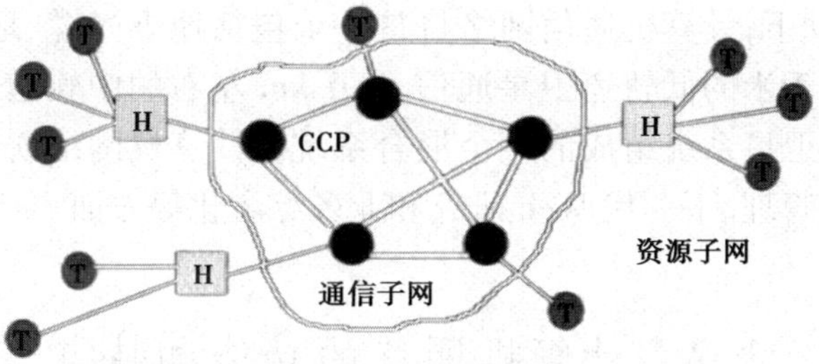

图1.2 资源子网和通信子网示意图

3)第三阶段(标准化网络阶段——20世纪70年代末)

20世纪70年代中期,随着网络的迅速发展,各个计算机生产商纷纷发展各自的网络系统,制订自己的网络技术标准。1974年,IBM公司采用的是SNA系统网络体系结构。1975年,DEC公司采用的是DNA数字网络体系结构。1976年,UNIVAC采用的是DCA分布式通信体系结构。这些网络体系结构存在很大的差异,无法实现不同网络之间的互联,从而限制了计算机网络的发展。

直到1977年,国际标准化组织(International Organization for Standardization,ISO)成立了专门的机构来研究该问题,并且在1984年正式颁布了"开放系统互联基本参考模型"的国际标准OSI/RM,这标志着第三代计算机网络的诞生。

第三代计算机网络的主要特征是网络中的所有计算机遵循同一种网络协议,突出资源共享。如今所用的因特网就是这一特征的充分写照——因特网中的所有计算机都遵循同一种TCP/IP协议。

4)第四阶段(网络互联与高速网络阶段——20世纪90年代)

进入20世纪90年代,微电子技术、光通信技术、计算机技术、大规模集成电路技术的不断发展,为计算机网络技术的发展提供了强有力的支持。特别是1993年美国宣布建立国际信息基础设施(National Information Infrastructure,NII)后,全世界许多国家纷纷制订和建立本国的国家信息系统,从而极大地推动了计算机网络技术的发展,使计算机网络进入一个崭新的阶段,这就是计算机网络互联与高速网络阶段。

目前,全球以Internet为核心的高速计算机网络已经形成,Internet已成为人类最重要的、最大的知识宝库。网络互联和高速计算机网络成为第四代计算机网络。

1.1.3 未来计算机网络

未来计算机网络是通信技术与计算机技术的进一步聚合,并将改变各自原有的基本特征。人们又将其称为"下一代网络",这是一个具有极其松散定义的术语,即泛指一个不同于当代或前一代的网络体系结构,通常是指以数据为中心的融合网络体系结构。从广义上讲,下一代网络应是一个能够提供包括语音、数据、视频和多媒体业务的基于分组技术的综合开放的网络架构。

计算机网络架构的发展方向是IP技术和光网络的结合,而光网络将会演进为全光网络。其关键技术包括三网合一技术、光通信技术、IPv6技术、宽带接入技术、4G移动技术等。

计算机网络研究也将专注于网络计算、蓝牙技术、网络安全与管理、下一代Web研究和业务综合化等方面。

在以上技术的推动下,计算机通信网络将是一个包括地下光缆、地面微波和蜂窝移动通信,地面上数百至数千千米的低轨道卫星通信,1万km左右的中轨道卫星通信,以及3.6万km高的静止轨道通信卫星系统组成的一个混合系统。计算机网络研究也将趋于网络计算、蓝牙技术、网络安全与管理、下一代Web研究和业务综合化等方面。

1.2 计算机网络的功能和特点

计算机网络的功能目的是实现计算机之间的资源共享、网络通信和对计算机的集中管理。除此之外,还有负荷均衡、分布处理和提高系统安全与可靠性等功能。

1.2.1 计算机网络的功能

1)数据通信

这是最基本的功能。它是用来传送各种类型的信息,包括文字信件、新闻消息、资讯信息、图片资料、声音、视频流等各种多媒体信息。

2)资源共享

(1)硬件资源

硬件资源包括各种类型的计算机、大容量存储设备、计算机外部设备,如彩色打印机、静电绘图仪等。

(2)软件资源

软件资源包括各种应用软件、工具软件、系统开发所用的支撑软件、语言处理程序、数据库管理系统等。

(3)数据资源

数据资源包括数据库文件、数据库、办公文档资料、企业生产报表等。

(4)信道资源

信道资源可以理解为电信号的传输介质。通信信道的共享是计算机网络中最重要的共享资源之一。

3)分布处理

计算机网络能够把要处理的任务分散到各个计算机上运行,而不是集中在一台大型计算机上。这样,不仅可以降低软件设计的复杂性,还可以提高工作效率,降低成本。

4)集中管理

对地理位置分散的组织和部门,可通过计算机网络实现集中管理,如数据库情报检索系统、交通运输部门的订票系统、军事指挥系统等。

5)均衡负荷

当一台计算机出现故障或者负荷太重时,可立即由网络中的另一台计算机代替其完成所承担的任务。同样,当网络的一条链路出了故障时可选择其他的通信链路进行连接。

1.2.2 计算机网络的特点

1）可靠性

当网络中某台计算机的任务负荷太重时，可通过计算机网络和应用程序的控制和管理，将作业分散到网络中的其他计算机中，由多台计算机共同完成，以提高系统的可靠性。

2）高效性

计算机网络系统中相互连接的计算机能够互传数据信息，使相距很远的用户之间能够即时、快速、高效、直接地交换数据。

3）独立性

网络系统中相互连接的计算机是相对独立的，它们之间的关系是既互相联系，又相互独立。

4）扩充性

在计算机网络系统中，人们能够很方便、灵活地接入新的计算机，从而达到扩充网络系统功能的目的。

5）廉价性

计算机网络使计算机用户也能够分享到大型机的功能特性，充分体现了网络系统的“群体”优势，能节省投资和降低成本。

6）分布性

计算机网络能将分布在不同地理位置的计算机进行互连，可将大型的、复杂的综合性问题实行分布式处理。

7）易操作性

对于计算机网络用户而言，掌握网络使用技术比掌握大型机使用技术简单，实用性也很强。

1.2.3 计算机网络的应用

计算机网络技术的发展给传统的信息处理工作带来了革命性的变化，同时也给传统的管理带来了很大的冲击。由此，计算机网络能够带给企业和个人怎样的应用呢？

1）数字通信

数字通信是现代社会通信的主流，包括网络电话、可视图文系统、视频会议系统和电子邮件服务等。

2）分布式计算

分布式计算包括两个方面：一方面是将若干台计算机通过网络连接起来，将一个程序分散到各计算机上同时运行，然后将每台计算机计算的结果搜集汇总，整体得出结果；另一方面是通过计算机将需要大量计算的题目送到网络上的大型计算机中进行计算并返回结果。

3）信息查询

信息查询是计算机网络提供资源共享的最好工具之一，当想要查询某些信息资源时，通常会通过百度、Google 等搜索引擎，输入关键词，就能找到想要的内容。

4）远程教育

远程教育是利用 Internet 技术开发的现代在线服务系统，它充分发挥了网络可以跨越空间和时间的特点,在网络平台上,向学生提供各种与教育相关的信息,做到任何人在任何时间、任何地点,可以学习任何课程。

5)电子商务

广义的电子商务包括各行各业的电子业务、电子政务、电子医务、电子军务、电子教务、电子公务和电子家务等;狭义的电子商务是指人们利用电子化、网络化的手段进行商务活动。如大家"双十一"通过网络在淘宝上进行的"疯狂"购物。

6)办公自动化

办公自动化如共享打印设备和应用程序能实现办公活动的科学化、自动化,最大限度地提高工作质量、工作效率和改善工作环境。

7)企业管理与决策

通过企业信息网络,企业可以对分布在各地的业务进行及时、统一的管理与控制,实现企业范围内的信息共享,从而大大地提高企业在全球化市场的竞争能力。如著名的网络设备生产商思科(CISCO)公司利用互联网的力量,将其企业的劳动生产效益提高了 17 亿美元,客户满意度提高了 25%。

1.3 计算机网络的结构组成

无论网络的复杂程度如何,从系统组成上来看,计算机网络是由硬件和软件两大部分构成;从功能上来看,计算机网络分为通信子网和资源子网两个部分。

1.3.1 网络硬件

网络硬件是由计算机(如主机、终端)、通信处理机(如交换机)、传输介质(如同轴电缆、双绞线、光纤)、网络连接设备(路由器、Modem)等构成的,如图 1.3 所示。

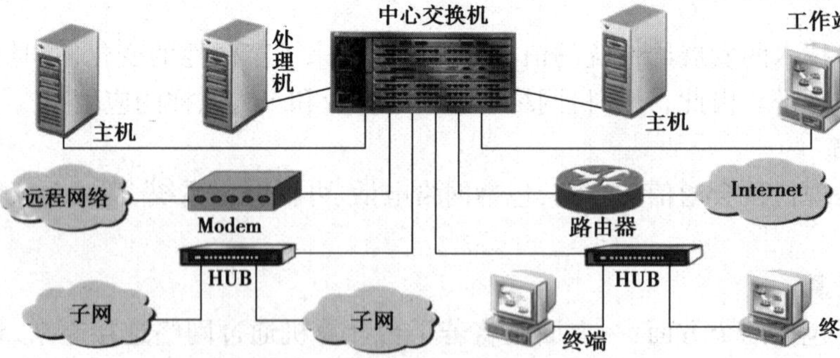

图 1.3 网络硬件组成示意图

1)主机

主机通常被称为服务器,是一台高性能计算机,用于网络管理、运行应用程序、连接一些外部设备,如打印机、调制解调器等。根据服务器在网络中所提供的服务不同,可将其分为打印服务器、通信服务器、数据库服务器、应用程序服务器(如 WWW 服务器、E-mail 服务器、FTP 服务器)等。

2) 终端

终端是网络中的用户访问网络、进行网络操作、实现人-机对话的重要工具,有时也称为客户机、工作站等。它可以通过主机联入网内,也可以通过通信控制处理机联入网内。

3) 通信控制处理机

通信控制处理机主要负责主机与网络的信息传输控制,其主要功能包括线路传输控制、错误检测与恢复、代码转换等。

4) 传输介质

传输介质是指传输数据信号的物理通道,可将各种设备相互连接起来。网络中的传输介质多种多样,可以是无线传输介质(如微波),也可以是有线传输介质(如双绞线)。

5) 网络连接设备

网络连接设备是用来实现网络中各计算机之间的连接、网络与网络之间的互联、数据信号的变换和路由选择,如交换机、路由器、调制解调器、无线通信接收和发送器、用于光纤通信的编码解码器等。

1.3.2　网络软件

网络软件一般由网络操作系统、网络协议软件、网络管理软件、网络通信软件、网络应用软件 5 个部分组成。

1) 网络操作系统

网络操作系统是网络软件中最基本的软件之一,用于实现不同主机之间的用户通信,以及全网硬件和软件资源的共享,并向用户提供统一的、方便的网络接口,便于用户使用网络。常用的网络操作系统有 Linux、UNIX、Netware 和 Windows NT。目前,局域网中广泛使用的是 Windows NT 网络操作系统。

2) 网络协议软件

网络协议软件是网络通信的数据传输规范,网络协议软件是用于实现网络协议功能的软件。

目前,典型的网络协议软件有 TCP/IP 协议、IPX/SPX 协议、IEEE802 标准协议系列等。

3) 网络管理软件

网络管理软件是用来对网络资源进行管理和对网络进行维护的软件,如性能管理、配置管理、故障管理、计费管理、安全管理、网络运行状态监视与统计等。

4) 网络通信软件

网络通信软件是用于实现网络中各种设备之间进行通信的软件,使用户能够在不必详细了解通信控制规程的情况下,控制应用程序与多个站点进行通信,并对大量的通信数据进行加工和管理。

5) 网络应用软件

网络应用软件是指为用户提供各种服务的软件。例如,常用的即时通信程序 QQ、IE 浏览器都属于网络应用软件。

1.3.3　资源子网和通信子网

计算机网络从逻辑上可以划分为资源子网和通信子网,以实现数据通信和数据处理两种最基本的功能,如图 1.4 所示。

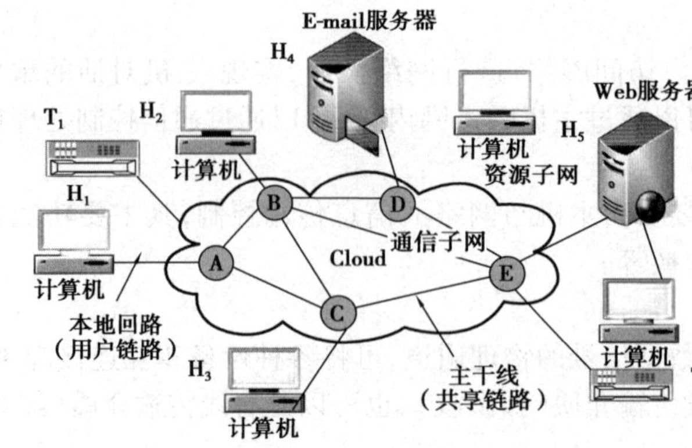

图 1.4　计算机网络组成示意图

1）资源子网的功能

资源子网负责全网的数据处理业务，并为网络用户提供各种网络资源和网络服务。资源子网由终端、服务器、传输介质、网络应用软件和数据资源组成。

2）通信子网的功能

通信子网负责全网的数据通信业务，为资源子网提供传输、交换数据信息的能力。通信子网由通信控制处理机、网络连接设备、网络通信软件、网络管理软件组成。

1.4　计算机网络的分类

计算机网络的分类方法有很多，可从不同的角度观察网络系统、划分网络。根据不同的分类原则，可以得到不同类型的计算机网络。

1.4.1　按网络覆盖范围分类

计算机网络按网络覆盖范围分，可分为个人区域网（Personal Area Network，PAN）、局域网（Local Area Network，LAN）、城域网（Metropolitan Area Network，MAN）、广域网（Wide Area Network）和互联网（Internet）。

1）个人区域网

个人区域网是指在个人工作的地方，把属于个人的电子设备，如笔记本电脑、智能手机等连接起来的网络，其范围在 10 m 左右。如在手机和电脑之间传输 QQ 上的文件。

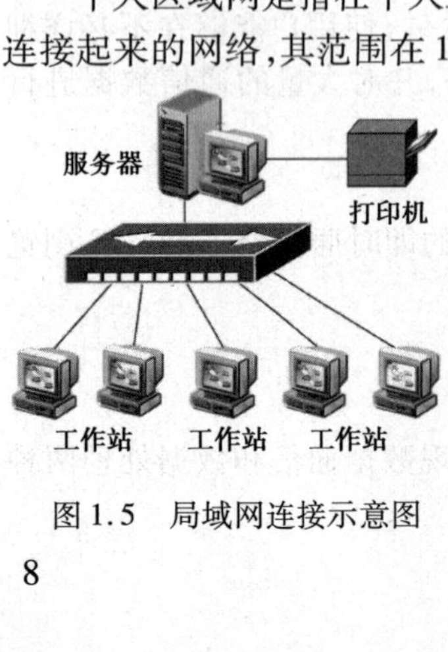

图 1.5　局域网连接示意图

2）局域网

局域网的作用范围是几百到几千米，一般在一座建筑物内或建筑物附近，如家庭、办公室或工厂。当局域网用于公司时，称为企业内部网；用于学校时，称为校园网，如恩施××技术学院校园网。局域网配置容易、速率高，一般可达 4 Mb/s ~ 2 Gb/s，组建费用比较低，如图 1.5 所示。

3）城域网

城域网是局域网的延伸，用于局域网之间的连接，网络规模局限在一座城市范围内，覆盖的地理范围从几十到几百千米。最有名的城域网的例子是许多城市都有的有线电视网，如图1.6所示。

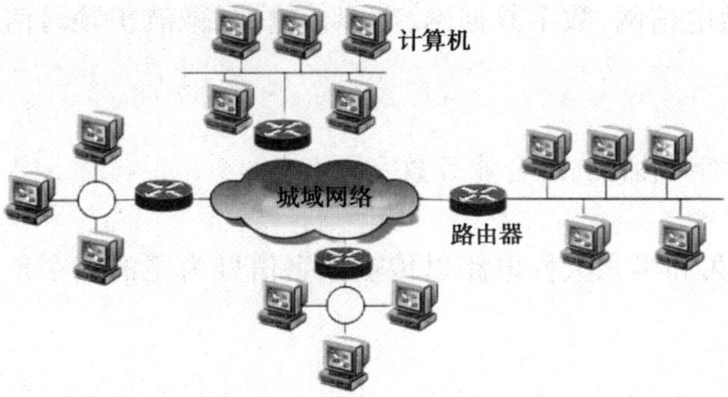

图1.6　城域网连接示意图

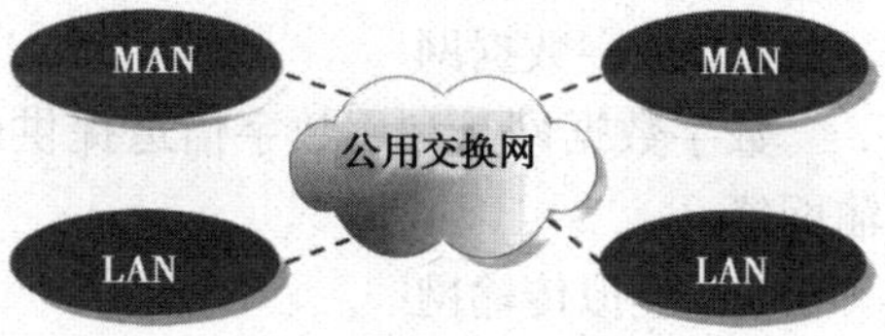

图1.7　广域网连接示意图

4）广域网

广域网的作用范围通常为数百千米到数千千米，甚至上万千米。广域网是将远距离的网络和资源连接起来的系统，主要用在一个地区、行业甚至在全国范围内组网。如中国教育和科研计算机网（China Education and Research Network，CERNET）就是将大多数高校连在一起所形成的一个覆盖全中国的教育网，恩施××技术学院校园网就是CERNET的一个组成部分，如图1.7所示。

5）互联网

世界上存在着许许多多的网络，它们常常使用不同的硬件和软件。连接到一个网络中的人经常要与连接到另一个网络中的人通信，为了做到这一点，把那些相互之间不同而且通常不兼容的网络必须连接起来。这些网络互相连接的集合就称为互联网。

互联网最常见的形式是多个局域网通过广域网连接在一起。现在所使用的因特网就是一个覆盖全世界的互联网。

广域网使用的主要技术为存储-转发技术。城域网与局域网之间的连接是通过接入网来实现的。接入网又称为本地接入网或居民接入网，它是近年来由于用户对高速上网需求的增加而出现的一种网络技术，是局域网与城域网之间的桥接区，如图1.8所示。

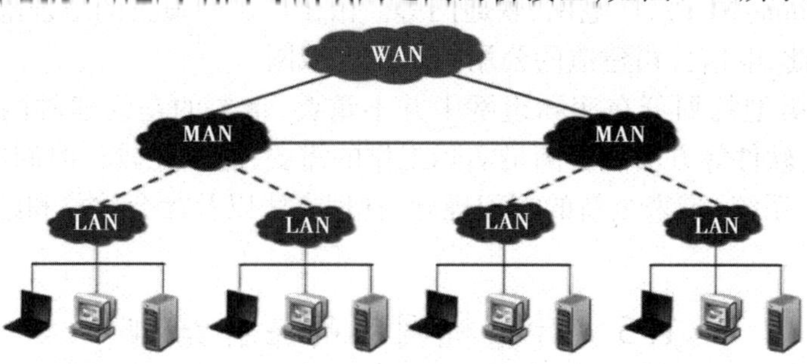

图1.8　广域网、城域网和局域网连接示意图

1.4.2　按传输介质分类

计算机网络按传输介质分，可分为由同轴电缆、双绞线或光纤连接的有线网，采用无线通信技术实现的无线网。

1.4.3　按传输技术分类

计算机网络按传输技术分,可分为普通电信网、数字数据网、虚拟传输网、微波扩频通信网、卫星通信网5种类型。

(1)普通电信网

普通电信网包括普通电话线网、综合数字电话网、综合业务数字网。

(2)数字数据网

数字数据网是利用数字信道提供的永久和半永久性电路以传输数字信号为主的数字传输网络。

(3)虚拟传输网

虚拟传输网是指客户基于DDN智能化的特点,利用DDN的部分网络资源形成的一种虚拟网络。

(4)微波扩频通信网

微波扩频通信网是电视传播组建企业内部网的一种方法,在移动通信中十分重要。

(5)卫星通信网

卫星通信网是近年发展起来的空中通信网络。

1.4.4　按使用性质分类

计算机网络按使用性质分,可分为专用网和公用网。

1)专用网

专用网是某个部门、某个行业为各自的特殊业务工作需要构建的网络,这种网络不允许其他外部单位使用。例如,军队、银行、铁路、电力、公安等均有本系统的专用网,有专线和专门的服务器,与互联网隔绝。局域网一般都是专用网。局域网通常都是为某个单位所拥有,非本单位的人员一般都无法使用本单位安装的局域网。

2)公用网

公用网是指由电信部门出资构建的大型网络,只要按规定缴纳费用的人都可以使用这种网络,如电信网(China NET)、广电网、联通网等。由于广域网覆盖的地理范围广,可向更多的用户提供服务,因此,电信公司建造的公用网都是广域网。

事实上,网络类型的划分在实际组网中并不重要,重要的是组建的网络系统从功能、速度、操作系统、应用软件等方面能否满足实际工作的需要;能否在较长时间内保持相对的先进性;能否为该部门(系统)带来全新的管理理念、管理方法以及社会效益和经济效益等。

1.5　计算机网络的拓扑结构

计算机网络的拓扑结构影响整个网络的设计、功能、可靠性和通信费用等方面,是决定网络性能优劣的重要因素之一。本节重点讨论计算机网络拓扑结构的基本概念、不同传播方式下的计算机网络拓扑结构、典型的计算机网络拓扑结构等。

1.5.1　网络的拓扑结构

拓扑学是几何学的一个分支,是从图论演变而来的。拓扑学首先把实体抽象成与其大小、形状无关的点,将连接实体的线路抽象成线,进而研究点、线、面之间的关系,即拓扑结构(Topology Structure)。在计算机网络中,把服务器、工作站、通信设备等网络单元抽象为“点”,把网络中的电缆、双绞线等传输介质抽象为“线”。

计算机网络的拓扑结构是指计算机网络中的通信线路和节点相互连接的几何排列方法和模式。

1.5.2　网络的拓扑结构种类

常见网络的拓扑结构有总线型、星型、树型、环型、网状型、蜂窝型和混合型。

1)总线型拓扑结构

总线型拓扑结构是指所有节点共享一根传输总线,所有的站点都通过硬件接口连接在这根传输线上,如图1.9、图1.10所示。

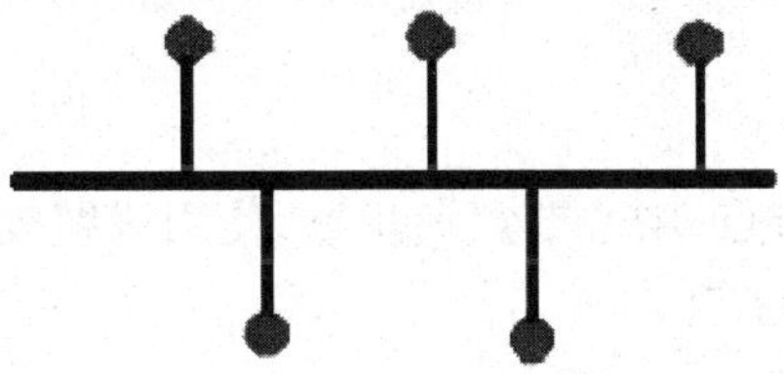

图1.9　总线型示意图

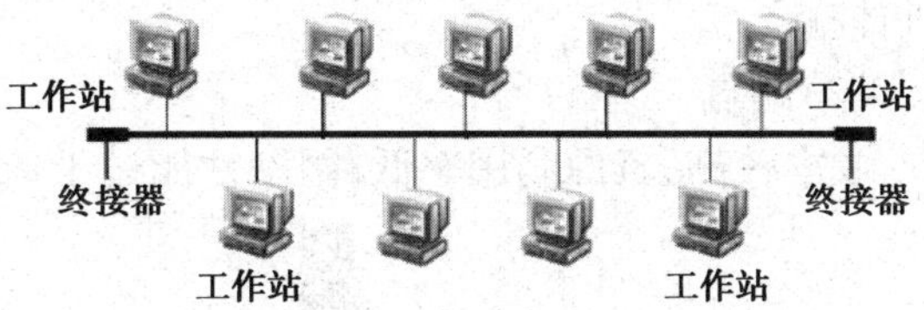

图1.10　总线型拓扑结构示意图

总线型结构示意图,如图1.11所示。

(1)优点

①不需要其他互联设备,组网费用低。

②结构简单,易于扩展。

(2)缺点

①所有主机共享同一总线,主机增多时会引起网络性能下降。

②总线一旦出现故障,将导致整个网络中断。

③总线的传输距离有限,通信范围受到限制。

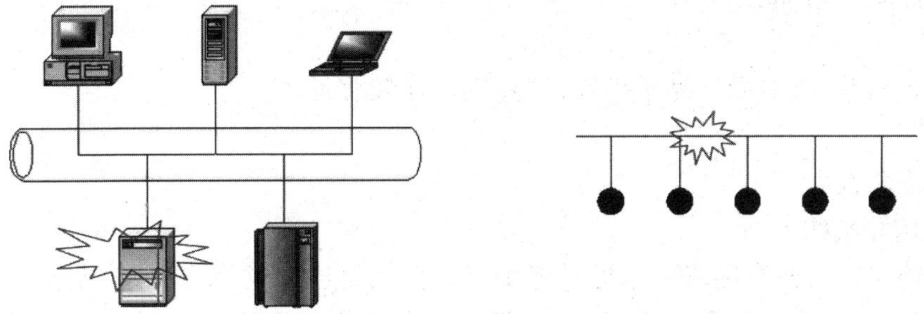

图1.11　总线型结构示意图

2)星型拓扑结构

星型拓扑结构是以中央节点为中心,把若干外围节点连接起来的辐射式的互连结构。中心节点设备通常采用交换机,N 个节点完全互联需要 $N-1$ 条传输线路。需要强调的是,星型以太网虽然在物理结构上呈星型,但逻辑上仍然是总线型结构,如图 1.12 所示。

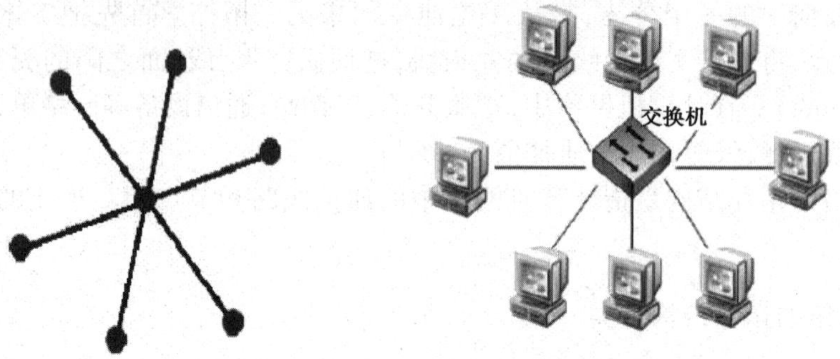

图 1.12　星型拓扑结构示意图之一

星型拓扑结构示意图,如图 1.13 所示。

(1)优点

单点故障不影响全网,结构简单。增删节点及维护管理容易;故障隔离和检测容易,延迟时间较短。

(2)缺点

成本较高,资源利用率低;网络性能过于依赖中心节点,中心节点负担重,使用线缆较多。

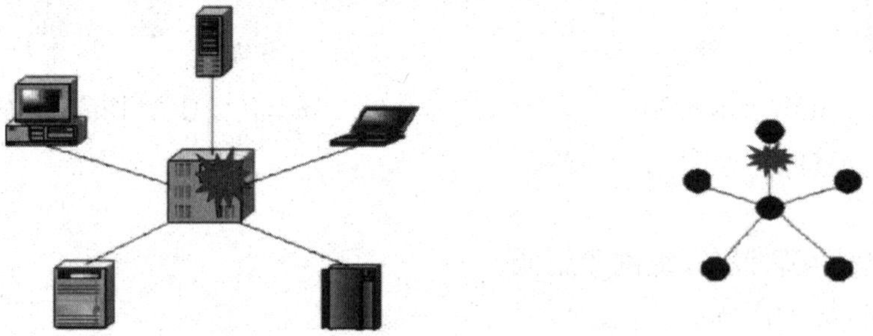

图 1.13　星型拓扑结构示意图之二

3)树型拓扑结构

树型结构是星型结构的扩展,它由根节点和分支节点所构成,如图 1.14 所示。

树型拓扑结构的优缺点:

(1)优点

结构比较简单,成本低。易于扩展,故障隔离比较容易。

(2)缺点

对根的依赖性大。

4)环型拓扑结构

环型拓扑结构将所有网络节点通过点到点通信线路连接成闭合环路,数据将沿一个方向逐站传送,每个节点的地位和作用相同,且每个节点都能获得执行控制权。环型结构的显著特点是每个节点用户都与两个相邻节点用户相连。节点之间采用点到点的链路;网络中的所有节点构成一个闭合的环,环中的数据沿着一个方向绕环逐站传输。

这种环型结构简化了路径选择控制,不易发生地址冲突,且各个节点负载均衡。但节点

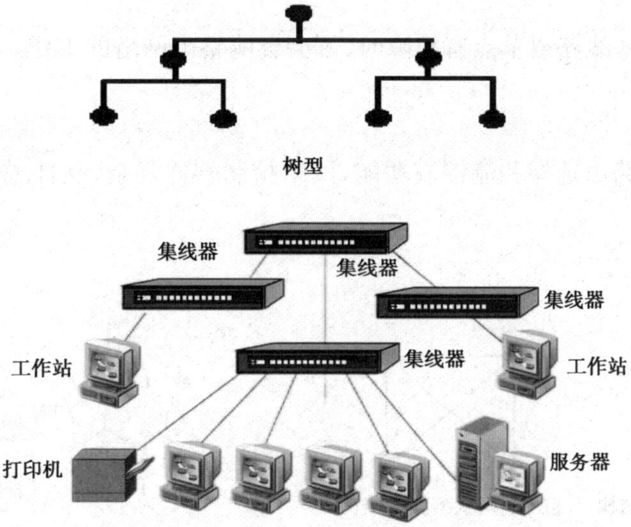

图 1.14 树型拓扑结构示意图

过多时,会加大传输时延,影响传输效率。环某处断开会导致整个系统失效,此外,节点的加入和撤出过程也要比其他结构复杂。

环型拓扑结构示意图,如图 1.15 所示。

(1)优点

简化路径选择控制,不易发生地址冲突等;传输延迟固定,实时性强,可靠性高;且各节点负载均衡。

(2)缺点

节点过多时,会加大传输时延,影响传输效率;环某处断开会导致整个系统失效,节点的加入和撤出过程复杂。

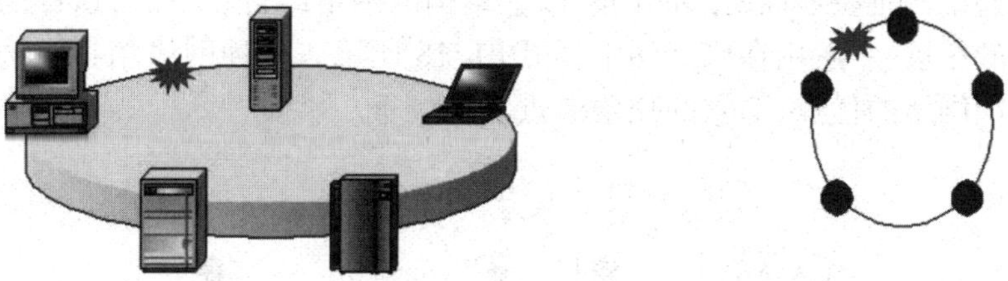

图 1.15 环型拓扑结构示意图

5)网状型拓扑结构

网状型拓扑结构中的所有节点之间的连接是任意的,无规律。实际存在的广域网基本上都是采用网状型拓扑结构。

如果网络中的节点数为 N,则连接网络的链路数 H 可用以下公式计算:

$$H = \frac{N(N-1)}{2}$$

如果小于 H 条,则称为半网状型拓扑结构;如果满足 H 条,则称为全网状型拓扑结构,如图 1.16 所示。

网状型拓扑结构的优缺点:

(1)优点

信号传输快;某一线路或节点有故障时,不会影响整个网络的工作。冗余链路,网络可靠性高。

(2)缺点

结构复杂,需要路由选择和流控制功能,网络控制软件复杂,硬件成本较高,不易管理和维护。

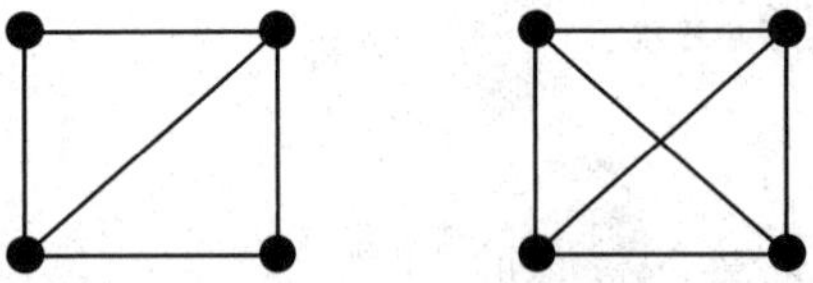

(a)半网状型拓扑结构　(b)全网状型拓扑结构

图 1.16　半网状型、全网状型拓扑结构示意图

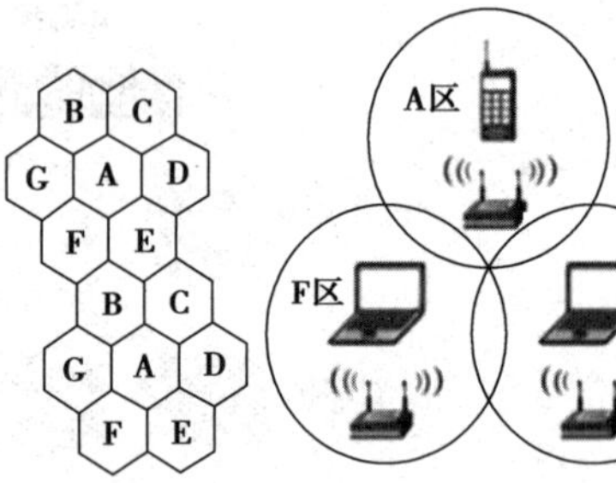

图 1.17　蜂窝型拓扑结构示意图

6)蜂窝型拓扑结构

蜂窝型拓扑结构主要用于无线网络中,其蜂窝的大小与基站、AP 发射功率有关,采用频率复用技术进行扩容,如图 1.17 所示。

蜂窝型拓扑结构的优缺点:

(1)优点

网络建设时间短、易于扩展。

(2)缺点

信号容易受环境或人为的干扰,传输速率低,投资成本高。

7)混合型拓扑结构

混合型拓扑结构是将前面所讲的两种以上结构的网络结合在一起,这样的拓扑结构更能满足较大网络的拓展,一般用在广域网中,如图 1.18 所示。这种网络拓扑结构同时兼顾了星型网络与总线型网络的优点,但它的顶层节点负荷较重。

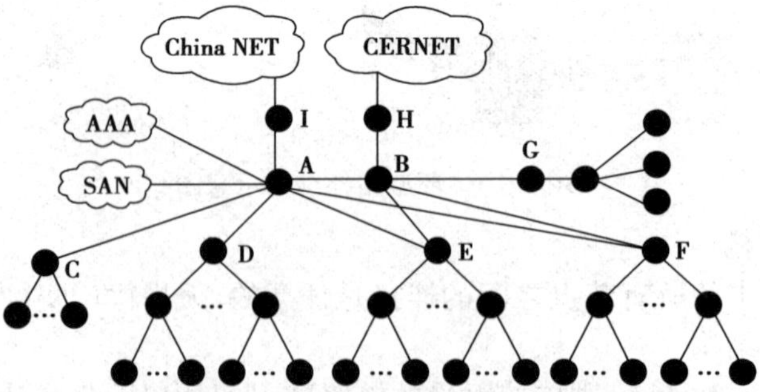

图 1.18　混合型拓扑结构示意图

如图 1.18 所示,这种拓扑结构兼顾了树型和网状型网络的优点,当整个网络中的某个局部出现故障时,不会影响全网的操作,具有很高的可靠性;各个节点之间均可以直接建立数据链路,信息流程短,网上延迟时间短。

1.5.3 按传播方式分类

计算机网络按传播方式的不同,可分为广播式网络和点-点网络两大类。

1)广播式网络

广播式网络是指网络中的计算机或者设备使用一个共享的通信介质进行数据传播,网络中的所有节点都能收到任一节点发出的数据信息,如图1.19所示。

常见的广播式网络有星型网、总线网、蜂窝网等。

目前,在广播式网络中的传输方式有单播、组播和广播3种。

(1)单播方式

单播即采用一对一的发送形式,将数据发送给网络所有目的节点,如图1.20所示。

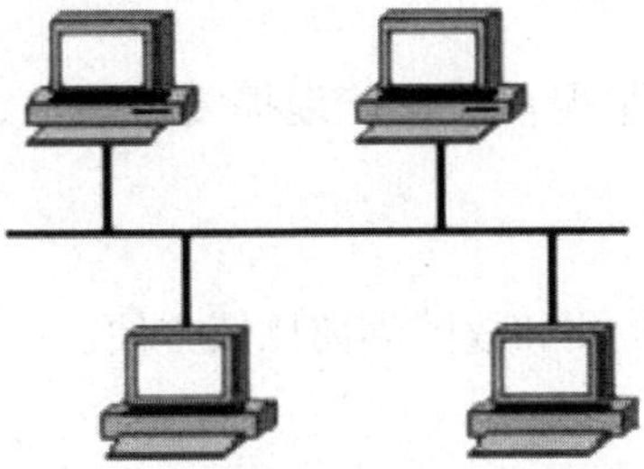

图1.19 广播式网络示意图

图1.20 单播传输

(2)组播方式

组播即采用一对一组的发送形式,将数据发送给网络中的某一组主机,如图1.21所示。

(3)广播方式

广播方式即采用一对所有的发送形式,将数据发送给网络中所有目的节点,如图1.22所示。

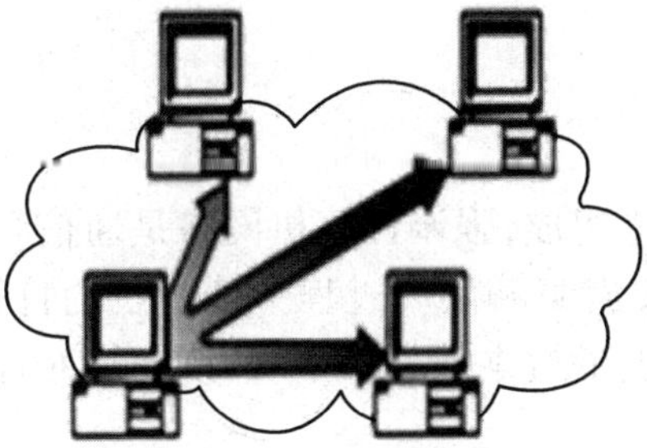

图1.21 组播传输

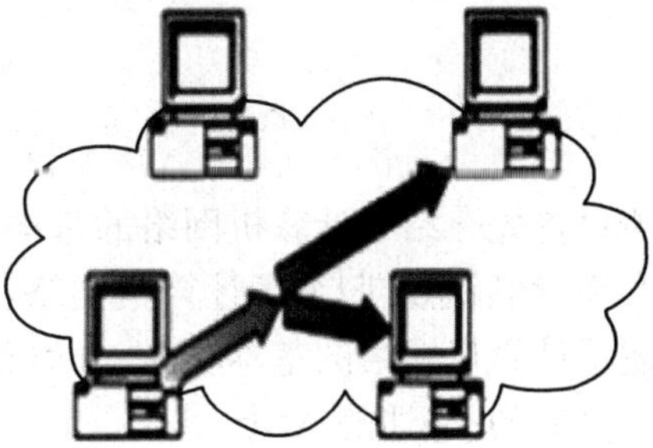

图1.22 广播传输

2)点-点网络

点-点网络是由一条通信线路连接两台设备,假如没有直接相连的线路,数据为了能从源端到达目的端,可能需要经过一台或多台中间设备的接收、存储、转发,直至目的节点,如图1.23所示。

常见的点-点网络结构有环型、树型和网状型。点-点网络多用于局域网的互联,或城域网和广域网的互联。常见的点-点通信协议有PPP(Point to Point)和PPPoE(Point-to-Point Protocol over Ethernet)两种。

(a)点-点网络拓扑结构　　(b)点-点网络结构

图 1.23　点-点拓扑结构示意图

1.5.4　计算机网络拓扑结构的选择

当熟悉了这些计算机网络拓扑结构的优缺点后，就可以进行计算机网络拓扑结构的选择了。

计算机网络拓扑结构的选择往往与传输媒体的选择及媒体访问控制方法的确定紧密相关。在选择网络拓扑结构时，应考虑以下因素：

(1)可靠性

考虑通信介质、连接设备发生故障时受影响设备的情况。尽可能地提高可靠性，以保证所有数据流能被准确接收。

(2)可维护性

考虑安装和维护的相对难易程度，尽可能地使故障检测和故障隔离比较方便。

(3)费用

需要考虑适合特定应用的线路、设备费用和安装费用。

(4)灵活性

需要考虑在今后扩展或改动时能够重新配置网络拓扑结构，能方便地处理原有站点的删除和新站点的加入。

(5)响应时间和吞吐量

需要为用户提供尽可能短的响应时间和最大的吞吐量。

项目小结

本项目首先介绍了计算机网络的基本概念和基本组成，强调计算机网络是通信和计算机结合的产物；然后总结归纳了计算机网络产生的历史背景和发展过程中各阶段的特征；接着详细阐述了计算机网络的基本功能、分类和拓扑结构；通过本项目的学习，读者能对计算机网络有一个全面的、感性的认识。

思考与练习

一、选择题

1. 计算机网络是分布在不同地理位置的多个独立的(　　)的集合。

A. 局域网系统　　B. 多协议路由器

C. 操作系统　　D. 自治计算机

2. 分布式计算机系统与计算机网络系统的重要区别是(　　)。

A. 硬件连接方式不同

B. 系统拓扑结构不同

C. 通信控制方式不同

D. 计算机在不同的操作系统下工作方式不同

3. 计算机网络是计算机技术和通信技术相结合的产物,这种结合开始于(　　)。

A. 20 世纪 50 年代　　B. 20 世纪 60 年代初期

C. 20 世纪 60 年代中期　　D. 20 世纪 70 年代

4. 计算机网络的主要功能有(　　)、数据传输和进行分布处理。

A. 资源共享　　B. 提高计算机的可靠性

C. 共享数据库　　D. 使用服务器上的硬盘

5. 计算机网络中可以共享的资源包括(　　)。

A. 硬件、软件、数据、通信信道　　B. 主机、外设、软件、通信信道

C. 硬件、程序、数据、通信信道　　D. 主机、程序、数据、通信信道

6. 计算机网络最基本的功能是(　　)。

A. 数据通信　　B. 资源共享　　C. 分布处理　　D. 集中管理

7. 在(　　)范围内的计算机网络可以称为局域网。

A. 一个楼宇　　B. 一个城市　　C. 一个国家　　D. 全世界

8. 下列不属于广域网的是(　　)。

A. 电话网　　B. ISDN

C. 移动互联网　　D. x.25 分组交换公用数据网

9. 在计算机网络中,一般局域网的数据传输速率要比广域网的数据传输速率(　　)。

A. 高　　B. 低　　C. 相同　　D. 不确定

10. 星型拓扑结构适用于(　　)。

A. 广域网　　B. 互联网　　C. 局域网　　D. Internet

11. 计算机网络的拓扑结构是指(　　)。

A. 计算机网络的物理连接形式　　B. 计算机网络的协议集合

C. 计算机网络的体系结构　　D. 计算机网络的物理组成

12. 下列属于星型拓扑结构的优点是(　　)。

A. 结构复杂　　B. 电缆长度短　　C. 不需接线盒　　D. 控制简单

二、填空题

1. 1969 年,美国国防部高级研究计划局发布了__________网,它是 Internet 最早的雏形。

2. 计算机网络的发展可以归结为__________个阶段,分别是__________、__________、__________和__________。

3. 按照覆盖的地理范围对计算机网络进行分类,计算机网络可分为__________、__________、__________和__________。

4. 按照网络拓扑结构对计算机网络进行分类,可分为__________、树型和__________。

三、简答题

1. 什么是计算机网络,其主要功能是什么?

2. 请简要说明网络有哪些分类方法?

3. 计算机网络有哪几种拓扑结构,各有什么特点?

4. 试举例说明信息、数据、信号和通信之间的关系。

实验 1　基于 Visio 2021 的网络拓扑图绘制

一、实验目的

1. 熟悉网络拓扑图。

2. 掌握网络拓扑图的绘制功能。

二、实验设备

Visio 2021 绘图软件。

三、背景知识

网络拓扑结构有助于了解计算机网络的结构,是学习计算机网络技术的一个基础内容。小型、简单的网络拓扑结构因涉及的网络设备不是很多,而且对图元外观要求也不高,通过 Word 或画图工具都可以完成绘制。但是针对一些复杂的、大型的网络拓扑结构,则需要通过类似于 Visio 等专业的绘图软件来完成。

Visio 2021 属于 Office 2021 系列,是微软公司开发的高级绘图软件,它是一款便于 IT 和商务人员就复杂信息、系统和流程进行可视化处理、分析和交流的软件。利用 Visio 2021 可以绘制出需要的网络设备,例如,服务器、路由器、防火墙、集线器、无线访问点、大型机和调制解调器等,不仅外观美观,而且非常有视觉感。

四、实验内容与要求

1. 使用 Visio“基本网络图”绘图类型,画出如图 1.24 所示的网络拓扑结构。

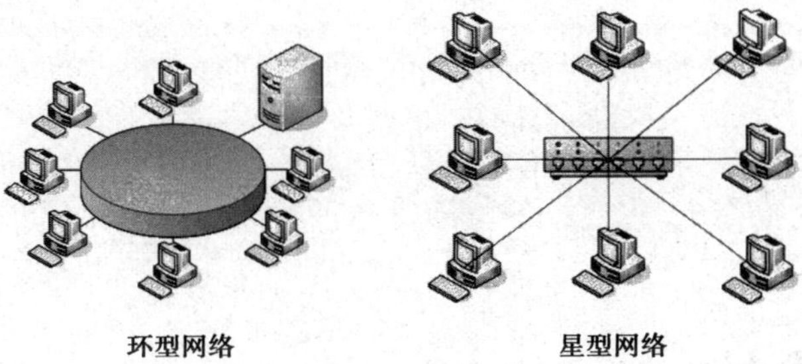

图1.24　网络拓扑结构

2. 使用 Visio 绘图软件,绘制如图1.25所示的网络拓扑结构图。

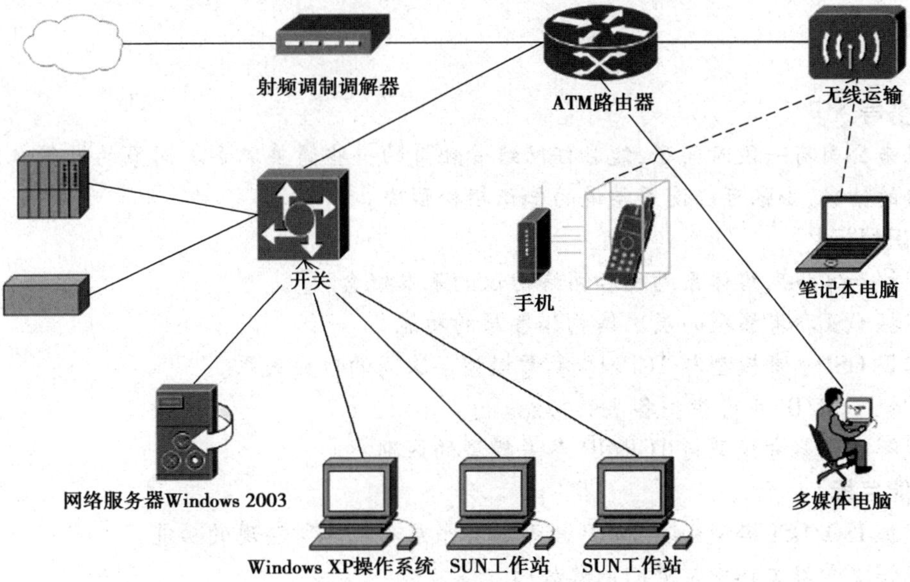

图1.25　思科网络拓扑结构图

五、实验步骤

1. 启动 Visio 软件。
2. 熟悉 Visio 软件的界面操作。
3. 使用 Visio 软件绘制网络拓扑结构图。

项目 2

网络体系结构

[任务导入]

小张来公司有一段时间了,能胜任网络管理员的一些简单职责。同事的计算机时常有连不上网络的情况,小张可以使用学过的知识轻松解决。

[知识目标]

- 理解和掌握网络体系结构和网络协议的基本概念。
- 掌握 OSI 参考模型的层次结构和各层的功能。
- 掌握 OSI 参考模型与 TCP/IP 参考模型层次间的对应关系。
- 掌握 TCP/IP 参考模型各层的功能。
- 理解 OSI 参考模型与 TCP/IP 参考模型的区别。

[技能目标]

- 掌握 ISO/OSI 模型和 TCP/IP 模型的各个层次及其所实现的功能。
- 能解决学习工作中常见的网络故障。

[课程思政目标]

通过本项目的学习,培养学生社会主义核心价值观中的法治精神。计算机网络之间要进行有效的通信,就必须使用 ISO 体系结构进行约束,每一层都有自己的功能,使计算机网络通信整体性能得到更好的发挥。国家法治建设也一样,通过法律法规来规范各类社会主体的行为。

2.1 网络体系结构的形成

计算机网络是一个非常复杂的系统,连接在网络上的两台计算机应用 QQ 如何相互传送文件?

首先两台计算机要有一条传送数据的物理通路,除此之外,还要做以下工作:

①发送文件的计算机必须将数据通路进行“激活”,也就是说,要发出一些信息控制命令,保证传送的数据能在这条数据通路上正确地发送和接收。

②告诉网络如何识别接收数据的计算机,保证只有目的计算机才能接收数据。

③发送文件的计算机必须查明目的计算机是否已开机，并且与网络连接正常。

④必须弄清楚发送文件的计算机中的 QQ 应用程序，目的计算机中的 QQ 应用程序是否已做好接收文件和存储文件的准备工作。

⑤对出现的各种差错和意外事故，如数据传送错误、丢失、网络掉线，网络中某个节点交换机出现故障等，这时应有可靠的措施保障目的计算机最终能够收到正确的文件。

由此可见，相互通信的两个计算机系统必须高度协调工作，而这种"协调"相当复杂，因为计算机网络要解决以下复杂的技术问题，例如，

①支持多种通信媒体。

②支持多厂商、异种机互联：软件的通信约定、硬件接口的规范等。

③支持多种业务：批处理、交互分时、数据库等。

④支持高级人机接口。

处理方法：

程序设计中对复杂问题进行模块化处理，而计算机网络中则将该复杂系统进行分层处理，每层完成特定的功能，各层协调一致实现整个网络系统。

在现实生活中有很多应用分层处理的实例。

案例1：恩施××技术学院校长要和新西兰大学校长商谈两校互换国际交流生的问题，双方之间合作交流通过3个层次的人员进行。

最高层——恩施××技术学院校长只会讲汉语，新西兰大学的校长只会讲英语，由于他们两人没有共同会讲的语言，所以他们每个人都雇佣了一个翻译（第二层），每个翻译又联系了一位秘书（第一层）。恩施××技术学院校长希望将他的信息传达给新西兰大学的校长，为了达到这一目的，他需要先将这条语言（汉语）通过2和3层之间的接口传递给他的翻译。两位翻译统一用一种双方都能理解的英语进行交流。然后翻译将消息交给秘书，让她传送出去，比如通过电子邮件来传送。当消息到达另一端的翻译时，被翻译成英语；然后通过2和3层之间的接口传送给新西兰大学的校长。

案例2：现实生活中邮政系统体系结构示意图如图2.1所示。

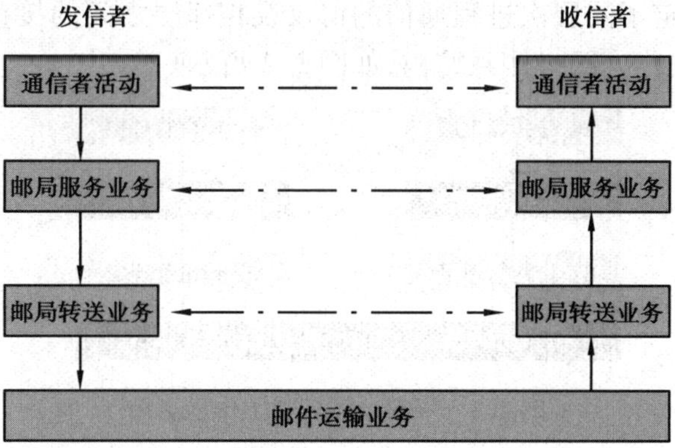

图2.1　邮政系统体系结构示意图

回到前面的两台计算机应用 QQ 相互传送文件的应用上来，这里可把要做的工作简单划分为三大类：

第一类工作是与传送文件直接有关的。如发送端的 QQ 应用程序应确信接收端的 QQ 应

用程序已做好接收和存储文件的准备。这项工作可用一个“文件传送模块”完成,两个计算机可将这个“文件传送模块”作为最高的一层,在这两个模块之间的虚线表示这两个计算机系统交换文件和一些有关文件交换的命令。

第二类工作用来保证文件和文件传送命令可靠地在两个计算机系统之间交换。这项工作可用一个“通信服务模块”完成。最高层的“文件传送模块”可以利用这个“通信服务模块”所提供的可靠通信服务。

第三类工作用来负责做与网络接口细节有关的工作。这项工作可用一个“网络接入模块”完成。中间层的“通信服务模块”可以利用这个“网络接入模块”完成可靠通信服务。

从以上邮政通信过程与网络通信过程分析可知,在一定意义上,它们两者的信息传递过程有很多相似之处。

①邮政通信与网络通信都是层次结构,可等价成4层结构的系统。

②不同的层次有不同的功能任务,但相邻层的功能动作密切相关。

③在邮政通信系统中,写信人要根据对方熟悉的语言,确定用哪种语言;在书写信封时,国家不同,规定也不同。

④计算机网络系统中,必须规定双方之间通信的数据格式、编码、信号形式;要对发送请求、执行动作及返回应答予以解释;事件处理顺序和排序。

计算机之间相互通信涉及许多复杂的技术问题,而解决这一复杂问题十分有效的方法是分层解决。因此,人们把网络通信的复杂过程抽象成一种层次结构模型。

2.2 网络体系结构的层次模型

2.2.1 网络体系结构的定义

所谓网络体系结构就是为了完成计算机之间的通信合作,把每个计算机互连的功能划分成定义明确的层次,规定了同层次进程通信的协议及相邻层之间的接口和服务。将这种层次结构模型和通信协议统称为网络体系结构,如图2.2所示。

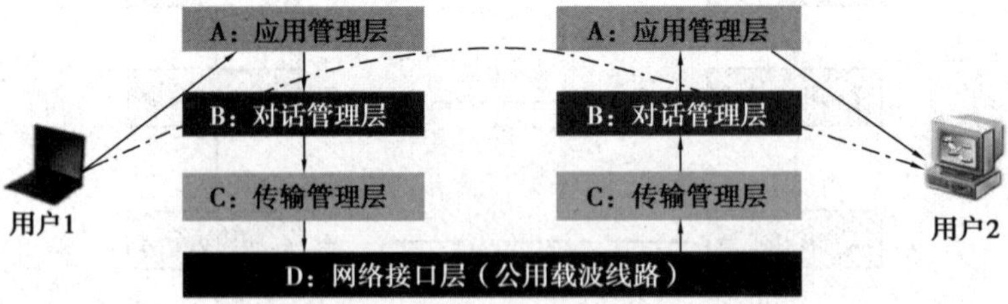

图2.2 层次结构模式工作示意图

计算机网络体系结构中的三要素分别是层次、协议和接口。

(1)层次

通常将系统中能提供某种或某类型服务功能的逻辑构造称为层,每一层都由一些实体组成,能完成某一特定功能的进程或程序都可成为一个逻辑实体,同一层中包含的两个实体称为对等实体。

(2)协议

协议是指两个对等实体之间完成通信或服务所必须遵循的规则和约定。

(3)接口

相邻层之间进行信息交换的界面,下层通过接口向上层提供服务,上层通过接口使用下层的服务。

常见的网络体系结构有IBM公司的SNA、DEC公司的DNA、HP公司的DSN、ISO公布的OSI参考模型以及美国国防部开发的TCP/IP模型。这些不同的网络体系结构,其分层的数量、各层的名称、内容以及提供的服务都有所不同。

2.2.2　网络体系结构层次模型的优点

①各层之间相互独立,高层不需要知道低层是如何实现的,而只知道该层通过层间的接口所提供的服务。由于每一层只实现一种相对独立的功能,因此可降低整个网络问题的复杂程度。

②灵活性好。某层的改变(如由于技术的变化,原来用双绞线传输介质的,现在用光纤传输),只要层间接口关系保持不变,则不影响其上下层。

③结构上可分割开,各层都可以采用最合适的技术实现。

④这种结构使得实现和调试一个庞大而复杂的系统变得容易控制和处理。

⑤有利于促进标准化工作,因为每一层的功能及其所提供的服务都有精确的说明。

2.2.3　分层原则

分层应遵循以下原则:

①各层的功能和技术实现要有明显的差别,交界面的相互作用要少,各层要相互独立。

②每一层应完成精确定义的功能。

③分层处应选择接口的描述最少、层间交互最少的地方。

④层次数目要适当,应考虑数据传输过程的特点,在双方形成对等层关系。

⑤每一层功能的选择应利于标准化。

2.2.4　网络通信协议

如果说网络体系结构是网络的骨架和神经,那么通信协议是网络的心脏和血液。

计算机网络上的各台计算机之间要遵循一定的规则才能相互通信,为使网络中的数据通信能正常进行而建立的规则、标准和约定的集合,称为“网络协议”。

1)邮寄信件协议

①邮寄信件的信封必须按规定的格式书写。

②邮寄信件协议,如图2.3所示。

如果说网络体系结构是网络的骨架和神经,那么通信协议就是网络的心脏和血液。

2)网络通信协议

网络通信协议有语法、语义和同步3个要素。

(1)语法

语法(做什么 what to do)是指用户数据与控制信息的结构和格式,如数据格式、编码及信

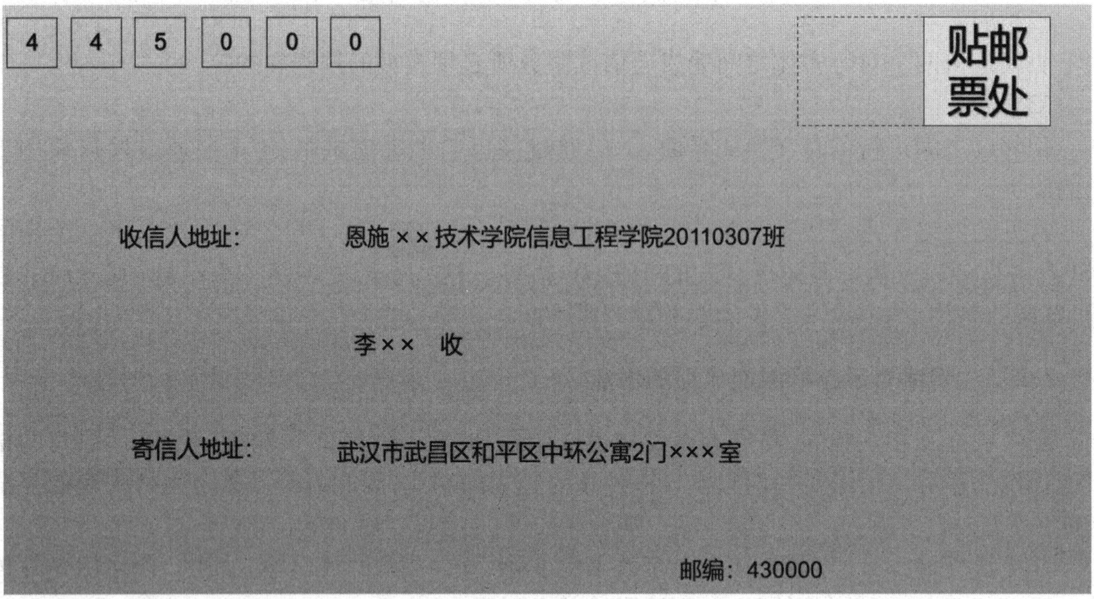

图 2.3　邮件格式示意图

号电平等规则。

(2)语义

语义(怎么做 how to do)是语法的含义,即需要发出何种控制信息,完成何种动作以及作出何种响应,如各种命令及回答响应的含义、用于协调差错处理的控制信息等规则。

(3)同步

同步(何时做 when to do)是事件实现顺序的详细说明,包括速度匹配、应答次序、报文排序和状态变化规则。

简单地说,如果将网络中通信双方比喻为 2 个人进行谈话,那么,语法相当于规定了双方谈话的方式,语义则相当于规定了谈话的内容,同步则相当于规定了双方按照什么顺序来进行谈话。

协议有两种不同的形式:一种是使用便于人来阅读和理解的文字描述;另一种是使用让计算机能够理解的程序代码——协议软件。

目前,这些协议软件都被集成打包到相应的操作系统中。

2.3　OSI/RM 参考模型

1984 年,国际标准化组织(ISO)发表了著名的 ISO/IEC 7498 标准,定义了网络互联的 7 层框架,这就是开放系统互联参考模型,即 OSI 参考模型。"开放"是指只要遵循 OSI 标准,一个系统就可以与位于世界上任何地方、同样遵循 OSI 标准的其他任何系统进行通信。

OSI 参考模型是一个描述网络层次结构的模型,是网络设计的蓝图,并非指一个现实的网络。OSI 参考模型定义的主要内容有信息在网络中的传输过程、各层的功能和架构。

2.3.1 OSI 参考模型的层次

OSI 参考模型共分为 7 个层次，从低到高依次为物理层、数据链路层、网络层、传输层、会话层、表示层、应用层，如图 2.4 所示。

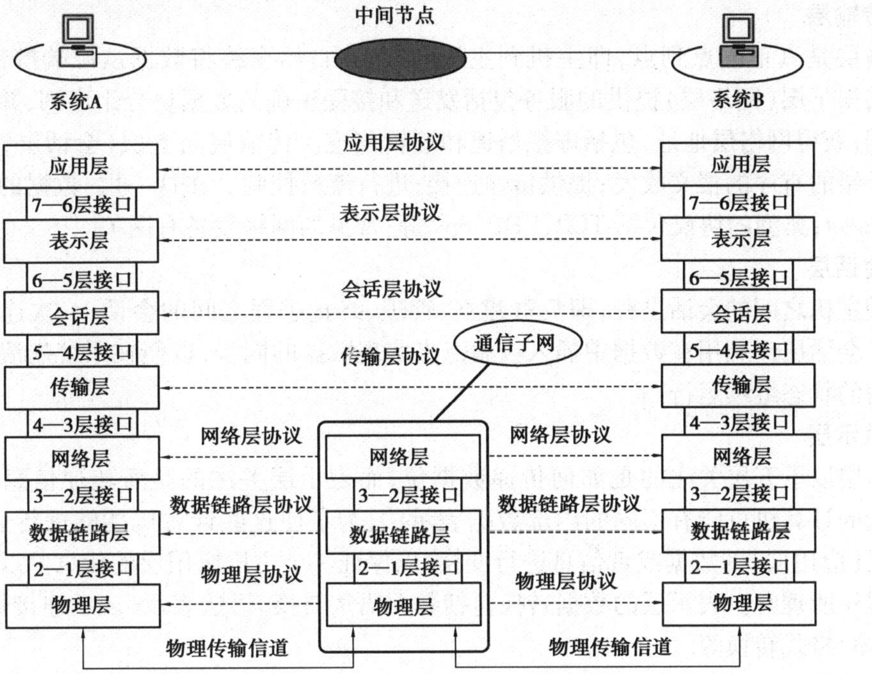

图 2.4 OSI 参考模型结构示意图

1) 物理层

物理层是 OSI 分层结构体系中最重要、最基础的一层，它是建立在传输媒介的基础上，实现设备之间的物理接口。物理层关注在一条通信信道上传输原始比特，只需确保当一方发送了比特 1 时，另一方收到的也是比特 1，并不需要考虑信息的意义和信息的结构。这里涉及的典型问题包括用什么电子信号来表示 1 和 0、一个比特持续多少纳秒、传输是否可以在两个方向上同时进行、初始连接如何建立、当双方结束后如何撤销连接、网络连接器有多少针以及每一针的用途是什么等。在这一层，数据的单位为比特（bit）；目前属于物理层定义的典型规范代表有 EIA/TIA RS-232，EIA/TIA RS-449，V.35，RJ-45 等；常见的网络设备有中继器、集线器、Modem 等。

2) 数据链路层

数据链路层是在物理层提供比特流服务的基础上，建立相邻节点之间的数据链路，将一个原始的传输设施转变成一条没有漏检传输错误的线路，使得发送方发送的数据帧在信道上无差错地传输，同时为其上面的网络层提供有效的服务。在这一层，数据的单位称为帧（frame）；典型的协议包括 SDLC，HDLC，PPP，STP 等；常见的网络设备有二层交换机和网桥。

3) 网络层

网络层也称为通信子网层，用于控制通信子网的操作，是通信子网与资源子网的接口。在计算机网络中进行通信的两个计算机之间可能会经过很多数据链路，也可能要经过很多通信子网，网络层的任务就是解封数据链路层收到的帧，提取数据包，并选择合适的网间路由和交换节点，确保数据包即时传送。其中，数据包中封装有网络层包头，含有逻辑地址信息、源站点和目的站点地址的网络地址。在这一层，数据的单位称为数据包或分组 Packet；典型的协议包括 IP，IPX，RIP 等；常见的网络设备有路由器、具有路由功能的三层交换机。

4）传输层

传输层是真正的点到点，即主机到主机的层，它自始至终将数据从源端携带到接收方。传输层获得下层（网络层）提供的服务包括发送和接受正确的数据块分组序列，并用其构成传输层数据；获得网络层地址，包括虚拟信道和逻辑信道。传输层向上层（会话层）提供的服务包括无差错的有序的报文收发；提供传输连接；进行流量控制。在这一层，数据的单位称为数据段 segment；典型的协议包括 TCP，UDP，Spx 等；常见的网络设备有网关。

5）会话层

管理主机之间的会话进程，即负责建立、管理、终止进程之间的会话，一次连接就称为一次会话。会话层还利用在数据中插入校验点来实现数据的同步，以便在系统崩溃后还能恢复到崩溃前的状态继续运行。

6）表示层

表示层以下五层关注的是如何传递数据位，而表示层关注的是所传递信息的语法和语义。不同的计算机可能有不同的内部数据表示法，为了使这些计算机能够进行通信，表示层会对上层（应用层）的数据或者信息进行变换，以保证一个主机应用层的信息可以被另一个主机应用程序所理解。表示层的数据转换包括数据语法转换、语法表示、表示连接管理、数据的加密/压缩/格式转换等。

7）应用层

应用层直接面对用户的具体应用，它包括用户应用程序执行通信任务时所需的协议和功能，应用层为操作系统或者网络应用程序提供了访问网络服务的接口。常见的应用层协议有超文本传输协议（该协议为浏览器程序访问因特网中其他主机 Web 页面提供了基本的网络访问服务接口）FTP、DNS 等。

2.3.2 OSI 参考模型的数据传输

OSI 参考模型的最高层为应用层，面向用户提供网络应用服务。最低层为物理层，与通信介质相连实现真正的数据通信。两个用户计算机通过网络进行通信时，除物理层外，其余各对等层之间均不存在直接的通信关系。

假定主机 A 的应用进程 A 向主机 B 的应用进程 B 传送数据，如图 2.5 所示。

应用进程 A 先将其数据交给主机 A 的最高层（应用层），如使用 SMTP 协议来处理数据（在该数据前加上 SMTP 标记，以便对方主机 B 收到后了解使用什么软件来处理该数据）。

应用层处理后交给下面的表示层，表示层会进行必要的格式转换，使用一种通信双方都能识别的编码处理数据。

表示层处理完成后将数据交给会话层，会话层会在主机 A 和主机 B 之间建立一条只用于传输该数据的会话通道，并监视它的连接状态，直到数据同步完成才会断开会话。

会话通道建立后，为保证数据传输中的可靠性，主机 A 的传输层会对数据进行必要的处理，如分段、编号、差错校验、确认、重传等。

网络层是实际传输数据的层次，它将传输层中处理完成的数据再次封装，添加上双方的地址信息，并为每个数据包找到一条到主机 B 的最好路径，然后按照最佳路径发送到网络中。

数据链路层则会对网络层的数据再次进行封装，添加上能唯一表示每台设备的 MAC 物理地址。

主机 A 的物理层则将上层的数据转换成电流传输的物理线路，通过物理线路将数据传送到主机 B 后，主机 B 将电信号转变成数据链路层的数据帧，数据链路层再去掉本层的 Mac 物理地址后将数据递交给网络层，网络层同样去掉主机 A 网络层所添加的内容后交给传输层，就这样层层递减后最终数据到达了主机 B 的应用层，应用层接收到数据使用 STMP 协议封装，就知道应用电子邮件的软件来处理了。

虽然应用进程数据要经过这么复杂的过程才能送到终点，但这些复杂过程对于用户来说，都被屏蔽掉了，以致主机 A 的应用进程 A 觉得好像直接把数据传输给主机 B 的应用进程 B。

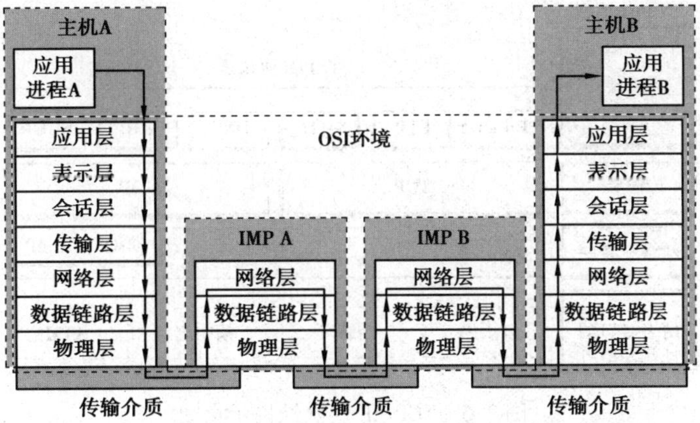

图 2.5　OSI 参考模型数据传输路线示意图

2.4　TCP/IP 协议

OSI 参考模型的概念清楚，理论完整，但它既复杂又不实用。因此从 OSI 参考模型转到另一个模型，该模型不仅被所有的广域计算机网络的鼻祖 ARPANET 所采用，而且也被因特网 Internet 所使用，这就是 TCP/IP 模型，它以其中最主要的传输控制协议 TCP/网际协议 IP 所命名。

2.4.1　TCP/IP 模型的起源

TCP/IP 模型起源于 ARPANET 网络，该网络是由美国国防部资助的一个研究型网络，其初始目标是：以无缝的方式将多个不同种类的网络相互联接起来，如电话网络、卫星、无线网络。1989 年，正式形成了现在的 TCP/IP 模型，得到了广泛的应用，并成为事实上的国际标准和工业标准。

2.4.2 TCP/IP 协议的特点

①开放的协议标准:可以免费使用,并且独立于特定的计算机硬件与操作系统。

②独立于特定的网络硬件:可以运行在局域网、广域网,更适用于互联网中。

③统一的网络地址分配方案:使得整个 TCP/IP 设备在网中都具有唯一的 IP 地址。

④标准化的高层协议:可以提供多种可靠的用户服务。

2.4.3 TCP/IP 的层次结构

TCP/IP 模型分为四个层次:应用层、传输层、网络互联层和网络接口层。在 TCP/IP 模型中,去掉了 OSI 参考模型中的会话层和表示层(这两层的功能被合并到应用层实现)。同时将 OSI 参考模型中的数据链路层和物理层合并为网络接口层。下面从最底层开始,依次讨论该模型中的每一层,如图 2.6 所示。

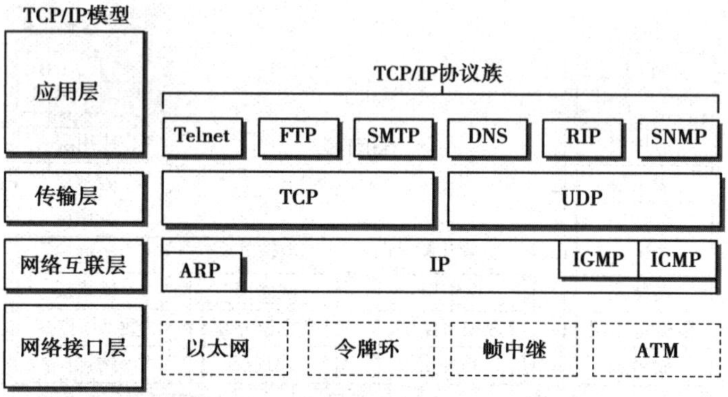

图 2.6 TCP/IP 层次结构示意图

1)网络接口层

该层的主要功能是负责与物理网络的连接。实际上 TCP/IP 模型没有真正描述这一层的实现,只是要求能够提供给其上层——网络互连层一个访问接口,以便在其上传递 IP 分组。由于这一层次未被定义,因此其具体的实现方法将随着网络类型的不同而不同。

2)网络互联层

网络互联层是将整个网络体系结构贯穿在一起的关键层,其功能是把数据分组发往目标网络或主机。同时,为了尽快地发送分组,允许分组沿不同的路径同时进行传递。因此,分组到达的顺序和发送的顺序可能不同,这就需要其上层(传输层)对分组进行排序。

网络互联层定义了标准的数据分组格式和协议,即 IP 协议(Internet Protocol),与之相伴的还有一个辅助协议 ICMP 协议。

网络互联层的任务是将 IP 分组投递到它们应该去的地方,很显然,IP 分组的路由是最重要的问题,同时还需要完成拥塞控制的功能。

3)传输层

传输层的功能是使源主机和目标主机上的对等实体可以进行会话。该层上定义了两种服务质量不同的协议,传输控制协议(Transmission Control Protocol,TCP)和用户数据报协议(User Datagram Protocol,UDP)。

TCP 协议是一个面向连接的、可靠的协议,允许从一台主机发出的字节流无差错地发往互联网上的其他主机。在发送端,它负责将上层(应用层)传送下来的字节流分割成离散的报文,并把每个报文传递给下层(网络互联层)。在接收端,它负责把收到的报文进行重组后递交给上层(应用层)。TCP 协议还要处理端到端的流量控制,以便确保一个快速的发送方,不会因为发送太多的报文而淹没掉一个处理能力跟不上的慢速接收方,如图 2.7 所示。

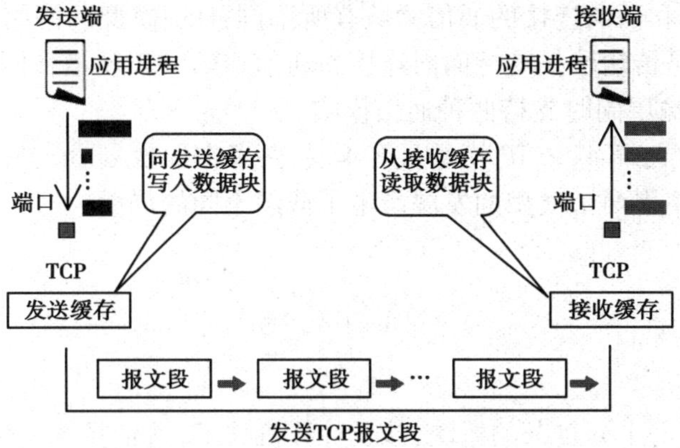

图 2.7　发送 TCP 报文段示意图

UDP 协议是一个不可靠的、无连接协议,主要适用于不需要对报文进行排序和流量控制的场合。其被广泛用在那些一次性的请求-应答应用中,以及那些及时交付比精确交付更加重要的应用,如传输语音或者视频。

4)应用层

应用层简单包含了所需的任何会话和表示功能,它面向不同的网络应用引入不同的应用层协议。最早的高层协议包括文件传输协议(File Transfer Protocol,FTP)、虚拟终端协议 TELNET、简单邮件传输协议 SMTP,后来许多其他协议加入了应用层,如超文本链接协议(Hyper Text Transfer Protocol,HTTP)、域名系统(Domain Name System,DNS)、实时传输协议(Real-time Transport Protocol,RTP)。

5)TCP/IP 模型的特点

TCP/IP 模型能够打败法律意义上的国际标准 ISO/Rm 参考模型,从而成为事实上的国际标准,具有以下特点:

①开放的协议标准:可以免费使用,并独立于特定的计算机硬件与操作系统。

②独立于特定的网络硬件:可以运行在局域网、广域网中,更适用于互联网中。

③统一的网络地址分配方案:使得整个 TCP/IP 设备在网中都具有唯一的 IP 地址。

④标准化的高层协议:提供了多种可靠的用户服务。

6)TCP/IP 模型与 OSI/Rm 模型的比较

TCP/IP 模型与 OSI 模型的相同点:

①两者都以协议栈的概念为基础,并且协议栈中的协议彼此独立。

②两个模型功能大致相同,都采用层次结构,存在可比的传输层和网络层,但不是严格意义上的一一对应。

TCP/IP 模型与 OSI 模型的不同点:

①OSI 模型的最大贡献在于明确区分了 3 个概念:服务、接口和协议;由于 TCP/IP 模型

并没有明确区分服务、接口和协议，因此 OSI 模型中的协议比 TCP/IP 模型中的协议有更好的隐蔽性，当技术发生变化时，OSI 模型中的协议相对更容易被新协议所替换。

②OSI 模型在协议发明前就已经产生了，而 TCP/IP 模型则刚好相反：先有协议，TCP/IP 模型只是已有协议的一个描述而已，这导致协议和模型结合得非常完美，能够解决很多实际问题，如异构网的互联问题。

③两者在无连接和面向连接的通信领域有所不同：OSI 模型的网络层同时支持无连接和面向连接的通信，但是传输层只支持面向连接的通信；TCP/IP 模型在网络层只支持一种模式（无连接），但是在传输层同时支持两种通信模式。

④OSI 模型有 7 层，而 TCP/IP 模型只有 4 层，两者在层次划分与使用协议上有很大的差别，也正是这种差别使得两个模型的发展产生了截然不同的局面。

项目小结

计算机网络是一个十分复杂的系统，涉及计算机技术、通信技术、多媒体技术等领域。这样一个复杂而庞大的系统要高效、可靠地运转，网络中的各个部分必须遵守一整套合理而严谨的结构化管理规则。计算机网络就是按照高度结构化的设计思想、采用功能分层原理的方法实现的。

本项目首先从网络体系结构和网络协议的基本概念入手，其次详细讨论 OSI 参考模型和 TCP/IP 参考模型的层次结构和层次功能，最后对两类参考模型进行比较，得出了一种适合于学习的网络参考模型。

思考与练习

一、选择题

1. 在 OSI 参考模型中，物理层的功能是（　　）。

A. 建立和释放连接　　B. 透明地传输比特流

C. 在物理实体间传送数据帧　　D. 发送和接收用户数据

2. 在 OSI 参考模型中，网络层的服务访问点也称为（　　）。

A. 用户地址　　B. 网络地址　　C. 端口地址　　D. 网卡地址

3. 在 OSI 参考模型中，实现数据压缩功能的协议层是（　　）。

A. 应用层　　B. 表示层　　C. 会话层　　D. 网络层

4. 在 OSI 参考模型中，实现端到端的应答、分组排序和流量控制功能的协议层是（　　）。

A. 数据链路层　　B. 网络层　　C. 传输层　　D. 会话层

5. TCP/IP 协议的体系结构分为应用层、传输层、网络互联层和（　　）。

A. 会话层　　B. 网络接口层　　C. 数据链路层　　D. 物理层

6. TCP/IP 体系结构中传输层协议有 TCP 和(　　)。

A. ICMP　　B. UDP　　C. FTP　　D. EGP

7. TCP/IP 网络体系结构分为应用层、传输层、网络互联层和网络接口层、属于传输层协议的是(　　)。

A. TCP 和 ICMP　　B. IP 和 FTP　　C. TCP 和 UDP　　D. ICMP 和 UDP

8. 在 WWW 服务器与客户机之间发送和接收 HTML 文档时,使用的协议是(　　)。

A. FTP　　B. GOPHER　　C. HTTP　　D. NNTP

9. 下列关于 ICMP 协议的描述中,正确的是(　　)。

A. ICMP 协议根据 MAC 地址查找对应的 IP 地址

B. ICMP 协议把公网的 IP 地址转换为私网的 IP 地址

C. ICMP 协议用于控制数据包传送中的差错情况

D. ICMP 协议集中管理网络中的 IP 地址分配

10. 在使用路由器的 TCP/IP 网络中,两主机通过一路由器互联,能提供主机 A 和主机 B 应用层之间通信的层是(　　)。

A. 应用层　　B. 传输层　　C. IP 层　　D. 网络接口层

二、填空题

1. 开放系统互联参考模型的简称为__________。

2. OSI 参考模型为__________层,自上而下分别是__________、__________、__________、__________、__________、__________、__________。

3. TCP/IP 协议模型分别是__________、__________、__________、__________。

4. 物理层传送数据的单位是__________,数据链路层传送数据的单位是__________,传输层传送数据的单位是__________。

5. TCP/IP 的传输层协议有__________。

三、简答题

1. 简述 OSI 参考模型中传输层的主要功能。

2. 简述 TCP 和 UDP 协议的区别。

3. 简述 TCP/IP 模型与 OSI 模型的不同之处。

实验2　主机配置多个 IP 地址

一、实验目的

1. 了解 IP 地址的基本配置方法。

2. 掌握多个 IP 地址的配置方法。

3. 掌握网络连通性的测试方法。

二、实验设备

连接好网络的主机若干台。

三、实验背景

2021 年,恩施市某医院需要在不更改医院 IP 地址的情况下连接到市医保中心。市医保中心要统一规划 IP 地址,并要求医院重新规划 IP 地址,问题是现在医院的很多应用程序都是自己开发的,客户端程序连接数据库服务器使用的都是规划好的 IP 地址,若此服务器的 IP 地址发生变化,会造成客户端连接数据库失败。这就是应用层包含了网络层信息造成的麻烦,显然这是没有遵循 OSI 参考模型的理念。如果客户端程序使用的是域名连接数据库服务器,当服务器更改了 IP 地址后,客户端可以根据域名使用 DNS 解析到新的数据库服务器的 IP 地址,这样应用层和网络层就没有关联了。

解决方案:由于更改程序的工作量较大,因此选择通过给医院的计算机配置两个 IP 地址来解决该问题,即医院计算机原来的 IP 地址保持不变,再根据市医保中心规划的地址规划添加第二个 IP 地址。

四、实验步骤

下面是为计算机添加多个 IP 地址的操作步骤。

①执行“开始”→“控制面板”→“网络和 Internet”,弹出“网络和共享中心”界面,如图 2.8 所示,单击选中“本地连接”选项。

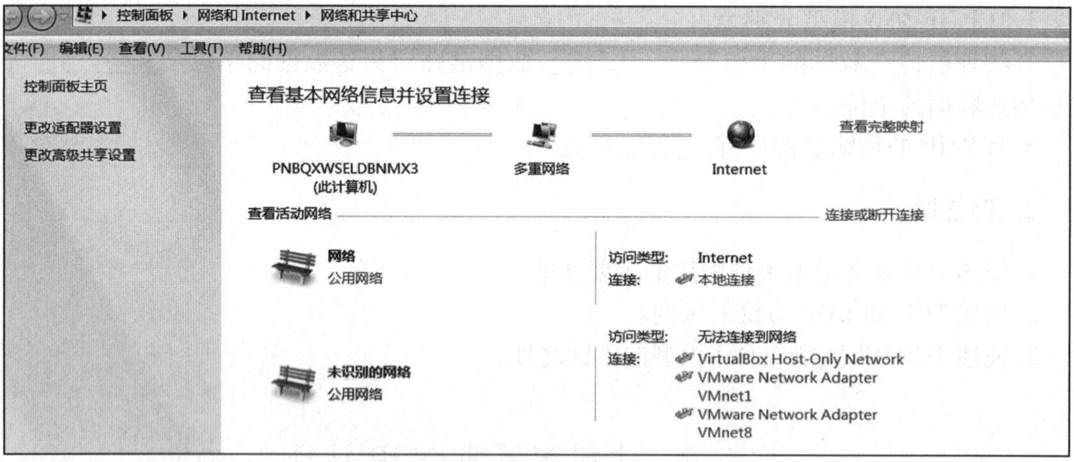

图 2.8 “网络和共享中心”界面

②在“本地连接状态”对话框中,单击“属性”按钮,如图 2.9、图 2.10 所示,弹出“本地连接属性”对话框,勾选并双击“Internet 协议版本 4(TCP/IPv4)”选项。

③在弹出的“Internet 协议版本 4(TCP/IPv4)属性”对话框中的“使用下面的 IP 地址”栏中,可设置“IP 地址”“子网掩码”“默认网关”,以及在“使用下面的 DNS 服务器地址”栏中设置 DNS 服务器地址,设置完成后,单击右下角的“高级”按钮,在弹出的“高级 TCP/IP 设置”对话框中单击“添加”按钮,如图 2.11、图 2.12 所示,弹出“TCP/IP 地址”对话框,在文本框中输入,依次单击“添加”“确定”按钮,即可添加市医保中心规划的地址。

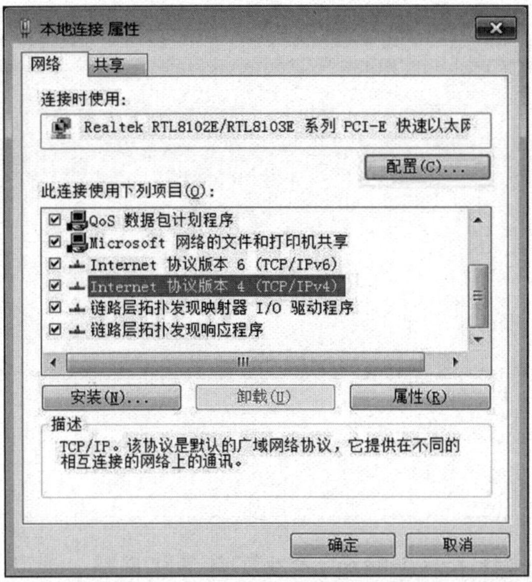

图 2.9　“本地连接状态”对话框

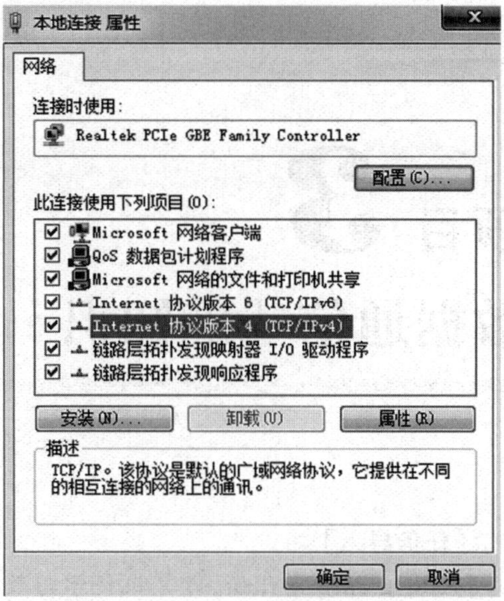

图 2.10　“本地连接属性”对话框

④用 Ping 命令测试网络的连通性，有数据包返回则网络通。

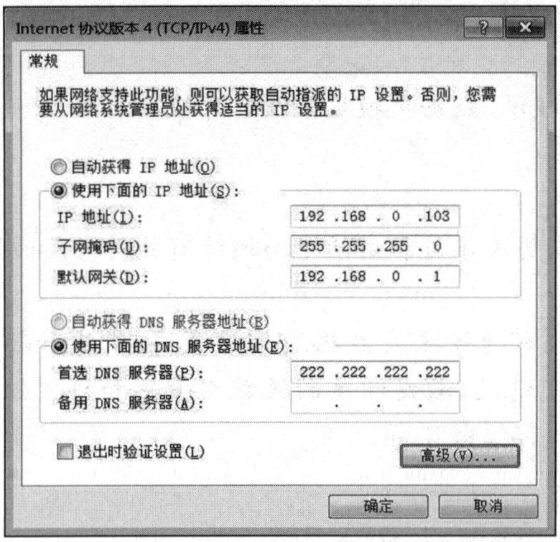

图 2.11　“Internet 协议版本 4TCP IP(4)属性”对话框

图 2.12　“TCP IP 地址”对话框

项目 3

数据通信基础知识

[任务导入]

从20世纪后期开始，计算机科学与数据通信技术逐渐融合，产生了计算机网络。数据通信是计算机网络中的一个首要应用。本项目将对数据通信作相应的介绍。

[知识目标]

- 了解数据通信的定义。
- 掌握数据通信系统及主要技术指标。
- 掌握数据传输方式、同步方式、多路复用技术、数据交换技术及其比较。
- 掌握差错控制技术。

[技能目标]

- 掌握数据通信系统及主要的技术指标，以解决学习和生活中与网络有关的实际问题。

[课程思政目标]

通过对本项目的理解，介绍我国移动、电信、联通等主要数据通信运营商，华为等数据通信设备生产商以及华为的5G技术在全球的领先情况，激发学生的民族自豪感和科技强国思想，树立为发展我国通信事业而努力学习的决心和信念。

3.1 数据通信的基本概念

数据通信是通过某种类型的介质把数据从一个地点向另一个地点传送的通信方式。它是以信息处理技术和计算机技术为基础的通信方式，为计算机网络的应用和发展提供了技术支持和可靠的通信环境。

3.1.1 信息、数据与信号

1)信息

信息是人对现实世界事物存在方式或运动状态的某种认识。任何事物的存在，都伴随着相应的信息存在，信息不仅能反映事物的特征、运动和行为，而且还能借助媒体(如空气、光波、电磁波等)传播和扩散。信息的载体可以是数值、文字、图形、声音、图像以及动画等。

2）数据

数据一般可以理解为“信息的数字化形式”或“数字化的信息形式”。狭义的数据是指具有一定数字特性的信息，如统计数据、气象数据、测量数据及计算机中区别于程序的计算数据等。但在计算机网络中，数据通常被广义地理解为在网络中存储、处理和传输的二进制数字编码。语音信息、图像信息、文字信息以及从自然界直接采集的各种自然属性信息均可转换为二进制数字编码在计算机网络系统中存储、处理和传输。

数据又分为模拟数据和数字数据两种。

（1）模拟数据

模拟数据是指在时间和幅值取值上都是连续变化的，如声音、语音、视频和动画片等。模拟数据通常用传感器收集。

（2）数字数据

在时间上是离散的，在幅值上是经过量化的，它一般是由0和1构成的二进制代码组成的数字序列。

3）信号

信号简单地讲就是数据的物理表示形式，它具有确定的物理描述，使数据能以适当的形式在传输介质上传输。如我们通常所说的电信号、电磁信号、光信号、载波信号、脉冲信号、调制信号等。

根据信号中代表消息的参数的取值方式的不同，信号可分为数字信号和模拟信号，或称为离散信号和连续信号。

模拟信号是随时间连续变化的信号，如图3.1（a）所示，这种信号的某种参量，如振幅和频率，可以表示要传送的信息。例如，电视图像信号、语音信号、温度压力传感器的输出信号等。

数字信号是指离散的信号，如图3.1（b）所示，如计算机使用的由“0”和“1”组成的信号。数字信号在通信线路上传输时要借助电信号的状态表示二进制代码的值。因为电信号可呈现两种状态，分别表示“0”和“1”。

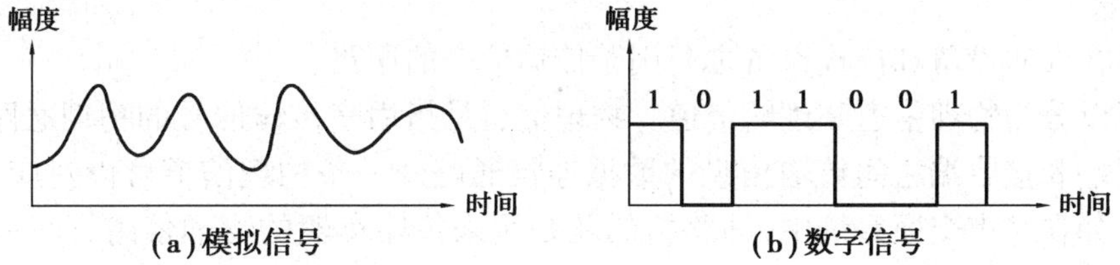

图3.1 模拟信号、数字信号示意图

3.1.2 基带信号和宽带信号

1）基带信号

基带信号是指信源发出的没有经过调制的原始电信号，其特点如下：

①频率较低。

②信号频谱从零频附近开始，具有低通形式。

③计算机网络通常都采用基带传输方式。

2)宽带信号

宽带信号又称为频带信号,主要用于网络电视和有线电视的信号传输,并且频带信号在传输过程中通常要采用多路复用技术来提高传输介质的带宽利用率。

3.1.3 数据通信系统

发送方将要发送的数据转换成信号通过物理信道传送到数据接收方的过程称为数据通信。

通信按介质的不同可分为两大类:有线通信和无线通信。

有线通信是指利用导线作为传输介质的通信方式,这里的导线可以是架空明线,也可以是各种电缆以及光纤。无线通信则是指利用无线电波在自由空间的传输来传递信息。

无论是有线通信还是无线通信,为完成通信任务所需的一切技术设备和传输介质所构成的总体,称为数据通信系统。任何一个通信系统都可以看作由发送设备、传输信道和接收设备三大部分组成,如图3.2所示。

图3.2 数据通信系统示意图

(1)信源

信源是信息的发出者,它把各种可能的信息转换成原始信号,为了使其能够适合在信道上传输,就要通过某种变换器将原始信号转换成需要的信号。常用的信源有电话机话筒、摄像机、传真机、计算机等。

(2)信宿

信宿是指信息的接收者,它将接收到的信号转换成相应的信息。

(3)信道

信道是在发送设备和接收设备之间用于传输信号的通路。

信道可以分为物理信道和逻辑信道。物理信道是指用来传输信号的物理通路,逻辑信道是指在发送端和接收端之间传输信息的数据连接通路。一条物理信道可以对应一条或多条逻辑信道。如在城市交通系统中,马路指的就是用来传输车辆的物理信道,而一条马路可以对应4条或6条车道这样的逻辑信道。

(4)噪声

噪声是信道中的噪声以及分散在通信系统中其他各处噪声的集中表示。信号在传输过程中受到干扰称为噪声,干扰可能来自外部,也可能由信号传输过程本身产生。

3.1.4 数据通信系统的主要技术指标

1)传输速率

传输速率是指单位时间内所能传输的数据量(每秒传送的二进制位数),单位为 bps 或 b/s(比特每秒),它是描述数据传输系统的重要技术指标之一。

$$S = \frac{1}{T} \times \log_2 N$$

式中　T——数字信号脉冲重复周期；

　　N——一个脉冲信号代表的有效状态数，是 2 的整数倍。

由此可以看出，数据传输速率由单位脉冲宽度（每位所占时间）决定，单位脉冲宽度越窄，数据传输率就越高。

例如，二进制的一个脉冲可以表示“0”和“1”两个状态，故 $N=2$，$\mathrm{Log}_2 N$ 为单位脉冲表示的比特数，当 $N=4$ 时，表示一个单位脉冲为 2 bit。

当数据传输速率较高时，可以用 kb/s（千比特每秒）、Mb/s（兆比特每秒）、Gb/s（吉比特每秒）、Tb/S（太比特每秒）表示。

1 kb/s = 1 024 b/s = 1 024 bps

1 Mb/s = 1 024 kb/s

1 Gb/s = 1 024 Mb/s

1 Tb/s = 1 024 Gb/s

在实际生活中，经常省略比特每秒，如 100 M 以太网的意思就是指传输速率为 100 Mb/s（兆比特每秒）。

2）信号传输速度

信号在网络传输媒体上的传输速度在理论上可等于光速。例如，以公路运输为例，千米/小时表示汽车的行驶速度，辆/秒表示公路的运输速率。

3）报文速率

报文速率是指单位时间内所传送的信息数量，其单位可以是字符/秒。

4）信道带宽

信道带宽是指信道能传送的模拟信号的频率宽度，也就是可传送信号的最高频率与最低频率之差，单位用赫兹表示。例如，标准电话电路的频带是 300 ~ 3 400 Hz，即带宽为 3 100Hz。

现在，在计算机网络中，带宽用来表示网络的通信线路传送数据的能力，即单位时间内在信道上所能通过的“最高传输速率”。

例如，一个由光纤构成的 FDDI 主干线支持 4 个波长，每一个波长上的信道的传输速率为 2.5 Gb/s，则该光纤干线的带宽为 4×2.5 = 10 Gb/s。

例如，某校的校园网在设计时，需要考虑在校园网上开展视频网络教学，其中规定教学的视频信息，每秒至少要播放 30 帧分辨率为 640×480、256 色的图像，如果要达到动态、连续的效果，那么至少要求我校的校园网的网络带宽是多少？

解：要支持 256 色，则要 8 个二进制位（2^8 = 256），即 1 个字节（byte）来存储，所以一幅图像的文件大小为：

640×480×8 = 2 457 600 bit = 307 200 B = 300 kB

所需每秒最小传输速率为：

30×2 457 600 b/s = 73 728 000 b/s = 74 Mb/s

也就是说，该校的校园网的网络带宽要设计成 100 M 的网络。

5）吞吐量

吞吐量表示在单位时间内通过某个网络（或信道、交换设备）的数据量，单位为 b/s（比特每秒)。显然吞吐量受网络带宽或网络额定速率的限制。

例如,对一个 100 M 的以太网,其额定速率是 100 M,那么这个数值也是该以太网吞吐量的绝对上限值,一般而言,其典型的吞吐量只有 70 M。

6)时延

时延是指数据从网络的一端传送到另一端所需的时间。时延由发送时延、传播时延、处理时延、排队时延几个不同的时延构成,一般要考虑发送时延和传播时延。

发送时延是主机或者交换设备发送数据所需的时间。

传播时延是信号在信道中传播一定的距离所需花费的时间。

例如,假定有 10 辆车的车队从公路收费处入口出发到相距 50 km 的目的地。假定每辆车过收费站要花费 6 s,而车速是 100 km/h。那么整个车队从收费站到目的地总共要花费的时间:发车时间共需 60 s(10×6 = 60 s,相当于网络中的发送时延),行车时间需要 30 s(50÷100=0.5 h,相当于网络中的传播时延),因此,总共的时间为 31 s(相当于网络中的总时延的概念)。

7)误码率

传输中出现错误码元(或 Bit)的个数占传输总码元(或 Bit)数的比例,用来衡量通信系统可靠性的一个指标。

3.2 数据编码技术

在数据通信系统中,各种信息在计算机中存储和处理都必须被转换为 0 和 1 的二进制数据,这些二进制的数字数据必须转换成通信信号才能在通信线路中进行传输,也就是说,数字数据转换成模拟信号或者数字信号,这种对数字数据进行信号转换的方法就是数据编码技术。

3.2.1 数字数据的模拟编码

数字数据转换成模拟信号,适合远距离传输。如计算机通信、数字电话以及数字电视等数字信息所形成的数字信号,通过模拟信道的方式进行传输,如图 3.3 所示。

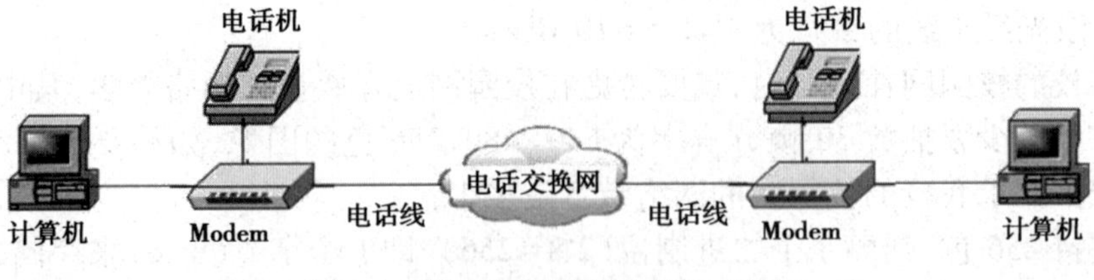

图 3.3 数字数据模拟传输示意图

如图 3.3 所示,在数据发送端,计算机、数字电话以及数字电视等数字信息所形成的数字信号,必须先经调制器转换成适合模拟信道传输的模拟信号——调制,然后才能通过模拟信道的方式进行传输。在接收端,必须先经解调器转换成数字信号后——解调,才能读取到发送端发送的信号。

由于数字信道的频带范围为几兆赫兹到几千兆赫兹,而模拟信道的频带范围仅为 300 ~ 3 400 Hz,因此,如果不施加任何措施,直接用模拟信道来传输数字信号,会出现极大的失真和差错，调制与解调成为频带传输需要解决的关键问题。

模拟信号传输的基础是载波，载波具有三大要素：振幅、频率和相位，因此将数字信号调制成模拟信号的调制方式有 ASK 振幅调制、FSK 频率调制、PSK 相位调制 3 种，其中，PSK 相位调制还分为相对 PSK 相位调制和绝对 PSK 相位调制两种。

ASK 振幅调制：改变载波信号振幅表示数字信号 1,0。

FSK 频率调制：改变载波信号角频率表示数字信号 1,0。

PSK 相位调制：改变载波信号的相位值表示数字信号 1,0，如图 3.4 所示。

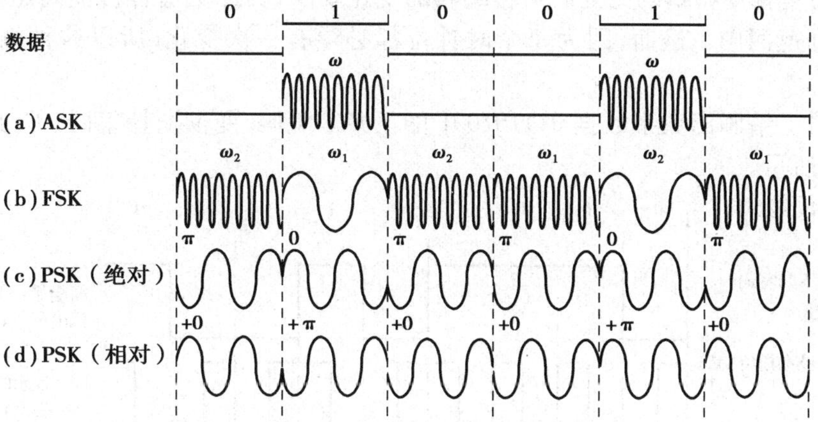

图 3.4　数字信号调制为模拟信号示意图

3.2.2　数字数据的数字信号编码

数字数据的数字信号编码有基带传输和宽带传输两种方法。

(1) 基带传输

基带传输是指使用高、低电平的方式来表示 1 和 0 这两个二进制数字，将数字数据转换为数字信号。适合利用有线介质做近距离的局域网数据传输。

常见的数字数据编码有曼彻斯特编码、不归零码和差分曼彻斯特编码 3 种方式。

曼彻斯特编码是应用最广泛的编码技术之一。编码规则：每个比特的周期 T 分为前 $T/2$ 和后 $T/2$ 两个部分；通过前 $T/2$ 传送该比特的反码，通过后 $T/2$ 传送该比特的原码。

曼彻斯特编码的每个比特位在时钟周期内只占一半，当传输“1”时，在时钟周期的前一半为高电平，后一半为低电平；而传输“0”时正相反。这样，每个时钟周期内必有一次跳变，这种跳变就是位同步信号，如图 3.5 所示。

不归零编码是一种全宽码，即信号波形在一个码元全部时间内发出的或不发出的电流，每一位码占全部码元的宽度。例如，以无电压（无电流）表示“0”，用恒定正电压表示“1”；或者以负电压表示“0”，而用恒定的正电压表示“1”。这种编码的特点是实现简单而且费用低，是效率最高的编码。缺点是存在发送方和接收方的同步问题。

差分曼彻斯特编码是对曼彻斯特编码的改进，它将时钟和数据包含在信号中，在传输代码信息的同时将时钟同步信号一起传输到对方，在每个时钟位的中间都有一次跳变，传输的是“1”还是“0”，是在每个时钟位的开始有无跳变区分的，如遇 1 不变，遇 0 跳变，属于自同步编码，如图 3.6 所示。

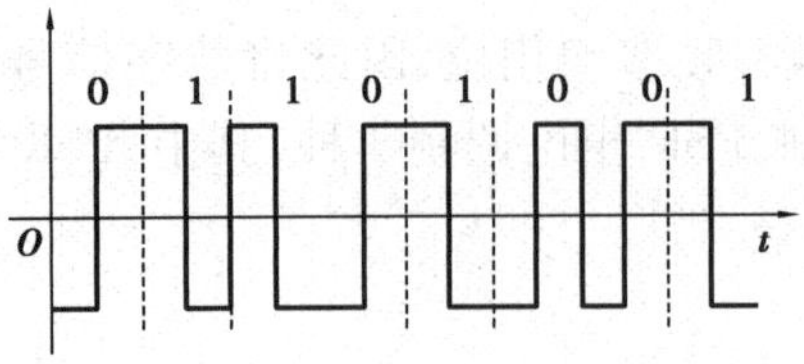

图 3.5　曼彻斯特编码示意图

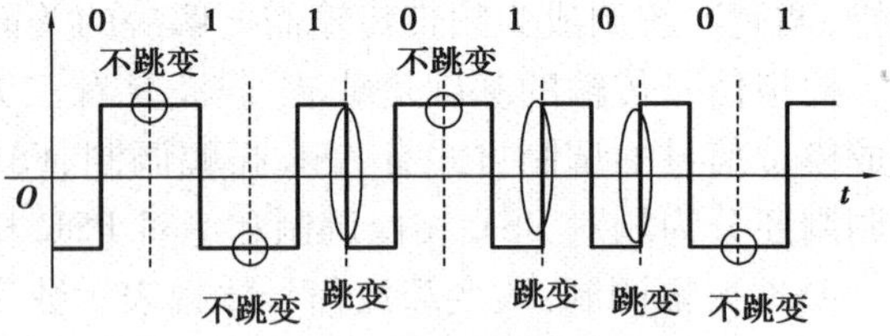

图 3.6　差分曼彻斯特编码示意图

由于差分曼彻斯特编码比曼彻斯特编码的变化要少，因此更适合传输高速的信息，被广泛用于宽带高速网中。然而，因为每个时钟位都必须有一次变化，所以这种编码的效率仅达50%。

[例 3.1]　请画出数字数据 011101001 的不归零编码、曼彻斯特编码、差分曼彻斯特编码，如图 3.7 所示。

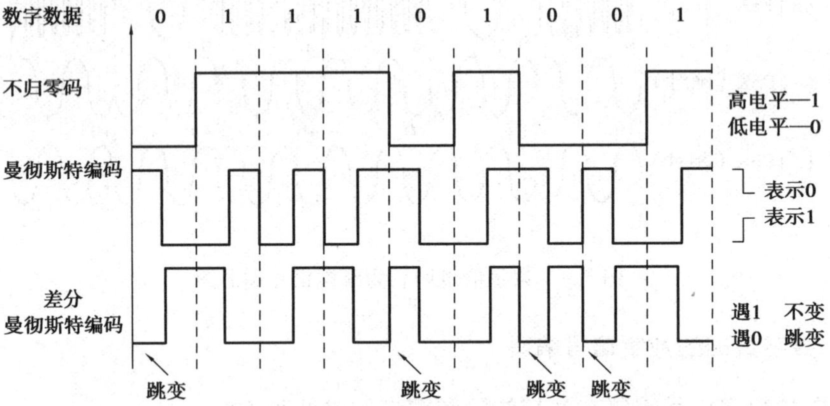

图 3.7　不归零编码、曼彻斯特编码、差分曼彻斯特编码

(2)宽带传输

宽带传输是指将传输介质的带宽先分割成多个信道，然后用基带信号对不同的载波频率或波长进行“调制”，形成调制信号后再分送到各个信道中进行传输。宽带传输适用于远距离的广域网和互联网的主干线的数据传输。

3.2.3　模拟数据的数字信号编码

模拟数据数字信号编码是指利用数字信道传输模拟信号的方式，如语音、图像信息的数字化传输。

这种编码方式主要解决的是语音、图像信息的数字化传输问题，由于数字信号传输失真小、误码率低、传输速率高、便于计算机存储，因此模拟数据数字传输已成为现在的必然趋势。

模拟数据的数字信号编码的关键问题是如何将语音、图像这些模拟数据转化成数字信号。为了解决这个关键问题，贝尔实验室的工程人员开发了脉冲编码调制 PCM 技术。

PCM 的工作过程包括采样、量化与编码 3 个步骤：

①采样：对连续变化的模拟信号进行周期性采样，只要采样频率大于等于有效信号最高频率或其带宽的两倍，则采样值便可包含原始信号的全部信息。

②量化：将采样幅度值赋予一个整数值，如使用数字 2 的倍数对其进行量化。

③编码:将量化后的结果转化成二进制代码。

信号经过数字传输系统到达接收端后,由接收端还原出原来的一系列脉冲信号,再经过滤波处理后就可以得到原来的模拟信号。

根据脉冲编码调制 PCM 技术的采样频率和编码位数就可以初步估计出信道的最低带宽。

[**例** 3.2]　声音的带宽为 4 000 Hz,采用频率为 8 000 次/s(是声音频率的 2 倍),用 8 位二进制编码,则为保证该语音信息能够被快速传递的信道的数据传输速率最低为:8×8 000=64 000 b/s=64 kb/s。

3.3　信道复用技术

多路复用是指在数据传输系统中,允许两个或多个数据源共享同一个传输介质,把若干个彼此无关的信号合并为一个且在一个共用信道上进行传输,就像每一个数据源都有自己的信道一样。常见的信道复用技术有频分多路复用、时分多路复用、波分多路复用和码分多路复用。

3.3.1　频分多路复用

频分多路复用(Frequency Division Multiplexing,FDM)用于模拟信号的传输,是指在物理信道的可用带宽超过原始信号所需带 [illegible] 情况下,在不同的 [illegible] 个信号,每路信号只占据一个频段,从而产生很多 [illegible] 接收端 [illegible] 路信号分开,分别进行解调和终端处理。频分 [illegible] 上,如图 3.8 所示。

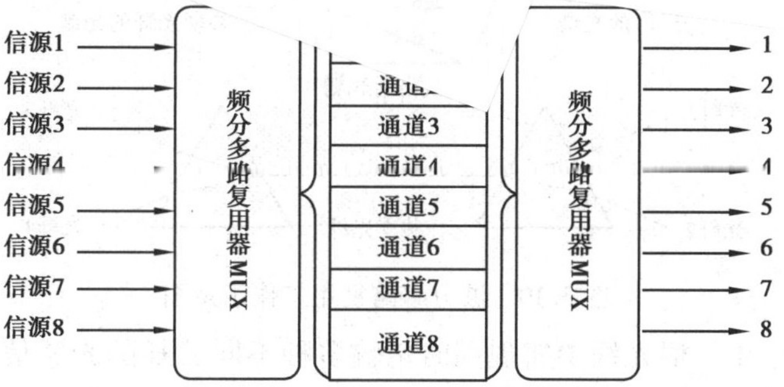

图 3.8　频分多路复用工作示意图

[illegible]复用技术常用于电话网、蜂窝电话、地面无线和卫星网络等模拟通信中。如在[illegible]通信系统中,声音信号的有效频率范围为 300～3 400 Hz,因而 4 kHz 的带宽足以传[illegible]并提供一定的保护频带。国际电话电报咨询委员会(Consultative Committee [illegible]ional Telegraph and Telephone,CCITT)规定:将 12 条 4 kHz 话路复用在 60～108 kHz 频[illegible]也可以复用在 12～60 kHz 频带上。

3.3.2 时分多路复用

时分多路复用(Time Division Multiplexing,TDM)可用于模拟传输和数字传输,是将一条物理信道按传输时间分成若干时隙(时间片)轮流地分给多个用户使用,每个时间片由复用的一个用户占用。也就是说,在同一个时间段可以发送多路信号,如图 3.9 所示。

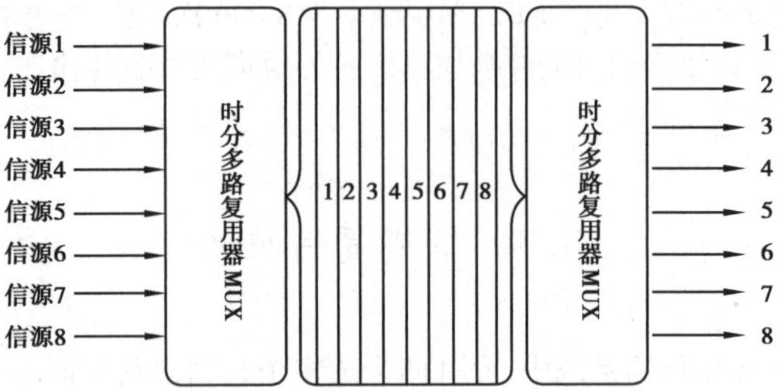

图 3.9　时分多路复用工作示意图

3.3.3 波分多路复用

波分多路复用技术(Wavelength-Division Multiplexing,WDM)是将一系列载有信息但波长不同的光信号合成一束,沿着单根光纤传输;在接收端再用某种方法,将各个不同波长的光信号分开的通信技术。这种技术可以同时在一根光纤上传输多路信号,每一路信号都由某种特定波长的光来传送,这就是一个波长信道,如图 3.10 所示。

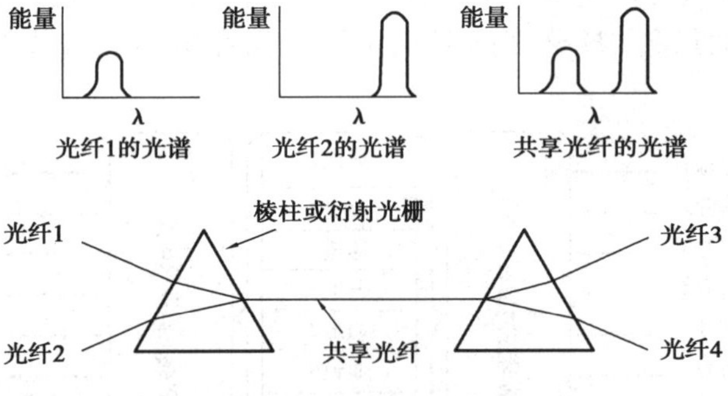

图 3.10　波分多路复用工作示意图

波分多路复用是在一根光纤中实现同时传输多种不同波长的光波信号,以达到复用的目的。光载波间隔仅 0.8 或 1.6 nm,目前,已做到在一根光纤上复用 80 ~ 160 个光载波信号。不同的波长用于不同的信道。每个信道的传输速率为 2.5 Gb/s ~ 1 Tb/s。

3.3.4 码分多路复用

码分多路复用(Code Division Multiple Access,CDMA)技术主要用于无线通信系统,特别是移动通信系统。码分多路复用也是一种共享信道的方法,是每个用户根据互不相同的编码来区分各路原始信号的多路复用方式。但分割信道使用的是基于码型的方法,即每个用户分配一个互不重叠的地址码,而各用户均可共享信道的频率和时间资源,通信各方之间不会相互干扰，且抗干扰能力强。它不仅可以提高通信的语音质量和数据传输的可靠性以及减少干扰对通信的影响，而且增大了通信系统的容量。笔记本电脑或个人数字助理(Personal Data Assistant，PDA)以及掌上电脑(Handed Personal Computer，HPC)等移动性计算机的联网通信都使用的是这种复用技术。

在 CDMA 中，每个用户可在同一时间使用同样的频带进行通信，由于各用户使用特殊的码片，因此各用户之间不会造成干扰。CDMA 最初是用于军事通信的这种系统发送的信号有很强的抗干扰能力，其频谱类似于白噪声，不容易被敌人发现。随着技术的进步，特别是在无线局域网中，采用 CDMA 可提高通信的话音质量和数据传输的可靠性，减少干扰对通信的影响，增大通信系统的容量(如果是手机，则是蜂窝系统 GSM 的 4 ~5 倍容量)，降低手机的平均发射功率。

3.4 数字通信方式

按照不同的分类方法，常见的数字通信方式有串行通信和并行通信，异步通信和同步通信，单工通信、半双工通信和全双工通信。

3.4.1 单工通信、半双工通信和全双工通信

1)单工通信

单工通信是指数据信号仅沿一个方向传输，发送方只能发送不能接收，接收方只能接收而不能发送，任何时候都不能改变信号的传送方向，如图 3.11 所示。

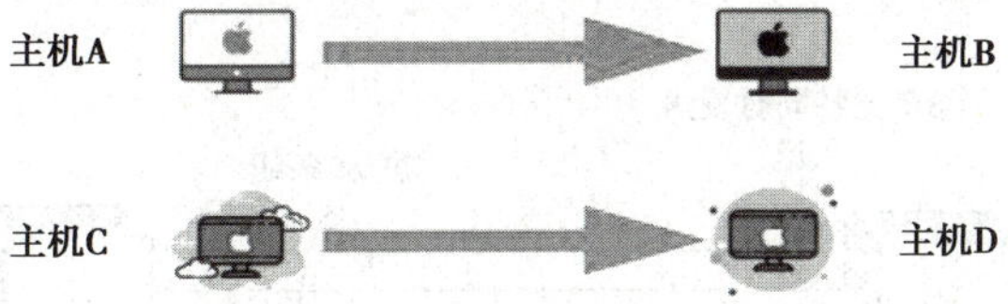

图 3.11 单工通信示意图

2)半双工通信

半双工通信是指信号可以沿两个方向传送，但同一时刻一个信道只允许单方向传送，即两个方向的传输只能交替进行，而不能同时进行，如图 3.12 所示。

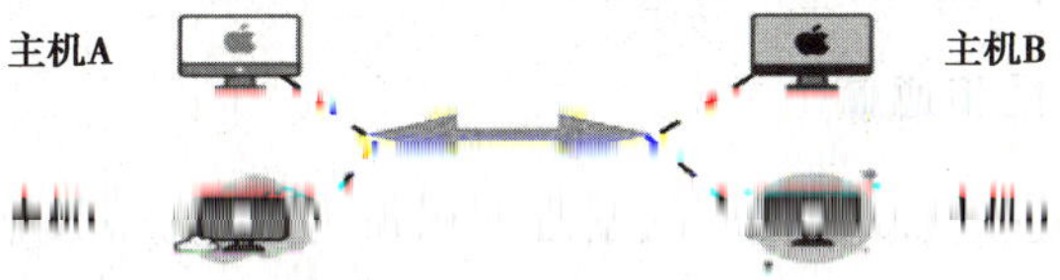

图 3.12 半双工通信示意图

3)全双工通信

全双工通信是指数据可以同时沿相反的两个方向作双向传输，例如，电话通话。全双工通信需要两条信道：一条用来接收信息；一条用来发送信息。因此，其通信效率高，如图 3.13 所示。

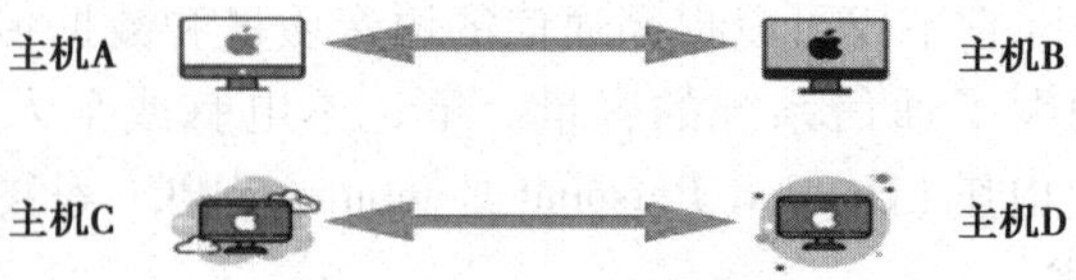

图 3.13　全双工通信示意图

3.4.2　串行通信和并行通信

1) 串行通信

串行通信是将待传送的每个字符的二进制代码按由低到高的顺序依次发送,如图 3.14 所示。其优点是收、发双方只需要一条传输信道,易于实现,成本低;缺点是速度比较慢。在远程数据通信中,一般都采用串行通信方式。

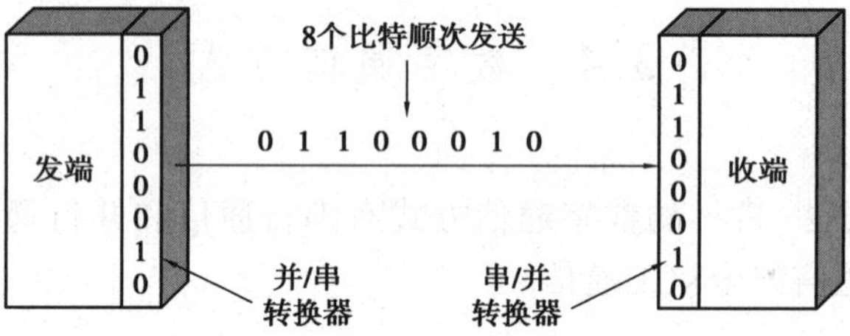

图 3.14　串行通信示意图

2) 并行通信

并行通信是指数据以成组的方式在多个并行信道上同时进行传输,如图 3.15 所示。其优点是速度快,缺点是发送与接收端之间有若干条线路,费用高,只适合在近距离和高速数据通信的环境下使用。

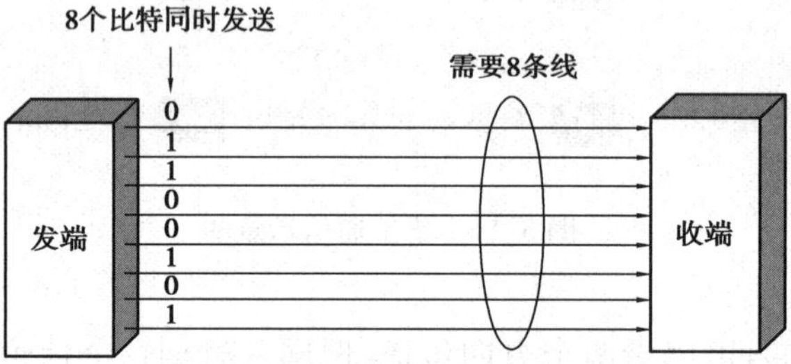

图 3.15　并行通信示意图

3.4.3　异步通信和同步通信

同步就是要求通信的收发双方在时间基准上保持一致,它是数字通信中必须要解决的一个重要问题。在数据通信过程中,常用的同步技术有以下两种:

(1)异步通信方式

每传送 1 个字符都要在每个字符码前加 1 个起始位,以表示字符代码的开始;在字符代码和校验位后面加 1 或 2 个停止位,表示字符结束。

接收方根据起始位和停止位来判断一个新字符的开始和结束,从而起到通信双方的同步作用。异步通信方式如图 3.16 所示。

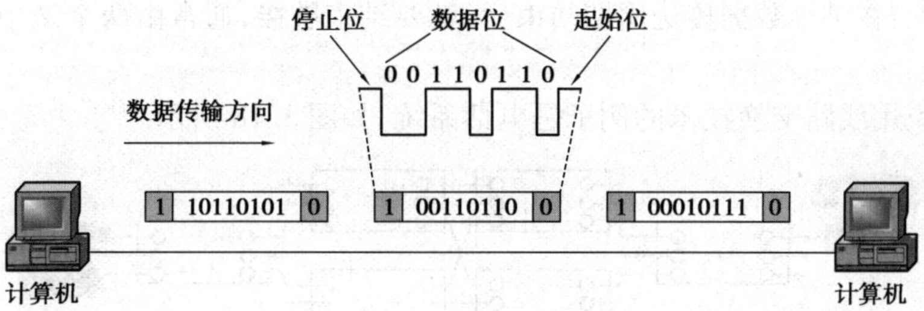

图3.16　异步通信示意图

因为异步通信方式的实现比较简单,但每传输一个字符都需要多使用2~3位,所以适合低速通信。

(2)同步通信方式

在同步通信方式中,传输的信息格式是一组字符或1个二进制位组成的数据块(帧)。对这些数据,不需要附加起始位和停止位,而是在发送一组字符或数据块之前先发送一个同步字符SYN(以01101000表示)或一个同步字节(01111110),用于接收方进行同步检测,从而使收发双方进入同步状态。

在同步字符或字节之后,可以连续发送任意多个字符或数据块,发送数据完毕后,再使用同步字符或字节来标识整个发送过程的结束,如图3.18所示。

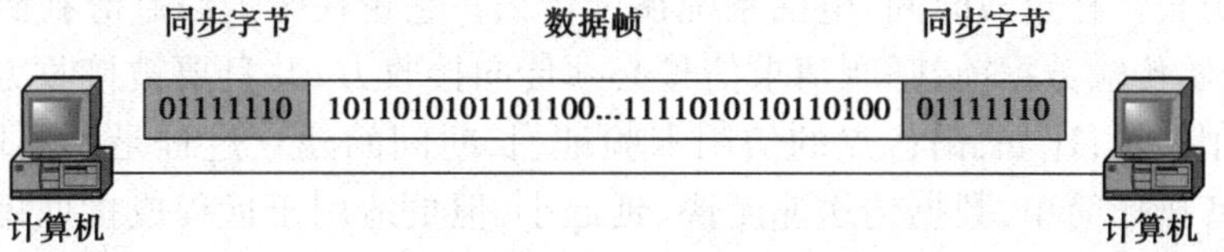

图3.17　同步通信示意图

在同步传送时,发送方和接收方将整个字符组作为一个单位传送,且附加位非常少,从而提高了数据传输的效率。因此,这种方法一般用在高速传输数据的系统中,例如,计算机之间的数据通信。

3.5　数据交换技术

计算机网络是以数据交换为目的的技术,从交换技术的发展过程来看,主要经历了线路交换、报文交换和分组交换的过程。

3.5.1　线路交换

线路交换又称为电路交换,是指在发送端和接收端建立起一条实际的专用通信线路来进行数据的传输,并且在整个数据传输过程中,该专用线路一直为收发两端占用,直到数据传输结束后才被释放。

线路交换技术的通信包括以下3种状态:

①线路建立:在传输任何数据前,都必须建立端到端的线路。

②数据传送:所传输的数据可以是数字的,也可以是模拟的。

③线路拆除:在某个数据传送周期结束后,就要结束链接,通常由两个站中的一个来完成这个动作。

最典型的应用线路交换技术的例子是电话系统,如图3.18所示。

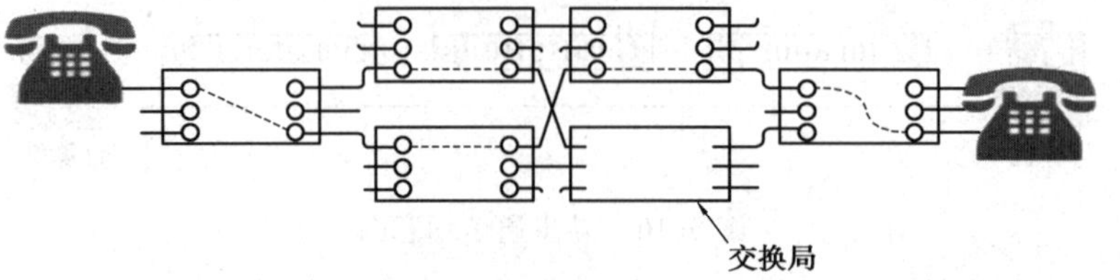

图3.18　电路系统示意图

如图3.18所示,其中6个矩形代表电话运营商的交换局,每个交换局有3条入境线路和3条出境线路。当电话呼叫通过一个交换局时,在电话入境线路与某一条出境线路之间就会建立起一个物理连接,如图中的虚线所示。当然,这个图中的模型被高度简化了。因为事实上,两个电话之间的物理路径可能部分是微波,部分是光纤。而且在光纤链路上,会有成千上万的电话呼叫被复用在一起。然而,我们所讲的基本思路仍然是有效的,即一旦一个呼叫被建立起来,在两端之间就会存在一条专用的路径,并且这条路径会一直持续到该次呼叫结束。

从日常打电话可知,当拨完号码到开始响铃可能需要10 s的时间,长途电话或者国际电话所需的时间更长。在这段时间,电话系统在干什么?它正在全力以赴寻找到达目的地的路径。注意,在开始传输数据前,呼叫请求信号必须传向接收方,并且要被接收方确认。这对于许多计算机应用来说,比如,销售点的信用卡验证,长时间的建立过程是不可取的。因此,虽然线路交换设备操作简单,数据传送速度快、延迟小,但更适用于远程成批处理和发送大量数据的固定用户之间的通信。

3.5.2　报文交换

顾名思义,报文交换的传输单位是报文,需要强调的是,这里所讲的报文指的是信息的一个逻辑单位,而不是报纸文章。而报文的内容包括要发送的正文信息和指明收发站的地址及其他的控制信息。

报文交换与线路交换有一个不同点,报文交换不需要在发送端和接收端之间建立一条专用通路。如果发送端想要发送一个报文,只需把一个目的地址附加在报文上,然后把报文以"存储—转发"的方式在网络内传输。

如图3.19所示,要将数据从C节点发送数据到F节点,首先,发送端C将要发送的信息分割成一个个报文,连同接收地址发给本地交换中心6号设备;然后,6号设备接收该报文并存储下来,待后面的线路空闲时,再转发给下一个节点,如1号交换设备;1号交换设备接收该报文并存储下来,再转发给下一个交换设备3,依次进行……最后,接收端F接收该报文,进行整理。

在数据传输过程中,每次数据交换均由存储和转发两步构成,不须独占一条物理链路,可提高信道的利用率,同一个数据可发给多个接收点。目前,所使用的电子邮件的传送就是利用的这种模式。

报文交换比起线路交换有很多优点:传输效率高,开销小,线路利用率高等,但是它还存在很多问题,比如,报文交换不能满足实时或交互式的数据通信要求,试想一下,你正在通过网络看视频数据，如果是通过报文交换，这会是一个什么样的情况？此外如果报文较长，则中间的交换设备需要较大容量的存储器，否则响应时间会过长，增加网络延迟。

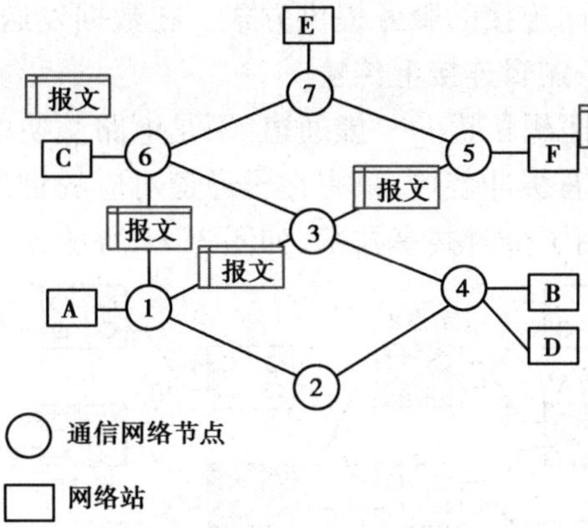

图3.19 报文交换示意图

那什么样的数据交换技术才能够避免报文交换所存在的问题呢？这就要兼具线路交换和报文交换方式优点的分组交换了。

3.5.3 分组交换

分组交换又称为包交换技术，包是分组交换的基本数据单元，一个包可以是100～1 000个字节的数据，每个分组包含的内容有要发送的数据、收发站的地址、分组编号、校验码等传输控制信息。分组交换可采用数据报分组交换和虚电路分组交换两种传输方式。

1）数据报分组交换

数据报分组交换是一种无连接的服务提供方式。

发送端将数据分成若干个较小的分组，采取存储和转发工作方式，允许每个分组走不同的路径，每个分组都被单独处理。

如图3.20所示，首先看到发送端C将其要发送的数据拆分成2个分组，分组1和分组2选择了不同的传输路径，然后在交换中心5处汇合。最后重新组成完整的数据再传送给F。

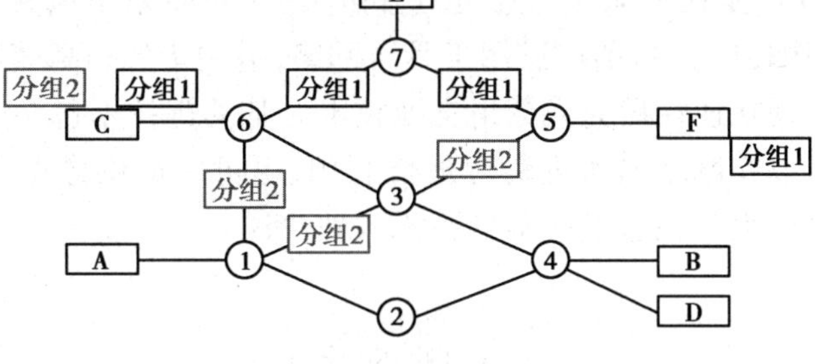

图3.20 数据报分组交换

数据报分组交换方式可以避免建立线路的开销，比较适合小量分组的以太网网络应用，随着光纤的普及和网络传输速度与质量的提高，为了进一步提高通信效率，产生了帧中继交换技术。它采取带宽按需分配的统计复用原理，把位于单条线路上的多个用户站点的信息汇集到一起，再分成多个分组（称为帧）进行传输，帧的大小由当时的带宽决定，最大允许4 000

个字节的数据。这种分组交换方式主要用于帧中继网络中。

2)虚电路分组交换

虚电路分组交换是一种面向连接的服务提供方式。在数据发送前要建立一条逻辑连接,连接建立后,分组数据将在这条逻辑连接上传输。

虚电路分组交换建立的是逻辑信道——虚通道,不是电路交换中的一条专用的独占物理信道。虚通道上的交换设备都有缓冲装置,只有在虚通道对应的物理信道空闲时才会进行发送,这实际上是对物理信道使用了分时共享技术,如图 3.21 所示。

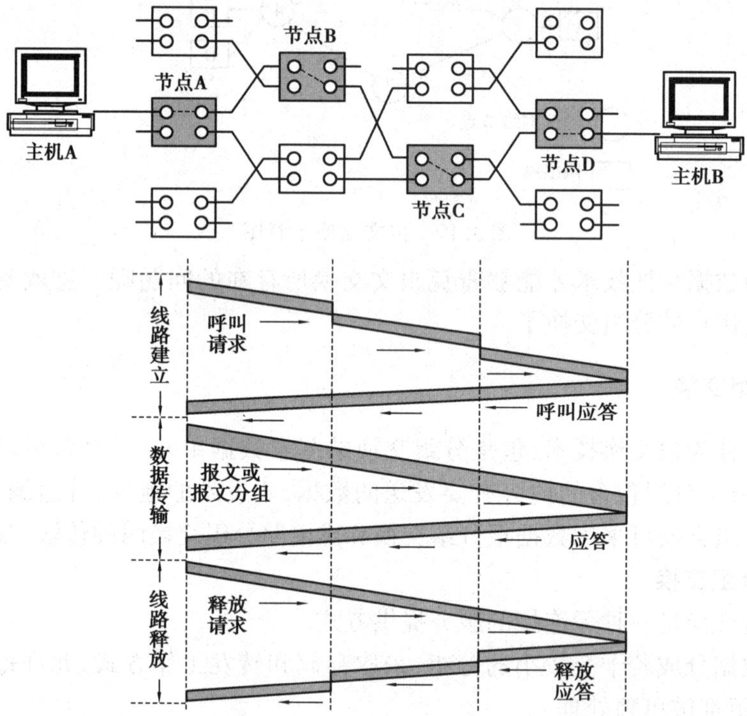

图 3.21　虚电路分组交换

目前,在宽带综合业务数字网中所提出的 ATM 异步传输模式就是一个典型的虚电路分组交换技术的应用,ATM 能在一条物理信道上同时建立起多条虚电路,以提供不同的业务(如语音、数据以及图像传送),目前广泛用于骨干网络,适用于各种高速数据交换业务。由于光纤的广泛应用,人们现在还在研究光分组交换技术。其关键技术包括光分组的产生、同步、缓存、再生等。它既可以在网络内实现资源最佳利用,也可以提供像点到点这样非常关键的业务,未来的发展前景巨大。在这里就不做更深入地探讨。

项目小结

本项目主要介绍了数据通信的基本原理,内容主要包括数据通信的基本概念、数据编码技术、信道复用技术、数字通信方式和数据交换技术。

思考与练习

一、选择题

1. 数据包括(　　)。

A. 模拟数据　　B. 数字数据

C. 模拟数据和数字数据　　D. 同步数据和异步数据

2. 目前抗干扰性最好的传输介质是(　　)。

A. 电缆　　B. 无线　　C. 微波　　D. 光纤

3. 电路交换不具有的优点是(　　)。

A. 传输时延小　　B. 处理开销小

C. 对数据信息格式和编码类型没有限制　　D. 线路利用率高

4. 数据通信的信道包括(　　)。

A. 模拟信道　　B. 数字信道

C. 模拟信道和数字信道　　D. 同步信道和异步信道

5. 完整的通信系统是由(　　)构成。

A. 信源、发送器、传输系统、接收器、信宿　　B. 信源、发送器、传输系统、信宿

C. 信源、发送器、接收器、信宿　　D. 发送器、传输系统、接收器、信宿

6. (　　)将一条物理信道按传输时间分成若干时隙(时间片)轮流地分给多个用户使用,每个时间片由复用的一个用户占用。

A. 时分多路复用　　B. 频分多路复用

C. 波分多路复用　　D. 码分多路复用

7. 电路交换不具有的优点是(　　)。

A. 传输时延小

B. 处理开销小

C. 对数据信息格式和编码类型没有限制

D. 线路利用率高

8. 描述计算机网络中数据通信的基本技术参数是数据传输速率与(　　)。

A. 服务质量　　B. 传输延迟　　C. 误码率　　D. 响应时间

9. 多路复用技术的主要目的不包括(　　)。

A. 提高通信线路利用率　　B. 提高通信线路通信能力

C. 提高通信线路数据率　　D. 降低通信线路通信费用

10. 下列关于信道容量的叙述,正确的是(　　)。

A. 信道所能允许的最大数据传输率　　B. 信道所能提供的同时通话的路数

C. 以兆赫为单位的信道带宽　　D. 信道所允许的最大误码率

11. (　　)方式,就是通过网络中的节点在两个站之间建立一条专用的通信线路,是两个站之间的一个实际的物理连接。

A. 电路交换　　B. 分组交换　　C. 电流交换　　D. 分页交换

12. 世界上很多国家都相继建立了自己国家的公用数据网,如今的公用数据网大多采用(　　)。

A. 分组交换方式　　B. 报文交换方式

C. 电路交换方式　　D. 空分交换方式

13. 报文交换的传送方式采用(　　)方式。

A. 广播　　B. 存储-转发　　C. 异步传输　　D. 同步传输

14. 按照信号传送方向与时间的关系,信号在传输上存在哪几种方式?(　　)

A. 单工、半双工、全双工　　B. 串行、并行

C. 同步、非同步　　D. 以上都不是

15. 下列是全双工传输模式的是(　　)。

A. 收音机　　B. 对讲机　　C. 电话机　　D. 扩音器

二、填空题

1. ＿＿＿＿＿是对数字信号中每一位的通称,通常又称为"位""Bit"。

2. 数据交换技术主要有 3 种方式:＿＿＿＿＿、＿＿＿＿＿和＿＿＿＿＿。

3. 在电路交换网中,通话一次建立,这次通话过程被分成 3 个阶段,分别是＿＿＿＿＿、＿＿＿＿＿和＿＿＿＿＿。

4. 若要进行语音信息的传输,声音的带宽为 4 000 Hz,定义采用频率为该声音带宽的两倍,为 8 000 次/s,用 8 位二进制编码,则为保证该语音信息能够被快速传递的信道的数据传输速率最低为＿＿＿＿＿ kb/s。

三、简答题

1. 什么是数字信号、模拟信号?二者的区别是什么?

2. 电路交换和报文交换各有什么特点?

3. 什么是并行传输与串行传输?各自有什么特点?

实验 3　用双绞线制作网线

一、实验目的

1. 认识和熟悉网线制作的专用工具。

2. 了解双绞线的类型和特点,熟悉 5 类双绞线。

3. 掌握网线的制作标准。

4. 掌握直通电缆和交叉电缆的含义及制作方法。

二、实验设备

硬件环境:带网卡(有 RJ-45 接口)的计算机、5 类非屏蔽双绞线、RJ-45 水晶头、压线钳、

电缆测试仪。

三、实验内容和步骤

以直通电缆的制作为例介绍网线的制作步骤。

1. 剥线

准备一段符合布线长度要求的双绞线，先用压线钳把5类双绞线的一端剪齐，再把剪齐的一端插入压线钳用于剥线的缺口，直至顶住压线钳后面的挡位，稍微握紧压线钳慢慢旋转一圈，让刀口划开双绞线的保护胶皮，剥下胶皮（也可用专门的剥线工具来剥皮线），剥线的长度为13～15 mm，如图3.22所示。

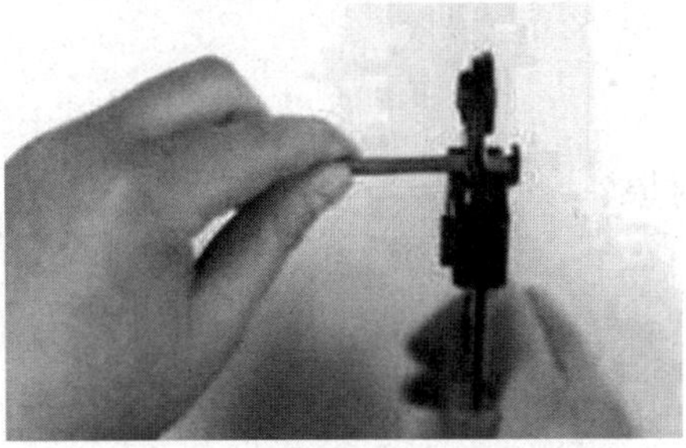

图3.22　用压线钳剥线

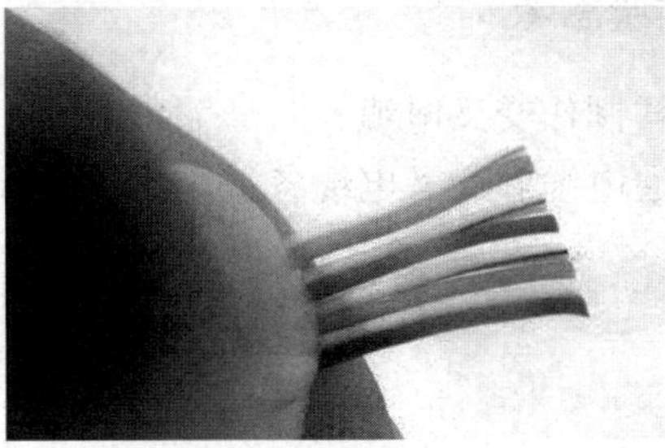

图3.23　双绞线的排列

2. 理线

先把4对芯线一字并排排列，再把每对芯线分开，并按照橙白、橙、绿白、蓝、蓝白、绿、棕白、棕的颜色一字排列，如图3.23所示。

3. 插线

用手水平握住水晶头（有插针一侧向下），然后把已剪齐、并列排列的8条芯线对准水晶头开口并排插入水晶头，如图3.24所示。

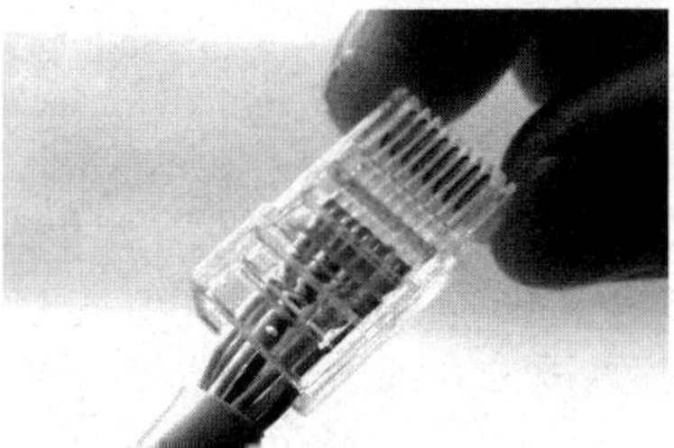

图3.24　塞入水晶头

4. 压线

确认所有芯线都插到水晶头底部后，即可将插入网线的水晶头直接放入压线钳夹槽。水晶头放好后，使劲压下压线钳手柄，使水晶头的插针都能插入网线芯线中，与之接触良好。用手轻轻拉一下网线与水晶头，看是否压紧，最好多压一次，最重要的是要注意所压位置一定要正确，如图3.25所示。至此，网线的一端就已经制作好了，另一端的制作方法与之相同。

5. 检测双绞线

把网线两端的RJ-45水晶头插入电缆测试仪后，打开电缆测试仪，可以看到电缆测试仪上的两组指示灯按照同样的顺序闪动。如一端的灯亮，而另一端却没有任何灯亮，则可能是导线中间断了，或者是两端至少有一个插针未接触该条芯线。

图 3.25　压线

四、实验思考

1. 怎样制作交叉电缆?
2. 直通电缆和交叉电缆各适用于连接什么对象?

项目 4 网络安全与管理

[任务导入]

小张负责公司网络的组建与网络安全,他应该怎样消除网络安全隐患?他需要了解网络安全,掌握防火墙技术和常用的网络安全技术。

[知识目标]

- 了解网络安全概念、网络安全的现状和国内外网络安全的大事件背后的技术演进和利益博弈。
- 掌握防火墙的分类及基本技术。
- 掌握常用的网络安全技术。

[技能目标]

- 学会使用防火墙等软件确保网络安全。
- 实现单机安全技术,从用户和资源两个方面,从权限和访问控制技术实现单机安全,避免信息泄露和非法访问。

[课程思政目标]

通过本项目的学习,使学生明白网络安全的重要性。培养具备良好网络安全道德和信息安全素养、兼顾技术和管理的综合型信息管理人才,以满足各行业网络安全保障的需要。

4.1 网络安全概述

随着全球信息化的飞速发展,网络已成为社会和经济发展的强大推动力,其地位越来越重要。但同时网络安全的问题也日益突出。网络安全涉及国家安全、个人利益、企业生存等方面,因此,网络安全是信息化进程中具有重大战略意义的问题。

4.1.1 网络安全的定义

国际标准化组织引用 ISO 74982 文献中对安全的定义:安全就是最大限度地减少数据和资源攻击的可能性。

网络安全也是为数据处理系统建立和采用的技术和管理的安全保护,保护计算机硬件、软件和数据不因偶然和恶意的原因遭到破坏、更改和泄露。由此可将计算机网络的安全理解为:通过采用各种技术和管理措施,使网络系统正常运行,从而确保网络数据的可用性、完整性和保密性。

网络安全的具体含义会随着"角度"的变化而变化。例如,从用户(个人、企业等)的角度来说,他们希望涉及个人隐私或商业利益的信息在网络上传输时受到机密性、完整性和真实性的保护,避免其他人或对手利用窃听、冒充、篡改、抵赖等手段侵犯用户的利益和隐私。

从网络运行和管理者的角度来说,他们希望对本地网络信息的访问、读写等操作受到保护和控制,避免出现"陷门"、病毒、非法存取、拒绝服务和网络资源非法占用和非法控制等威胁,制止和防御网络黑客的攻击。对于安全保密部门来说,他们希望对非法的、有害的或涉及国家机密的信息进行过滤和防堵,避免机要信息泄露,避免对社会产生危害,对国家造成巨大损失。从社会教育和意识形态的角度来说,网络上不健康的内容,会对社会的稳定和人类的发展造成阻碍,必须对其进行控制。

网络安全应具有以下 4 个方面的特征:

①保密性:信息不泄露给非授权用户、实体或过程,或供其利用的特性。

②完整性:数据未经授权不能进行改变的特性,即信息在存储或传输过程中保持不被修改、不被破坏和丢失的特性。

③可用性:可被授权实体访问并按需求使用的特性,即当需要时能否存取所需的信息。例如,网络环境下拒绝服务、破坏网络和有关系统的正常运行等都属于对可用性的攻击。

④可控性:对信息的传播及内容具有控制能力。

4.1.2 网络安全威胁

1)网络硬件设备和线路的安全威胁

①非法入侵:不法分子通过技术渗透或利用物理线路侵入网络,非法使用、破坏或获取数据或系统资源。

②线路干扰:通信线路会受到各种情况的影响,产生线路干扰,影响数据传输速率,产生通信错误,例如,网线如果靠近变压器附近,就会严重影响正常通信。

③通信窃听:通过建立隐藏隧道等窃取第三方信息,例如,利用电磁波监听、光缆监听、手机监听可截取机密信息,或通过对信息流向、流量、通信频度和长度等参数的分析,推测出有用信息,如用户口令、账号等重要信息。

④病毒入侵:计算机病毒能够以多种方式侵入网络,并不断在网络中传播,产生很大的破坏,严重的可使整个网络瘫痪或崩溃。

⑤黑客攻击:黑客采用各种手段,对网络及其计算机系统进行攻击,侵占系统资源或对网络和计算机设备进行破坏,窃取或破坏数据和信息。尤其是现在的无线路由器已成为黑客攻击的主要目标,因为智能手机、平板电脑、笔记本电脑和一些智能家居设备都连接着无线路由器,为网络安全埋下了一个很大的隐患。

2)网络系统和软件的安全威胁

①网络软件的漏洞及缺陷被利用,使网络受到入侵和破坏。

②网络软件安全功能不健全,或被安装了特洛伊木马软件。

③未对用户进行分类和标识,使数据的存取未受限制和控制,使得非法用户进入网络进

行违法操作,合法用户以未授权方式进行操作等。

④没有正确的安全策略和安全机制:导致假冒、身份攻击不时出现。

⑤缺乏先进的安全工具和管理手段:近年来,在全球范围内最流行的攻击方式是钓鱼式攻击,就是利用间谍软件、广告程序和垃圾邮件将用户引入恶意网站,由于缺乏安全管理工具,用户不能够识别这些恶意网站。而这些恶意网站看起来与正常网站没有什么区别,犯罪分子通常会以升级账户的理由要求用户提供机密资料。

3)环境的安全威胁

地震、火灾、水灾、风灾等自然灾害或掉电、停电等事故,造成网络设备损毁或停止工作,影响网络正常运行。

4)网络管理人员和网络使用人的安全意识威胁

①保密观念不强或不懂保密规则,随便泄露机密。

②账号或密码信息泄露。

③业务不熟练,因操作失误导致文件错误或因未遵守操作规程而造成泄密。

④因规章制度不健全造成设备损毁。

⑤担任系统操作的人员越权获取或修改信息等。

网络安全面临如此多的威胁和破坏,只有从物理安全、访问控制、传输安全和网络安全管理4个方面进行防范。

(1)物理安全措施

物理安全性包括机房的安全、所有网络的网络设备,包括服务器、工作站、通信线路、路由器、网桥、磁盘、打印机等的安全性以及防火、防水、防盗、防雷等。网络物理安全性除在系统设计中需要考虑外,还要在网络管理制度中分析物理安全性可能出现的问题及相应的保护措施。

(2)访问控制措施

访问控制措施的主要任务是保证网络资源不被非法使用和非常规访问。主要包括以下8个方面:

①入网访问控制:即控制哪些用户能够登录并获取网络资源,控制准许用户入网的时间和入网的范围。

②网络的权限控制:这是针对网络非法操作所提出的一种安全保护措施,用户和用户组被授予一定的权限。

③目录级安全控制:包括系统管理权限、读权限、写权限、创建权限、删除权限、修改权限、文件查找权限和存取控制权限8种。

④属性安全控制:即网络管理员给文件、目录等指定访问属性,将给定的属性与网络服务器的文件、目录和网络设备联系起来。

⑤网络服务器安全控制:包括设置口令锁定服务器控制台,设定登录时间限制、非法访问者检测和关闭的时间间隔等。

⑥网络检测和锁定控制:即网络管理员对网络实施监控,服务器应记录用户对网络资源的访问,对于非法访问应报警。

⑦网络端口和节点的安全控制:网络服务器端口使用自动回呼设备、静默调制解调器加以保护,并以加密形式识别节点的身份。

⑧防火墙控制：防火墙是互联网络上的首要安全技术，是设置在网络与外部之间的一道屏障。

(3)传输安全措施

网络通信安全措施包括建立物理安全的传输媒介，以及对传输数据进行加密，对传输数据的加密又包括链路加密和端到端加密两种。

(4)网络安全管理措施

除技术措施外，加强网络的安全管理，制订相关配套的规章制度、确定安全管理等级、明确安全管理范围、采取系统维护方法和应急措施等，对网络安全、可靠地运行将起到很重要的作用。

网络安全与网络中的每一个人息息相关，将网络安全比作一场“战争”并不为过，而只有网络管理者、软件开发人员、安全团队、投资者、使用者联合起来才能扭转局势，才能全副武装地抵御不断来犯的敌人。

4.2 防火墙技术

4.2.1 防火墙的定义

防火墙(Fire Wall)是用来连接两个网络并控制两个网络之间相互访问的系统，如图4.1所示。它包括用于网络连接的软件和硬件以及控制访问的方案。防火墙用于对进出的所有数据进行分析，并对用户进行认证，从而防止有害信息进入受保护网，为网络提供安全保障。

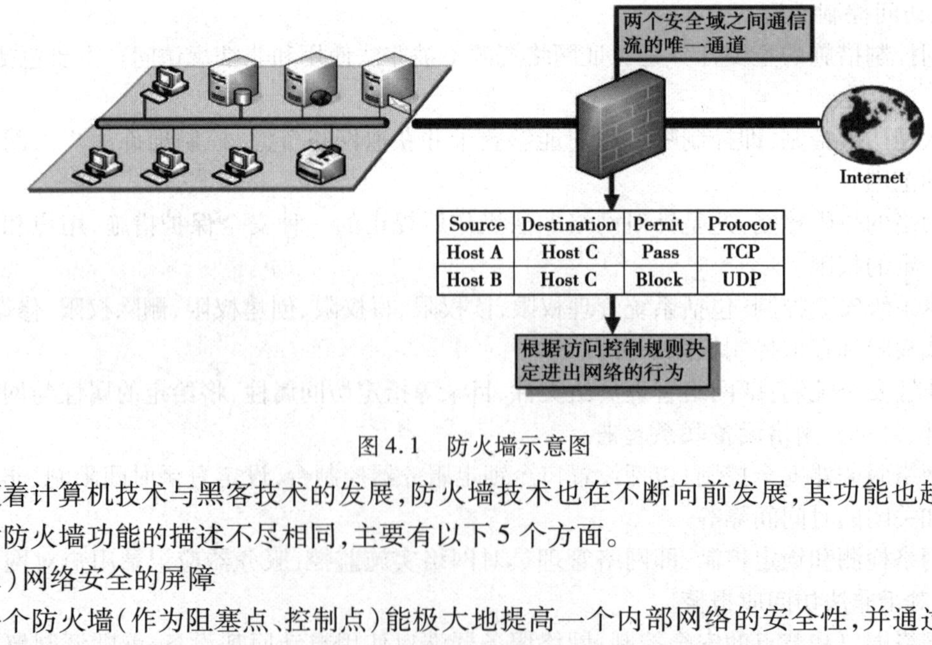

图4.1 防火墙示意图

随着计算机技术与黑客技术的发展，防火墙技术也在不断向前发展，其功能也越来越强大。对防火墙功能的描述不尽相同，主要有以下5个方面。

(1)网络安全的屏障

一个防火墙(作为阻塞点、控制点)能极大地提高一个内部网络的安全性，并通过过滤不安全的服务而降低风险。由于只有经过精心选择的应用协议才能通过防火墙，因此网络环境变得更安全。如防火墙可以禁止诸如众所周知的不安全的 NFS 协议进出受保护网络,这样外部的攻击者就不可能利用这些脆弱的协议来攻击内部网络。防火墙同时可以保护网络免受基于路由的攻击,如 IP 选项中的源路由攻击和 ICMP 重定向中的重定向路径。防火墙应该可以拒绝所有以上类型攻击的报文并通知防火墙管理员。

(2)强化网络安全策略

通过以防火墙为中心的安全方案配置,能将所有安全软件(如口令、加密、身份认证、审计等)配置在防火墙上。与将网络安全问题分散到各个主机上相比,防火墙的集中安全管理更经济。例如,在网络访问时,"一次一密"口令系统和其他身份认证系统完全可以不必分散在各个主机上,而集中在防火墙上。

(3)监控审计

如果所有的访问都经过防火墙,那么防火墙就能记录下这些访问并作出日志记录,同时也能提供网络使用情况的统计数据。当发生可疑动作时,防火墙能进行适当的报警,并提供网络是否受到监测和攻击的详细信息。另外,收集一个网络的使用和误用情况也是非常重要的。首要的理由是可以清楚防火墙是否能够抵挡攻击者的探测和攻击,并且清楚防火墙的控制是否充足。而网络使用统计对于网络需求分析和威胁分析等而言也是非常重要的。

(4)防止内部信息的外泄

通过利用防火墙对内部网络的划分,可实现内部网重点网段的隔离,从而限制局部重点或敏感网络安全问题对全局网络造成的影响。再者,隐私是内部网络非常关心的问题,一个内部网络中不引人注意的细节可能包含了有关安全的线索而引起外部攻击者的兴趣,甚至因此而暴露了内部网络的某些安全漏洞。使用防火墙可以隐蔽那些被透露的内部细节,如 Finger,DNS 等服务。Finger 显示了主机的所有用户的注册名、真名,最后登录时间和使用 shell 类型等。但是 Finger 显示的信息非常容易被攻击者所获悉。攻击者可以知道一个系统使用的频繁程度,这个系统是否有用户正在连线上网,这个系统是否在被攻击时引起注意等。防火墙可以同样阻塞有关内部网络中的 DNS 信息,这样一台主机的域名和 IP 地址就不会被外界所了解。除了安全作用,防火墙还支持具有 Internet 服务性的企业内部网络技术体系 VPN(虚拟专用网)。

(5)日志记录与事件通知

进出网络的数据都必须经过防火墙,防火墙通过日志对其进行记录,能提供网络使用的详细统计信息。当发生可疑事件时,防火墙更能根据机制进行报警和通知,提供网络是否受到威胁的信息。

4.2.2 防火墙的种类

目前,市场上的防火墙产品相当多,划分的标准也都不一样,主要有以下几种分类方式和种类。

1)包过滤防火墙

包过滤防火墙(Packet Filtering Firewall)又称为网络级防火墙,通常由一台路由器或一台充当路由器的计算机组成,如图 4.2 所示。

Internet/Intranet 上的所有信息都是以 IP 数据包的形式传输的,包过滤路由器负责对所接收的每个数据包的 IP 地址,TCP 或 UDP 分组头信息进行审查,以便确定其是否与某一条包过滤规则匹配。包过滤防火墙检查每一条过滤规则,如果找到一个匹配,且规则允许该数据包通过,则该数据包根据路由表中的信息向前转发;如果找到一个匹配,且规则拒绝此数据包,则该数据包将被舍弃。

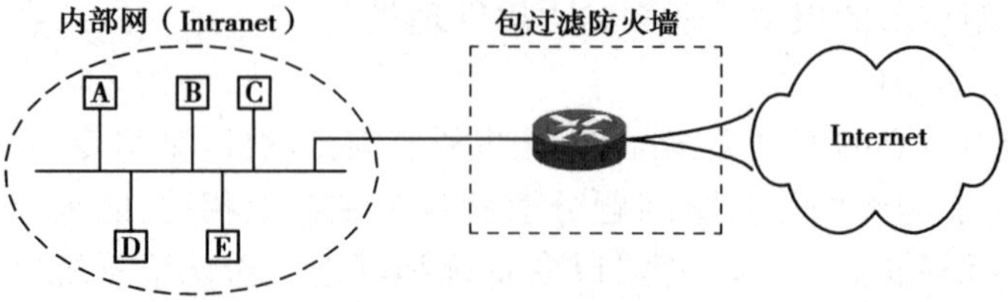

图 4.2　包过滤防火墙示意图

包过滤防火墙对于用户来说是全透明的,其优点是只需在一个关键位置设置一个包过滤路由器就可以保护整个网络,使用起来非常简洁、方便,且速度快、费用低。

包过滤防火墙也有其自身的缺点和局限性,例如,它只检查地址和端口,对应用层上的黑客行为无能为力;包过滤规则配置比较复杂;包过滤无法检测具有数据驱动攻击这一类潜在危险的数据包等。

2)应用级网关

应用级网关(Application Level Gateway)主要控制对应用程序的访问,它能够对进出的数据包进行分析、统计,防止在受信任的服务器与不受信任的主机之间直接建立联系。而且它还提供一种监督控制机制,使得网络内、外部的访问请求在监督机制下得到保护,其功能模型如图 4.3 所示。

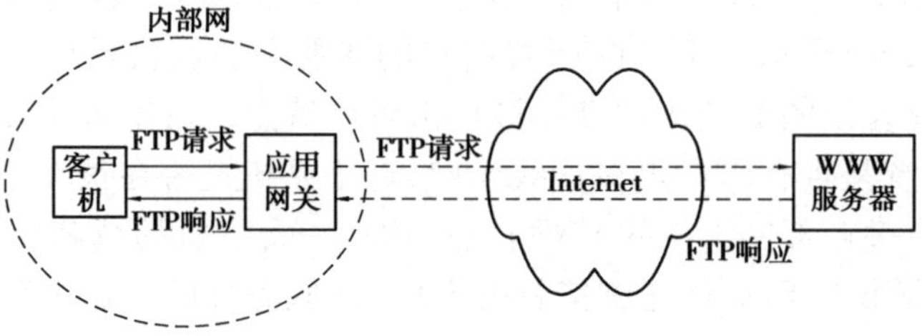

图 4.3　应用级网关示意图

与包过滤防火墙一样,应用级网关也是只依靠特定的逻辑判断来决定是否允许数据包通过。一旦防火墙内外的计算机系统建立起直接联系,其外部的用户便有可能直接了解防火墙内部的网络结构和运行状态,这有利于实施非法访问和攻击。

应用级网关具有较强的访问控制功能,是目前最安全的防火墙技术之一。但其每一种协议都需要相应的代理软件,实现起来比较困难,效率不如网络级防火墙高,而且对用户缺乏“透明度”。

3)电路级网关

电路级网关(Circuit Level Gateway)通常工作在 OSI 参考模型中的会话层上,它只依赖于 TCP 连接,而并不关心任何应用协议,也不进行任何包处理或过滤。它就像电线一样,只是在内部连接和外部连接之间来回拷贝字节。由于连接要穿过防火墙,因此其隐藏了受保护网络的有关信息。

电路级网关通常不是一个独立的产品,它要和其他一些应用级网关结合在一起使用。其最大的优点是主机可以被设置成混合网关，内部用户使用起来很方便，另外，电路级网关还可将所有内部的 IP 地址映射到一个防火墙专用的、安全的 IP 地址。

4）代理服务防火墙

代理服务防火墙（Proxy Sever Firewall）又称为链路级网关，通常是指运行代理服务器软件的一台计算机。代理服务器（Proxy Sever）运行在 Intranet 和 Internet 之间，是内、外网络的隔离点，起监视和隔绝应用层通信流的作用，其功能模型如图 4.4 所示。

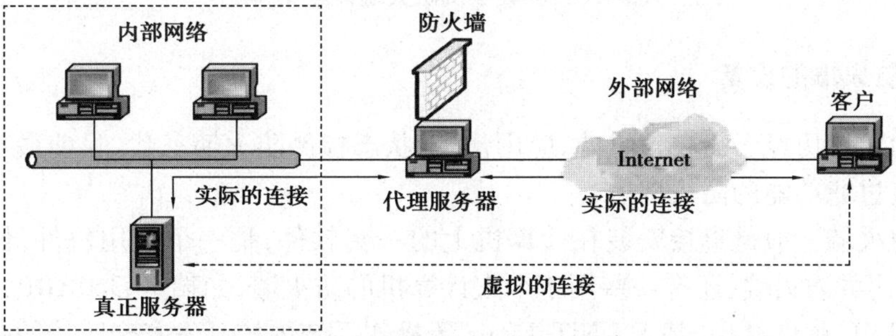

图 4.4　代理服务防火墙示意图

代理服务器收到用户对某站点的访问请求后，便立即检查该请求是否符合规则。若规则允许用户访问该站点，代理服务器便会以客户身份登录目的站点，取回所需的信息再发回给客户。代理服务器将所有跨越防火墙的通信链路分为两段，外部用户只能看到该代理服务器而无法获知任何内部资料，如 IP 地址，从而起到了隔离防火墙内、外计算机系统的作用。代理服务软件要分析网络数据包并作出访问控制决定，从而在一定程度上影响了网络的性能，且代理服务器需要为每个网络用户专门设计，安装使用较复杂，成本也相对较高。

5）复合型防火墙

由于对更高安全性的要求，常常把基于包过滤的防火墙与基于代理服务的防火墙结合起来，形成复合型防火墙（Compound Fire Wall）产品。这种结合通常有以下两种方案：

（1）屏蔽主机防火墙体系结构

包过滤路由器与 Internet 相连，同时一个堡垒机安装在内部网络，通过在包过滤路由器上设置过滤规则，使堡垒机成为 Internet 上其他节点所能到达的唯一节点，从而确保了内部网络的安全，如图 4.5 所示。

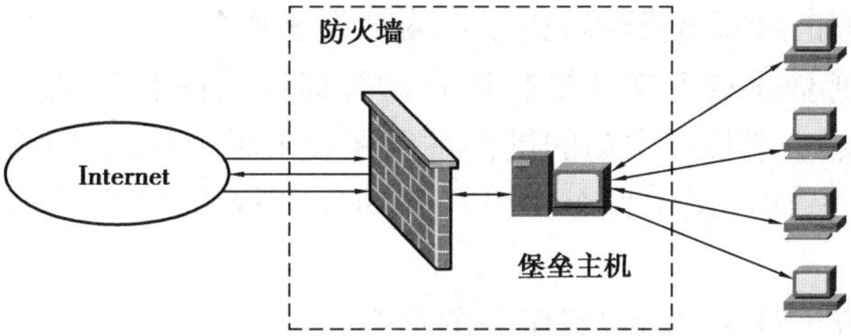

图 4.5　屏蔽主机防火墙体系结构

（2）屏蔽子网防火墙体系结构

堡垒主机放在一个子网内，两个包过滤路由器放置在这一子网的两端，使这一子网与外部 Internet 及内部网络分离，如图 4.6 所示。

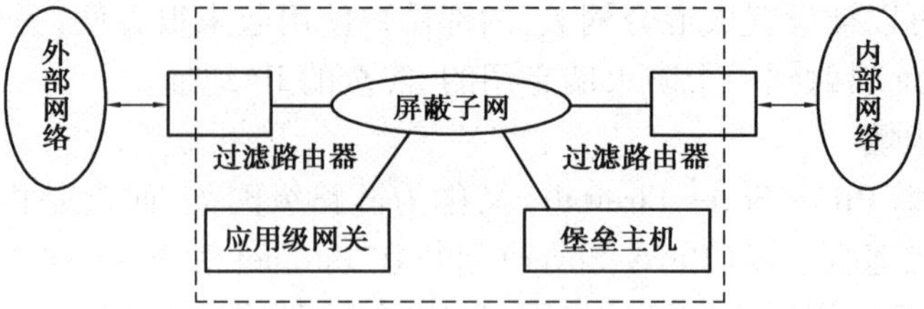

图 4.6 屏蔽子网防火墙体系结构

4.2.3 防火墙的设备

防火墙的发展历经了简单包过滤、应用代理、状态检测防火墙三代，目前最新的主流技术是具有数据流过滤功能的防火墙。

早期的防火墙一般是直接安装在计算机上的一套软件，是一个应用软件，代表的产品有 Checkpoint 公司的防火墙，还有一些用于个人计算机的防火墙，如瑞星、360ARP、金山网盾等。

后来采用 PC 硬件结构，基于 UNIT、Linux 等操作系统内核开发安全防护的一些基本特性所构成的硬件防火墙，是软件和硬件的结合体，如天融信公司的早期防火墙产品。

现在则是采用独立设计的 ASIC 芯片，基于专门的硬件平台，没有操作系统，在 CPU、电源、风扇、总线、扩展插卡等方面优化结构，保证防火墙产品得到最优的处理性能，比较有名的是华为、思科、H3C、Juniper 等公司的防火墙产品。

4.2.4 防火墙的局限

防火墙的功能虽然强大，但是也有其局限性，具体有以下几个方面：

(1)防火墙有可能是可以绕过的

防火墙一旦被攻击者击穿或者绕过就失去了作用。实际上，由于防火墙依赖于口令，因此防火墙不能防范黑客对口令的攻击。几年前，两个在校学生编了一个简单程序，通过对波音公司的口令字的排列组合试出了开启内部网的要求，从内部网中弄到了一张授权的波音公司的口令表，将口令一一出卖。美国马里兰州的一家计算机安全咨询机构负责人诺尔·马切特说：“防火墙不过是一道较矮的篱笆墙。”黑客像耗子一样，能从这道篱笆墙上的窟窿中自由出入。

(2)防火墙不能防止内部出卖性攻击或者内部误操作

当内部人员将敏感数据或者文件复制到 U 盘等移动设备上提供给外部攻击者时，防火墙是无能为力的。当内部一个带有木马的机器主动和攻击者连接，这时像铁壁一样的防火墙瞬间就会被破坏掉。此外，内部网中各个主机之间的攻击行为，防火墙也只有如旁观者一样冷视而爱莫能助。

(3)防火墙不能防止对开放端口或服务的攻击

如 Web 服务要开放 80 端口，MAIL 服务要开放 25 端口，这时防火墙不能防止对 80 端口、25 端口的攻击。

(4)防火墙可以阻断攻击，但是不能消灭攻击源

防火墙是一种被动防卫机制，不是主动安全机制。因特网上的各种攻击源源不断，设置得当的防火墙可以阻挡他们，但是无法消除这些攻击源，这些攻击源仍然会源源不断地向防

火墙发出攻击尝试。

(5)防火墙本身也会出现问题,也会遭到攻击

防火墙不能干涉还没有到达防火墙的数据包,如果这个数据包是攻击防火墙的,只有已经发生了攻击,防火墙才可以对抗。并且防火墙也是一个系统,也有自己的缺陷,也会受到攻击,这时许多防御措施就会失灵。

防火墙是网络安全的重要一环,但不代表设置了防火墙,就一定能保证网络绝对安全,但是设置得当的防火墙,至少会使得网络更为坚固一些。

"真正的安全是一种意识,而非技术!"

4.3　常用的网络安全技术

4.3.1　网络加密概述

1)加密的定义和目的

①密码技术是保障信息安全的核心技术。加密指改变数据的表现形式,使之成为没有正确密钥任何人都无法读懂的密文。加密旨在对第三者保密,只让特定的人能解读密文。

②为了读懂报文,密文必须重新转变为明文。而含有数学方式以用来转换报文的双重密码就是密钥。如图4.7所示,对于一般人而言,即使获得了密文,也不解其义。

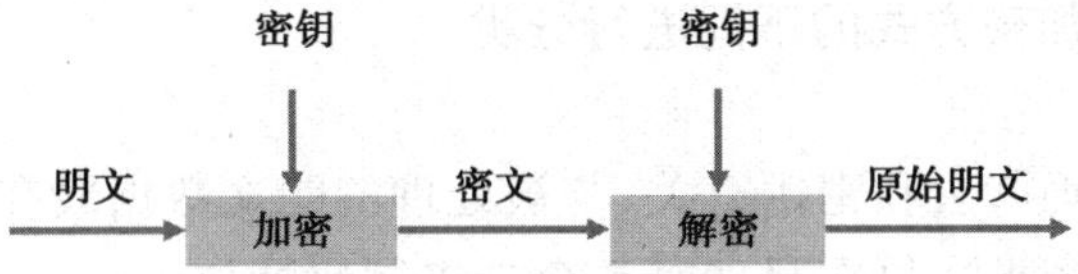

图4.7　网络加密示意图

③如果信息由源点直达目的地,在传递过程中不会被任何人接触到,则无须加密。而Internet是一个开放的系统,穿梭于其中的数据可能被任何人随意拦截,因此,将数据加密后再传送是进行秘密通信的最有效的方法。

2)网络加密的主要方式

一个加密网络,不仅可以保护网内的数据、文件和口令,而且也是对付恶意软件的有效方法。目前,对网络加密主要有链路加密、节点加密、端对端加密3种方式。

(1)链路加密

①链路加密是指仅在数据链路层对传输数据进行的加密,它主要用于对信道中可能被截获的那一部分数据信息进行保护,一般的网络安全系统都采用这种方式。

②链路加密只对通信链路中的数据加密,而不对网络节点内的数据加密。因此,链路上的所有数据报文(包括路由信息等)均以密文的形式出现,而节点内的数据报文却以明文出现。

③链路加密简单、容易实现,但由于全部报文都以明文形式通过各节点,因此在这些节点上,数据容易受到非法存取的危险,而且每条链路都需要一对加、解密设备和一个独立密钥,因此成本较高。

(2)节点加密

①节点加密是对链路加密的改进,它也要为通信链路上传输的所有数据进行加密,而且加密过程对用户是透明的。

②节点加密不允许报文在网络节点内以明文形式存在,它先把接收到的报文进行解密,然后采用另一个不同的密钥进行加密,其目的是克服链路加密在节点处易遭受非法存取的缺点。

③链路加密比节点加密成本低,而且更安全。但节点加密要求报头和路由信息以明文形式传输,以便中间节点能得到如何处理消息的信息。因此,这种方法仍然存在一定的风险。

(3)端对端加密

①端对端加密允许数据在从源点到终点的传输过程中始终以密文形式存在,报文在到达终点之前不进行解密。这样即使有中间节点被损坏也不会泄露消息。

②端对端加密可在传输层或更高层次中实现。它与链路加密最大的不同在于它是对整个网络系统采取的保护措施,因此安全性更高。

③端对端加密的可靠性强,设计、实现和维护都更容易。但数据报头仍保持明文形式,容易为报文分析者所利用,且端点加密密钥数量大,密钥的管理比较困难。

4.3.2 网络加密算法

网络信息的加密过程是由加密算法来具体实施的,按照国际惯例,加密算法有以下两种分类标准:

1)根据对明文信息加密方式的不同进行分类

(1)分组加密算法

密文仅与给定的密码算法和密钥有关,与被处理的明文数据段在整个明文(或密文)中所处的位置无关。分组加密算法每次只加密一个二进制比特位。

(2)序列加密算法

密文不仅与最初给定的密码算法和密钥有关,还是被处理的数据段在明文(或密文)中所处的位置的函数。序列加密算法先将信息序列分组,每次对一个组进行加密。

2)根据收发双方的密钥是否相同进行分类

(1)对称加密算法

对称加密算法又称为私钥加密算法,它是指系统加密明文和解读密文时使用的是同一把密钥,或者虽然不同,但是由其中的任意一把可以很容易地推导出另一把。

对称加密算法中影响最大的是数据加密标准(Data Encryption Standard,DES)。它是一种以56位密钥为基础的密码块加密技术,每次对64位输入数据块进行加密,加密过程包括16轮编码。在每一轮编码中,DES从56位密钥中产生一个48位的临时密钥,并用这个密钥进行这一轮的加密。

对称加密算法具有很强的保密强度,安全性就是其56位密钥。但由于至少有两个人持有密钥,因此任何一方都不能完全确定对方手中的密钥是否已经透露给了第三者。为了在对称加密过程中有效地管理好密钥,保证数据的机密性,美国麻省理工学院提出了一种基于可信赖的第三方的认证系统——Kerberos。它是一种在开放式网络环境下进行身份认证的方法,使网络上的用户可以相互证明自己的身份。Kerberos采用对称密钥体制对信息进行加密。

其基本思想是:能正确对信息进行解密的用户就是合法用户。用户在对应用服务器进行访问前,必须先从第三方(Kerberos 服务器)获取该应用服务器的访问许可证(ticket)。

(2)非对称加密算法

非对称加密算法又称为公钥加密算法,它是指系统加密和解密分别用两把不同的密钥实现,并且加密密钥和解密密钥不可能相互推导。

非对称加密算法中最有影响力的是 RSA,是目前网络上进行保密通信和数字签名的最有效的安全算法之一,其安全性依赖于目前仍然是数学领域尚未解决的一大难题——大数分解问题,该问题至今没有任何高效的分解方法。因此,只要 RSA 采用足够大的整数,因子分解越困难,密码就越难以破译,加密强度就越高。

必须注意的是:使用 RSA 加密时必须选用足够长的密钥。对当前的计算机运行速度,使用 512 位的密钥已不安全。目前,安全电子交易协议(Secure Electronic Transaction,SET)中要求 CA 采用 2 048 位的密钥,其他实体使用 1 024 位的密钥。目前而言,在技术上还无法预测攻破具有 2 048 位密钥的 RSA 加密算法需要多少时间,所以从这个意义上说,RSA 加密算法是绝对安全的。

4.3.3 数字证书

1)什么是数字证书

数字证书是网络通信中标志通信各方身份信息的一系列数据,是各类实体(持卡人/个人、商户/企业、网关/银行等)在网上进行信息交流及商务活动的身份证明。

数字证书由一个权威机构——证书授权(Certificate Authority,CA)中心发行。CA 中心作为电子商务交易中受信任的第三方,承担公钥体系中公钥的合法性检验的责任,负责产生、分配并管理所有参与网上交易的个体所需的数字证书,因此是安全电子交易的核心环节。

从证书的用途来看,数字证书可分为签名证书和加密证书。签名证书主要用于对用户信息进行签名,以保证信息的不可否认性;加密证书主要用于对用户传送信息进行加密,以保证信息的真实性和完整性。

最简单的数字证书包含一个公开密钥、名称以及证书授权中心的数字签名。一般情况下,证书中还包括密钥的有效时间、发证机关(证书授权中心)的名称、该证书的序列号等信息,证书的格式遵循 ITUT X.509 国际标准。

2)数字证书的原理

数字证书采用公钥加密体制,即利用一对互相匹配的密钥进行加密、解密。

每个用户自己设定一把特定的仅为本人所知的私钥,用私钥进行解密和签名;同时设定一把公钥并由本人公开,为一组用户所共享,用于加密和验证签名。

当发送一份保密文件时,发送方使用接收方的公钥对数据加密,而接收方则使用自己的私钥解密,这样信息就可以安全无误地到达目的地了。该加密过程是一个不可逆过程。

4.3.4 数字签名

1)数字签名的目的

在利用网络传输数据时采用数字签名的目的是:

①保证信息是由签名者自己签名发送的,签名者不能否认或难以否认。

②保证信息自签发后到收到为止未曾作过任何修改,签发的文件是真实文件。

2)单向散列函数

单向散列函数又称为 Hash 函数,主要用于消息认证(或身份认证)以及数字签名。当前国际上最有名的单向散列函数是 MD5(Message Digest Algorithm 5)和 SHA(Secure Hash Algorithm)。

一个单向散列函数 h=H(M)可以将任意长度的输入串(消息 M)映射为固定长度值 h(这里 h 称为散列值,或信息摘要 MD),其最大的特点是具有单向性。

向这个散列函数输入任意大小的信息,输出的都是固定长度的信息摘要。其中,MD5 生成 128 位信息摘要,SHA 生成 160 位信息摘要。这些信息摘要实际上可以看作输入信息的数字指纹。

3)数字签名的原理

数字签名的原理如图 4.8 所示。

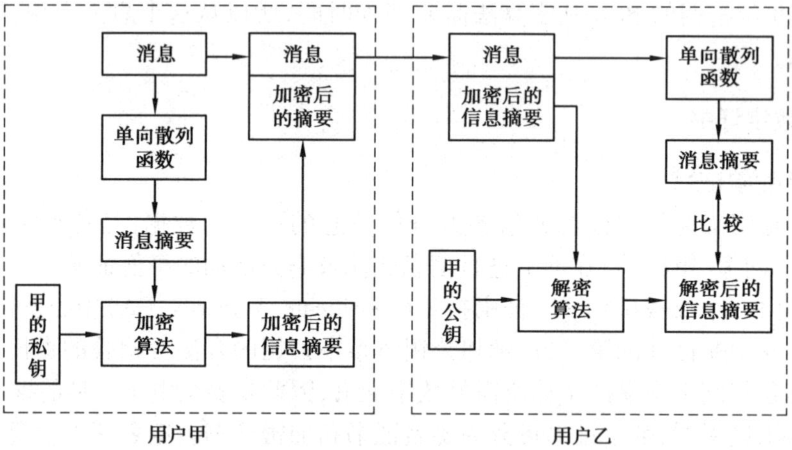

图 4.8 数字签名工作原理示意图

4)数字签名和数字加密的区别

①数字签名和数字加密的过程虽然都使用公开密钥体系,但是实现的过程正好相反,使用的密钥对也不同。

②数字签名使用的是发送方的密钥对,发送方用自己的私有密钥进行加密,接收方用发送方的公开密钥进行解密,这是一个一对多的关系,任何拥有发送方公开密钥的人都可以验证数字签名的正确性。

③数字加密则使用的是接收方的密钥对,这是多对一的关系,任何知道接收方公开密钥的人都可以向接收方发送加密信息,只有唯一拥有接收方私有密钥的人才能对信息解密。

4.3.5 生物识别技术

生物识别技术是运用"Who you are"方法,通过可测量的身体或行为等生物特征进行身份认证的一种技术。生物特征是指唯一的可以测量或可自动识别和验证的生理特征或行为方式。生物特征分为身体特征和行为特征两大类。其中,身体特征包括指纹、掌形、视网膜、虹膜、人体气味、脸型、手的血管和 DNA 等;行为特征包括 S 名、语音、行走步态等。目前,部分学者将视网膜识别、虹膜识别和指纹识别等归为高级生物识别技术,将掌型识别、脸型识别、语音识别和签名识别等归为次级生物识别技术，将血管纹理识别、人体气味识别、DNA 识别等归为“深奥的”生物识别技术。指纹识别技术目前应用较广泛的领域有门禁系统、微型支付等。

4.3.6　短信密码

短信密码以手机短信形式请求包含 6 位随机数的动态密码，身份认证系统以短信形式发送随机的 6 位密码到客户的手机上。客户在登录或者交易认证时输入此动态密码，从而确保系统身份认证的安全性。它利用“What you have”方法。

短信密码具有以下优点：

①安全性。由于手机与客户绑定比较紧密，短信密码的生效与使用场景是物理隔绝的，因此密码在通路上被截取的概率较小。

②普及性。因为只要会接收短信即可使用，大大降低短信密码技术的使用门槛，成本几乎为零，所以在市场接受度上不会存在阻力。

③易收费。由于移动互联网用户养成了付费的习惯，这是与 PC 时代互联网截然不同的理念，而且收费通道非常发达，如果是网银、第三方支付、电子商务，可将短信密码作为一项增值业务，每月通过 SP 收费，也可增加收益。

④易维护。由于短信网关技术非常成熟，大大降低短信密码系统上的复杂度和风险，短信密码业务后期客服成本低，稳定的系统在提升安全的同时也营造了良好的口碑效应，这也是目前银行业大量采纳这项技术非常重要的原因。

4.4　个人网络防范

随着计算机网络的不断发展，全球信息化已成为人类发展的大趋势，但由于计算机网络具有联结形式多样性、终端分布不均匀性和网络的开放性、互连等特征，使得网络容易受黑客、病毒、恶意软件等攻击。为了确保信息的安全与畅通，研究计算机网络安全以及防范措施迫在眉睫。

2016 年 6 月 23 日，中国互联网协会发布的《2016 中国网民权益保护调查报告》显示，从 2015 年下半年到 2016 年上半年的一年间，我国网民因垃圾短信、诈骗信息、个人信息泄露等原因遭受的经济损失高达 915 亿元，其中，9% 的网民经济损失在 1 000 元以上，84% 的网民曾亲身感受到由于个人信息泄露带来的不良影响。冒充公安、社保等部门进行诈骗和社交软件上进行诈骗的情况有增长趋势，37% 的网民因收到各类网络诈骗而遭受经济损失。

俗话说“无利不起早”，没有巨大的利益诱惑，就不会有这么多的网络攻击和信息窃取。信息安全黑色产业链多年来一直存在，每年带来的损失也大幅度增长。近年来，大数据产生发展迅猛，数据安全、网络安全面临着很大的挑战。

目前，网络安全事件已成国际性难题。事实上，国际上任何一个网络大国，也基本都是遭受网络攻击损失最严重的国家之一。不仅仅是中国，美国、日本、韩国以及欧洲国家都遭受过不同程度的信息安全问题。以美国为例，仅仅美国核安全部门每天需处理 1 000 万次网络攻击，美国安全局也表示正面临着严重网络攻击威胁。

网络安全形势日益严峻,网友该如何防范?

个人网络信息安全防护,可以从以下 4 个方面入手:

1)预防

①安装网络安全防护软件。为抵御各种令人防不胜防的病毒、木马和恶意软件,计算机和智能手机上需安装 360 安全卫士、金山卫士、QQ 电脑管家等安全软件,定期查杀病毒,保护浏览器和系统文件,这是安全使用网络的第一步。

②及时修复系统漏洞,尽量使用较新版本的操作系统或应用软件,尤其是浏览器、即时聊天工具和电子邮件。因为随着软件的升级换代,漏洞会相对较少,要关注软件开发商发布的软件补丁,在安装补丁时一定要确保补丁来源的安全。

2)健康的上网浏览习惯

①不要在不同的网站(QQ、邮箱、银行账号)使用同样的密码,而且密码设置要复杂。黑客要入侵受密码保护的计算机时,通常先尝试简单的可能猜中的密码。不要使用自己的或者亲人的生日、身份证号码作为密码,也不要用 123456、ASDFGH 这样的弱密码,最好是英文加数字的混合方式。

②使用 QQ 等通信软件时,不要随意同意他人登录或接收他人传送的文件。绝大多数的计算机病毒通常都以可执行文件(后缀名. exe、. com、. bat、. vbs、. sys 等可以直接由操作系统加载程序运行的文件)形式存在,收到此类可执行文件后,应及时用杀毒软件扫描、检查,确定无异常后才可使用。

③不使用非法和不安全的网站,不要打开陌生人的邮件,不要随意注册并留下自己的一些真实信息,如姓名、电子邮箱地址、身份证等。

3)Wi-Fi 安全性

①关闭 Wi-Fi 自动连接,在自己想用时再开启,不要设置成自动连接。

②不要使用来源不明的 Wi-Fi,防范钓鱼 Wi-Fi 的最重要的一点是牢记"天下没有免费的午餐"。攻击者会利用用户图省事、贪图便宜的心理,自建 Wi-Fi 热点,名称与正确的 Wi-Fi 名称很接近,并且不设置密码,这样,一旦用户进入了该网络渠道,所有网络资料信息都会被对方所知。

③不要随意在公共网络、其他终端使用网上银行、支付宝、信用卡服务等,一旦这些数据被截获,会给受害者带来巨大的损失。

4)规范的文件处理

①定期做好文件备份:习惯于把经常使用的文档和资料全部放在桌面上,这样,一旦系统中了病毒,或者硬盘出现问题无法引导系统时,系统盘中的数据非常容易丢失并且很难找回,所以,请大家把重要的文档和资料归类存放,并且不要放在系统盘。安装软件时不要直接装在根目录,因为有些软件卸载时是采用的将目录删除的方式,容易造成根目录下的其他文件、资料丢失。

②切勿随意下载来历不明的软件,特别是智能终端 App 的下载。不良 App 会在用户不知情的情况下获取手机支付用户的个人信息,实施网络欺诈和攻击。所以下载手机 App 一定要在正规应用商店,认清名单标示后再下载,切勿随意从网络下载来历不明的软件。

个人防护是最后一道防御关口,也是防御网络安全问题侵害最主要的关口之一。很多时候,网络安全问题还在于我们的广大网民疏于防范,给不法分子可乘之机。

项目小结

计算机网络对整个社会的科技、文化和经济带来了巨大的推动与冲击,但同时信息共享与信息安全的矛盾也日益突出。如何有效地维护好网络系统的安全,已成为计算机研究与应用中的一个重要课题。

本项目首先介绍了网络安全的定义;其次介绍了防火墙的定义,防火墙的种类和防火墙的基本技术;最后介绍了个人网络信息防范的4种方法。

思考与练习

一、选择题

1. 为了有效抵御网络黑客攻击,可以采用作为安全防御的措施有(　　)。

A. 绿色上网软件　　B. 杀病毒软件

C. 防火墙　　D. 良好的网络设备

2. 使用 Wi-Fi 网络的良好习惯有(　　)。

A. 关闭 Wi-Fi 自动连接

B. 不使用来源不明的 Wi-Fi

C. 不随意在公共网络、其他终端使用网上银行、支付宝、信用卡服务

D. 以上全部

3. 计算机网络的安全是指(　　)。

A. 网络中设备设置环境的安全　　B. 网络中信息的安全

C. 网络中使用者的安全　　D. 网络中财产的安全

4. 下面关于防火墙说法不正确的是(　　)。

A. 防火墙可以防止所有病毒通过网络传播

B. 防火墙可以由代理服务器实现

C. 所有进出网络的通信流都应通过防火墙

D. 防火墙可以过滤外网访问

5. 以下关于防火墙技术的描述,说法错误的是(　　)。

A. 防火墙可以对请求服务的用户进行控制

B. 防火墙可以对用户如何使用特定服务进行控制

C. 防火墙可以对网络攻击进行反向追踪

D. 防火墙可以对网络服务类型进行控制

6. 防火墙能够(　　)。

A. 防范通过它的恶意链接

B. 防范恶意的知情者

C. 防备新的网络安全问题

D. 完全防止传送已被病毒感染的软件和文件

7. 下列不是网络防火墙的作用是(　　)。

A. 防止内部信息外泄

B. 防止系统感染病毒与非法访问

C. 防止黑客访问

D. 建立内部信息和功能与外部信息和功能之间的屏障

8. 下列故障中属于硬件故障的是(　　)。

A. 重要进程关闭　　B. IP 地址冲突　　C. 网卡故障　　D. 网卡进程故障

9. 在确定只有一台计算机出现网络故障时,正确的查找方式有(　　)。

A. 软件设置有误:例如未正确添加网络通信协议,未指定静态 IP 地址,而网络中又没有 DHCP 服务器

B. 从集线器接往该计算机的接线故障或接触不良,包括两端 RJ-45 水晶头

C. 计算机所连接的集线器插槽故障

D. 以上选项均正确

10. 为防止企业内容对外的访问以及抵御外部对内部网的攻击,最好的选择是(　　)。

A. 交换机　　B. 杀毒软件　　C. 防火墙　　D. 路由器

11. 下列关于生物识别技术说法不正确的是(　　)。

A. 指纹识别属于生物识别技术　　B. 虹膜识别属于生物识别技术

C. 人脸识别属于生物识别技术　　D. 人体气味不属于生物识别技术

二、填空题

1. 个人网络防范的 4 个手段是__________、__________、__________和__________。

2. 当一个实体假扮成另一个实体进行网络活动时就发生__________。

3. 防火墙一般位于__________和外部网络之间。

4. 安全威胁分为:__________和非人为。

5. 从工作原理的角度来看,防火墙主要可以分为__________和__________。

6. __________技术是利用数学或物理手段,对电子信息在传输过程中和存储体内进行保护,以防止泄露的技术。

7. 数字签名的算法有很多,应用最广泛的是 Hash 签名、DSS 签名、__________ 3 种。

8. __________技术是运用“who you are”方法,通过可测量的身体或行为等生物特征进行身份认证的一种技术。

三、简答题

1. 什么是网络安全?

2. 简述防火墙的功能。

3. 在现实生活中,对用户身份认证的基本方法有哪些?

实验4　为多核计算机进行安全加密

一、实验目的

无论是用于办公室还是用于生活,计算机中都存储了大量的重要数据,对这些数据进行安全加密,也是防止数据泄露、保证计算机安全的措施之一。

二、实验设备

Windows 10 操作系统。

三、实验内容和步骤

1. 操作系统登录加密

用户除了可以在 BIOS 中设置操作系统登录密码,还可以在“控制面板”中设置操作系统登录密码。下面在 Windows 10 操作系统中重新设置登录密码,具体操作步骤如下:

①打开“控制面板”界面。单机“开始”按钮,选择“Windows 系统/控制面板”命令,打开“控制面板”界面,单击“更改账户类型”如图 4.9 所示。

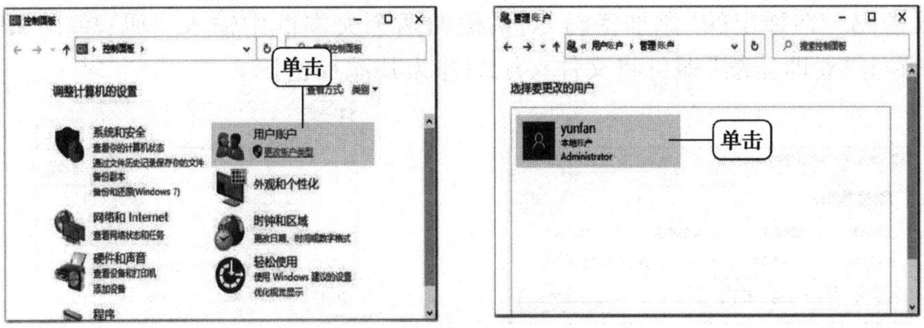

图 4.9　“控制面板”界面

②创建密码;打开“更改账户”界面,在“更改‘账户名’的账户”选项组中单击“创建密码”,如图 4.10 所示。

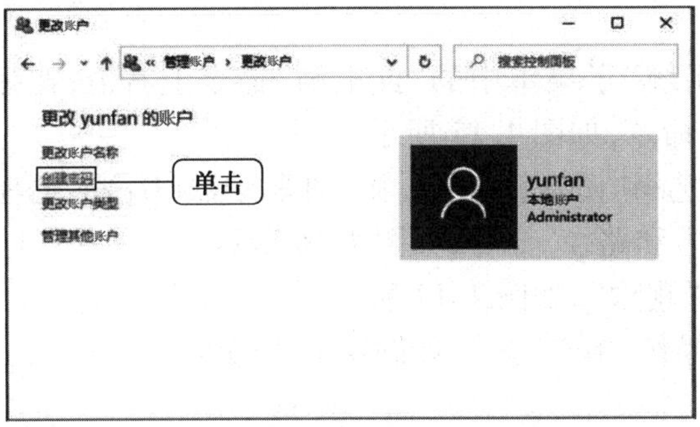

图 4.10　“更改账户”界面

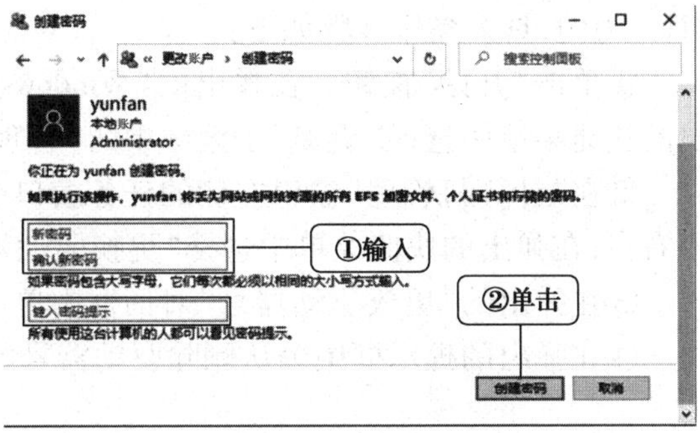

图 4.11　“输入密码”界面

③输入密码。打开“创建密码”界面，在文本框中分别输入密码和密码提示；单击“创建密码”，如图4.11所示。

2. 文件夹加密

文件夹加密方法有很多种，除了可以使用Windows系统的隐藏功能，还可以使用应用软件对文件进行加密。目前，使用较多且操作简单的文件夹加密方法是用压缩软件加密的，下面使用360压缩软件为文件夹加密，具体操作步骤如下：

①找到需要加密的文件夹，右键单击其图标。在弹出的快捷菜单中选择“添加到压缩文件”命令，如图4.12所示。

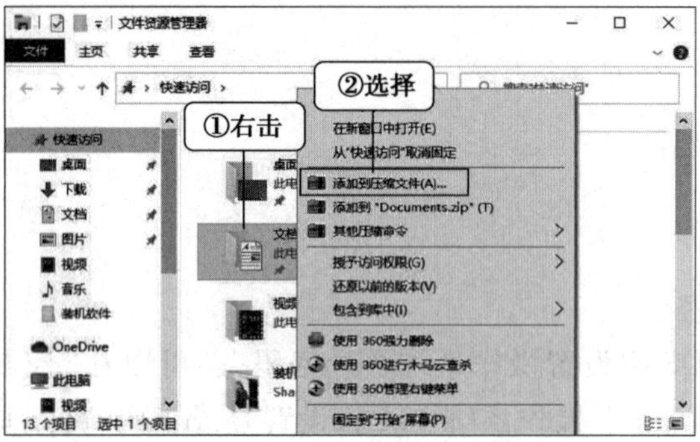

图4.12 “选择操作”示意图

②添加密码。在弹出的“360压缩”对话框中单击“添加密码”，如图4.13所示。

③输入密码。在弹出的“添加密码”对话框的两个文本框中输入密码；单击“确认”，如图4.14所示；单击“立即压缩”即可将文件夹压缩并为其添加密码。

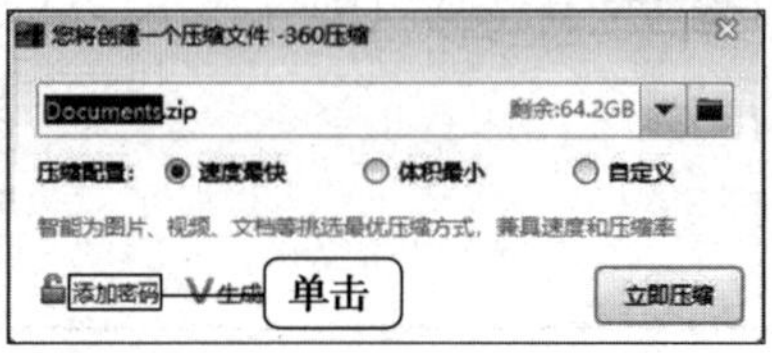

图4.13 “添加密码”示意图

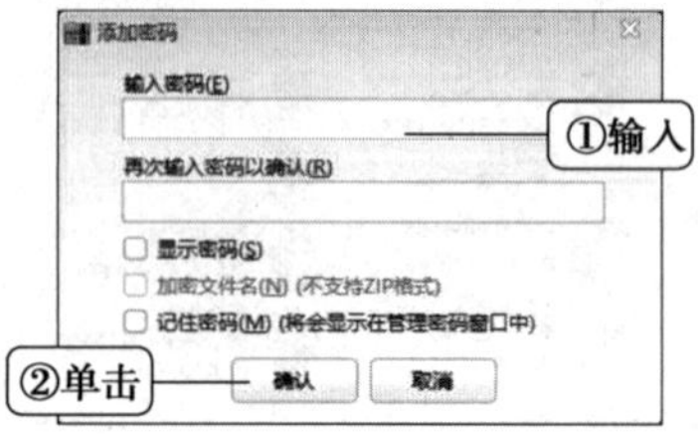

图4.14 “输入密码”示意图

3. 隐藏硬盘驱动器

为了保护硬盘中的数据和文件夹，可以对某个硬盘驱动器进行隐藏。以隐藏驱动器(D:)为例，具体操作步骤如下：

①单击“开始”按钮。在弹出的“Windows系统”子菜单中的“此电脑”命令上右击；在弹出的快捷菜单中选择“更多”子菜单中的“管理”命令，如图4.15所示。

②在“计算机管理”窗口左侧的任务窗口中选择“磁盘管理”选项。在驱动器(D:)的选项上右击；在弹出的快捷菜单中选择“更换驱动器号和路径”命令，如图4.16所示。

③在弹出的“更改驱动器号”对话框中单击“删除”，如图4.17所示。

④在弹出的提示框中确认删除驱动器号的操作，单击“是”，如图4.18所示。

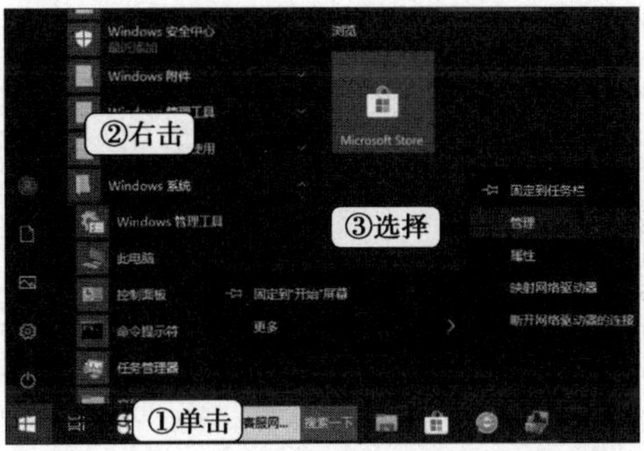

图4.15　“选择菜单命令”示意图

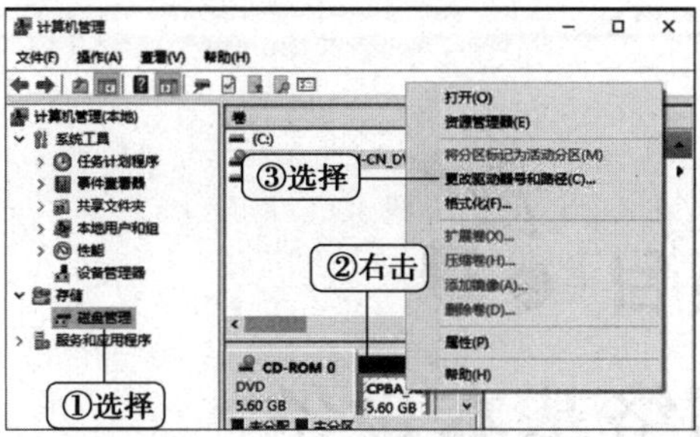

图4.16　“更改驱动器号”示意图

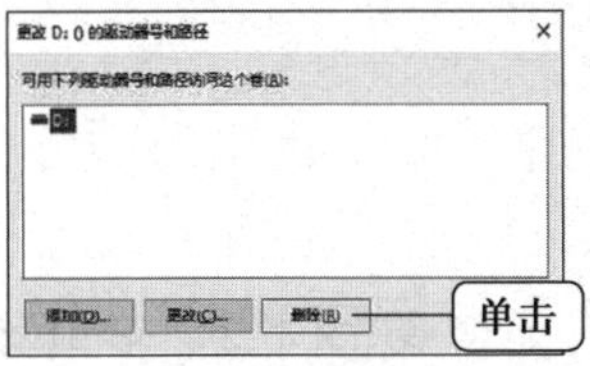

图4.17　“删除驱动器号”示意图

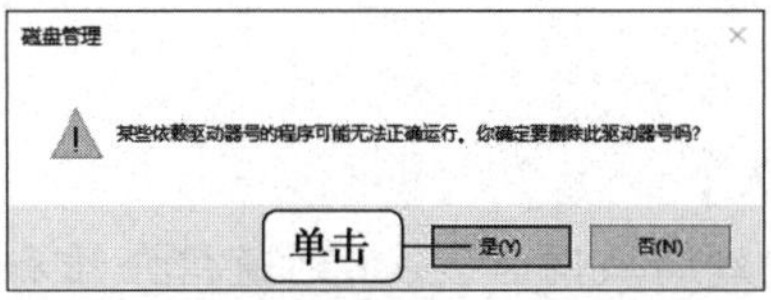

图4.18　“确认删除”操作示意图

⑤返回“此电脑”窗口,已经看不到驱动器(D:),如图4.19所示。

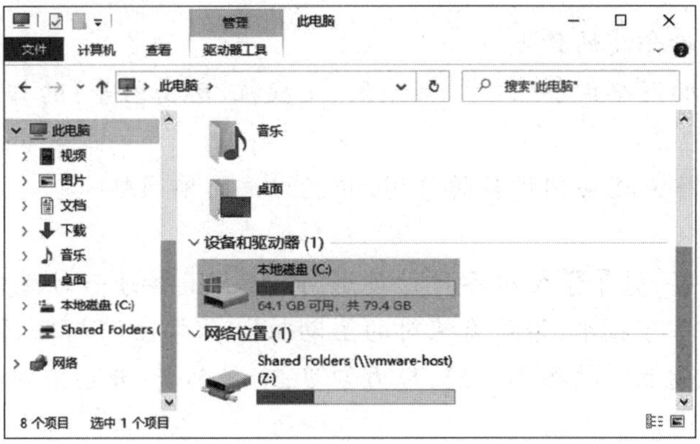

图4.19　完成“隐藏驱动器 D:”操作示意图

项目 5

网络基本设备

[任务导入]

小张在组建局域网时，要用到通信介质和连接设备，如网线、交换机、路由器、网桥等。在组网过程中，不同的网络连接所用的设备是不同的，且很多设备容易混淆，并且配置时会出现错误。

[知识目标]

- 了解常见的传输介质的特点。
- 掌握组建网络的网络设备(网卡、集线器、交换机、路由器等)的作用。

[技能目标]

- 理解不同的网络互连访问设备的作用，并能组建简单网络。

[课程思政目标]

通过本项目的学习，引导学生对各种设备进行比较，了解每一种设备在网络组建中所起的作用，认识到“谁掌握了技术，谁就有绝对的主动权”，让学生深刻理解大国崛起需要“大国工匠精神”，激励学生树立科技报国思想，努力学习，不断创新，开创中国的世界标准。

5.1 有线传输介质

网络中要使不同的计算机之间能够相互通信，就必须要有一条通路使它们相互连接。这条通路可能是由有线传输介质连接起来的，也可能是由无线传输介质连接起来的。常见的有线传输介质有双绞线、同轴电缆、光纤和电力线。

5.1.1 双绞线

双绞线(Twisted Pair,TP)是一种综合布线工程中最常用的传输介质，是由两根具有绝缘保护层的铜导线组成的。把两根绝缘的铜导线按一定密度互相绞在一起，每一根导线在传输中辐射出来的电波会被另一根导线上发出的电波抵消，可有效降低信号干扰的程度。

双绞线一般由两根22～26号绝缘铜导线相互缠绕组成，如图5.1所示，“双绞线”的名字也是由此而来的。实际使用时，常将多对双绞线一起包在一个绝缘电缆套管里。如果把一对或多对双绞线放在一个绝缘套管中便成了双绞线电缆,但日常生活中一般把“双绞线电缆”直接称为“双绞线”。

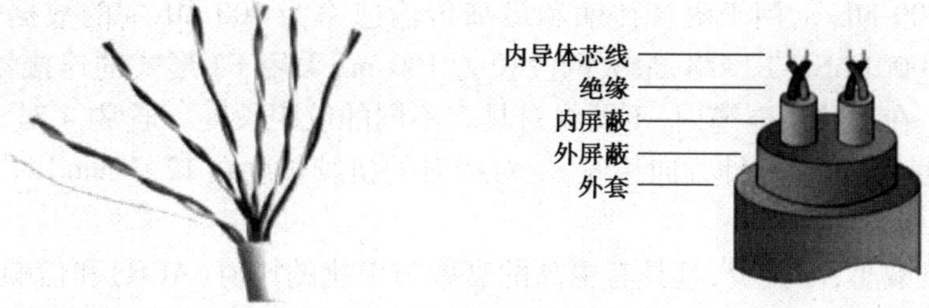

图5.1　双绞线示意图

根据有无屏蔽层,双绞线分为屏蔽双绞线(Shielded Twisted Pair,STP)与非屏蔽双绞线(Unshielded Twisted Pair,UTP),如图5.2所示,目前使用得最广泛的是非屏蔽双绞线。

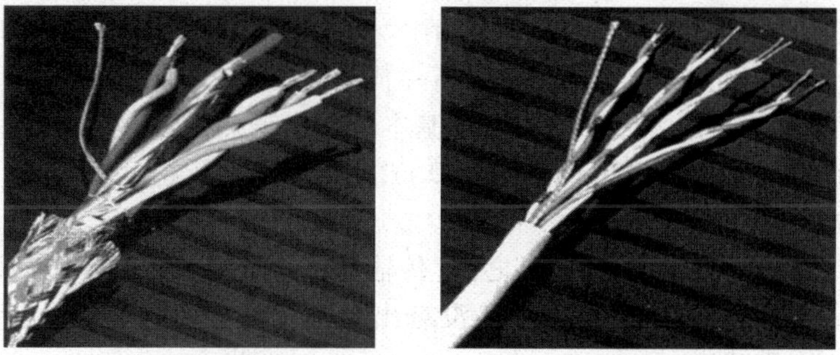

(a)屏蔽双绞线　　　　(b)非屏蔽双绞线

图5.2　屏蔽、非屏蔽双绞线示意图

目前,EIA/TIA(电气工业协会/电信工业协会)为双绞线定义了七类不同质量的线型,但较常用的有三类线、五类线、超五类线和六类线,其中,五类线的线径较细,六类线的线径较粗。具体型号介绍如下:

(1)一类线(CAT1)

线缆最高频率带宽是750 kHz,用于报警系统,或只适用于语音传输(一类标准主要用于20世纪80年代初之前的电话线缆),不用于数据传输。

(2)二类线(CAT2)

线缆最高频率带宽是1 MHz,用于语音传输和最高传输速率为4 Mb/s的数据传输,常见于使用4 Mb/s规范令牌传递协议的旧的令牌网。

(3)三类线(CAT3)

三类线是指在ANSI和EIA/TIA568标准中指定的电缆,该电缆的传输频率为16 MHz,最高传输速率为10 Mb/s(10 Mb/s),主要用于语音、10 Mb/s以太网(10 BASE-T)和4 Mb/s令牌环,最大网段长度为100 m,采用RJ形式的连接器,已淡出市场。

(4)四类线(CAT4)

该类电缆的传输频率为20 MHz,用于语音传输和最高传输速率为16 Mb/s(指的是16 Mb/s令牌环)的数据传输,主要用于基于令牌的局域网和10 BASE-T/100BASE-T。最大网段长为100 m,采用RJ形式的连接器,未被广泛采用。

(5)五类线(CAT5)

该类电缆增加了绕线密度,外套一种高质量的绝缘材料,线缆最高频率带宽为 100 MHz,最高传输率为 100 Mb/s,用于语音传输和最高传输速率为 100 Mb/s 的数据传输,主要用于 100BASE-T 和 1000BASE-T 网络,最大网段长为 100 m,采用 RJ 形式的连接器。这是最常用的以太网电缆。在双绞线电缆内,不同线对具有不同的绞距长度。通常,4 对双绞线绞距周期在 38.1 mm 长度内,按逆时针方向扭绞,一对线对的扭绞长度在 12.7 mm 以内。

(6)超五类线(CAT5e)

超五类线衰减小,串扰少,且具有更高的衰减与串扰的比值(ACR)和信噪比(SNR)、更小的时延误差,性能得到很大提升。超五类线主要用于千兆位以太网(1 000 Mb/s)。

(7)六类线(CAT6)

该类电缆的传输频率为 1 ~ 250 MHz,六类布线系统在 200 MHz 时综合衰减串扰比(PS-ACR)应该有较大的余量,它提供 2 倍于超五类的带宽。六类布线的传输性能远远高于超五类标准,最适用于传输速率高于 1 Gb/s 的应用。六类与超五类的一个重要的不同点在于:改善了在串扰以及回波损耗方面的性能,对于新一代全双工的高速网络应用而言,优良的回波损耗性能是非常重要的。六类标准中取消了基本链路模型,布线标准采用星形拓扑结构,要求的布线距离为:永久链路的长度不能超过 90 m,信道长度不能超过 100 m。

(8)超六类或 6A(CAT6A)

此类产品传输带宽介于六类和七类之间,传输频率为 500 MHz,传输速度为 10 Gb/s,标准外径为 6 mm。和七类产品一样,国家还没有出台正式的检测标准,只是行业中有此类产品,各厂家宣布一个测试值。

(9)七类线(CAT7)

传输频率为 600 MHz,传输速度为 10 Gb/s,单线标准外径为 8 mm,多芯线标准外径为 6 mm。

类型数字越大、版本越新,技术越先进、带宽也越宽,当然价格也越贵。这些不同类型的双绞线标注方法是这样规定的,如果是标准类型则按 CATx 方式标注,如常用的五类线和六类线,则在线的外皮上标注为 CAT5、CAT6。如果是改进版,则按 xe 方式标注,如超五类线就标注为 5e(字母是小写,而不是大写)。

无论是哪一种线,衰减都随频率的升高而增大。在设计布线时,要考虑受衰减的信号还应当有足够大的振幅,以便在有噪声干扰的条件下能够在接收端正确地被检测出来。双绞线能够传送多高速率(Mb/s)的数据与数字信号的编码方法有很大的关系。不同类型双绞线的比较,如图 5.3 所示。

5.1.2 同轴电缆

局域网初期曾广泛使用同轴电缆作为传输媒体。同轴电缆是由一根位于中心轴线的铜导体和外面包上的一层塑料绝缘层组成的,塑料绝缘层的外面是一层屏蔽金属网,最外面再覆盖上一层保护塑料外套,如图 5.4 所示。

同轴电缆中的屏蔽金属网可防止中心铜导体向外辐射电磁波,也可用来防止外界电磁场干扰中心铜导体的信号,因而具有很好的抗干扰特性,常用于总线型局域网的构建。

双绞线类别	最大带宽规范/MHz	最高传输速率	传输距离/m	应用
3 类 CAT 3	16	10 Mb/s	100	用于语音、10 Mbit/s 以太网(10BASE-T)和 4 Mbit/s 令牌环,最大网段长度为 100 m,采用 RJ45 形式的连接器,目前已淡出市场
4 类 CAT 4	20	16 Mb/s	10	用于令牌的局域网和 10BASE-T/100BASE-T,采用 RJ45 形式的连接器,未被广泛采用
5 类 CAT 5	100	100 Mb/s	100	用于 100BASE-TX,采用 RJ 形式的连接器,这是最常用的以太网电缆,ATM 155 Mbps,1 000BASE-T
超 5 类 CAT 5E	100	100 Mb/s	100	
6 类 CAT 6	250	1 000 Mb/s	50	采用 RJ 形式的连接器,用于 ATM 1.2 Gbps,1 000BASE-TX1.2 G FC,10 GBASE-T
超 6 类 CAT 6A	500	1 000 Mb/s	100	
7 类(屏蔽)CAT 7	600	10 Gb/s	50	用于 10 GBASE-T 万兆位以太网技术的应用,采用非 RJ45 连接头
超 7 类 CAT 7A	1 000	10 Gb/s	50	
8 类 CAT 8	2 000	40 Gb/s	30	有 CAT8.1 和 CAT8.2 两种,CAT8.1 采用 RJ45 形式的连接器,CAT8.2 可以采用也可以不采用 RJ45 形式的连接器;可处理 Terrestrial TV

图 5.3　不同类型双绞线的比较

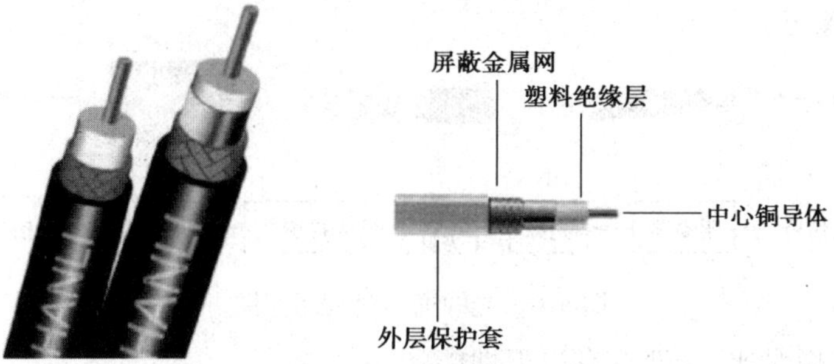

图 5.4　同轴电缆示意图

常见的同轴电缆有两种:一是 50 Ω 电缆,用于数字信号传输;二是 75 Ω 电缆,用于模拟信号传输和有线电视传输,其带宽已接近 1 GHz。目前,在局域网中基本上都采用双绞线作为传输媒体,同轴电缆主要用在有线电视网的居民小区中。

5.1.3　光纤

光纤又称为光导纤维,它是一种能传播光波的介质。由三层构成,最里层是光纤(由芯材和填充材料构成),它是由玻璃或塑料制成的,中间是包层,最外面是保护层。光信号只能在纤芯中传播。如图 5.5 所示是光纤的构成。

光缆的纤芯直径只有 8 ~ 100 μm(只有人的头发丝直径的几万分一),光波正是通过纤芯进行传导的。由于包层较纤芯有较低的折射率,利用全反射原理,当光线碰到包层时就会折射回纤芯,这个过程不断重复,光沿着光纤向前传输,现代工艺能够做到光线在纤芯中传输数千米而基本上没有什么耗损,这一点是光纤通信得到飞速发展的关键因素。

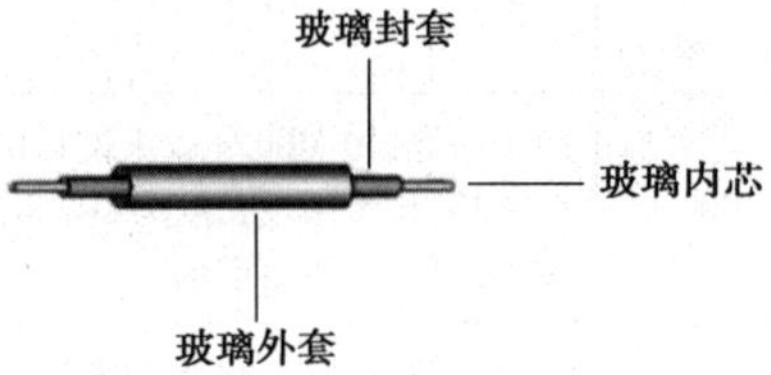

图 5.5　光纤示意图

一般情况下，光纤可分为单模光纤和多模光纤。

(1)单模光纤

纤芯的直径很小，只有几微米，只能有一个光的波长。其传输频带宽，耗损小，在 100 G 的高速率下可传输 100 km 而不必采用中继器，但成本高昂。

(2)多模光纤

纤芯的直径较粗，有多条不同角度入射的光线在一条光纤中传输。其传输性能较单模光纤差，但成本低。

光纤通信由光发送机(半导体激光机或者发光二极管)产生光束，将电信号转变成光信号，再把光信号导入光缆，在光缆的另一端由光接收机接收光缆上传输的光信号，并将其转变成电信号，经解码后再进行处理，如图 5.6 所示。

需要注意的是，因为光纤只能单向传输，所以要进行双向通信时则必须成对使用，一根用于输入，一根用于输出。

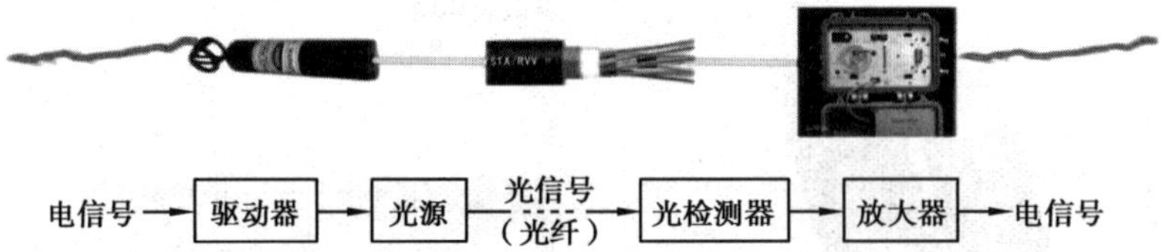

图 5.6　光缆通信过程示意图

把光纤和铜线做对比，光纤具有以下性能：

①传输距离远。一个简单的由光缆连接的计算机局域网，在无须中继器的情况下就可使传输距离超过 6 ~ 8 km，大功率的激光器甚至可以驱动 100 km 长的光纤而不带中继器。

②抗电磁干扰性能好。频率范围为 $10^{14} \sim 10^{15}$ Hz，抗电气干扰能力强、化学特性不活泼，因而可以在各种复杂的环境中铺设。

③宽带高。非常适合用于对带宽要求高的应用场合，如视频会议、互联网接入、电子商务、视频点播。

④体积小，重量轻。许多现有的电缆管道都已经被塞得满满的，将原来的铜线清除掉换上光缆，可以腾出很多管道的空间。1 km 长的 1 000 对双绞线大约重 8 000 kg，而同样长度但容量却大得多的一对两芯光缆仅重 100 kg。

5.1.4　电力线

除铜线和光缆外，实际上还存在着一种更为普遍的导线——电力线。

电力线把电能传送到千家万户，室内的电线又把电能分布到每个电源插座。

电力公司多年前就已经利用电力线进行较低速率的通信了（远程测量）。用电力线组建网络非常简单，只需将电视机和计算机插入墙上的电源插座就可以发送信息、接收视频，如图 5.7 所示。

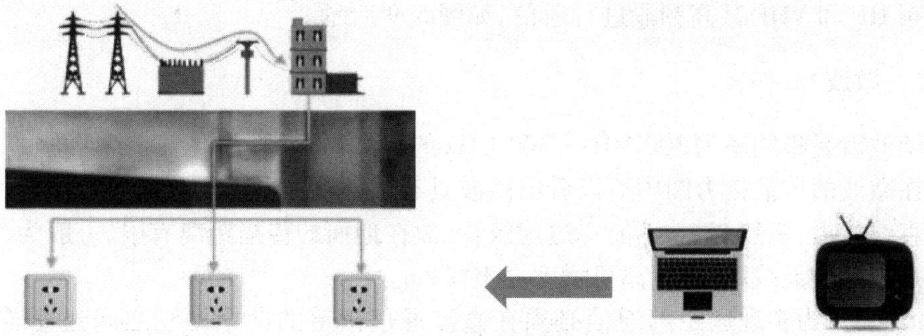

图 5.7　电力线组建网络示意图

用电力线组网还是一件比较艰难的任务，因为原有的电力线是专门为分发电源信号而设计的，现在需要分发数据信号，这是两个截然不同的工作，所有家用设备的电器开关、插座都要重新设计。尽管存在困难，但是国际标准已在积极的制定中，相信不久的将来我们很快就会用上基于电力线的网络产品了。

5.2　无线传输介质

在计算机网络中，无线传输可以突破有线网的限制，利用空间电磁波实现站点之间的通信，可为广大用户提供移动通信。最常用的无线传输介质有无线电波、微波、卫星通信和红外线/红外光等。

5.2.1　无线电波

无线电波是指在自由空间传播的低频 LF、MF 中频、高频 HF、VHF 甚高频频段的电磁波，其传播方式有直接传播和反射传播两种方式。

（1）直接传播

低频 LF 和 MF 中频频段的电波沿地表面向四周全方向传播，电波可以在 1 000 km 外被检测到，而且由于无线电波很容易穿透建筑物，因此使用收音机可以在室内接收到无线电广播电台所发出的信号，如图 5.8 所示。

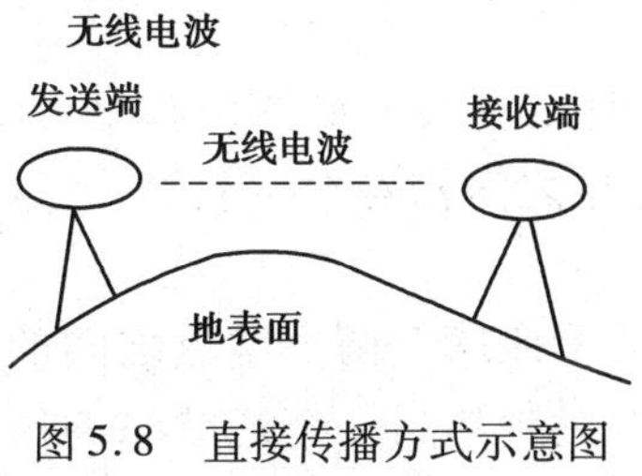

图 5.8　直接传播方式示意图

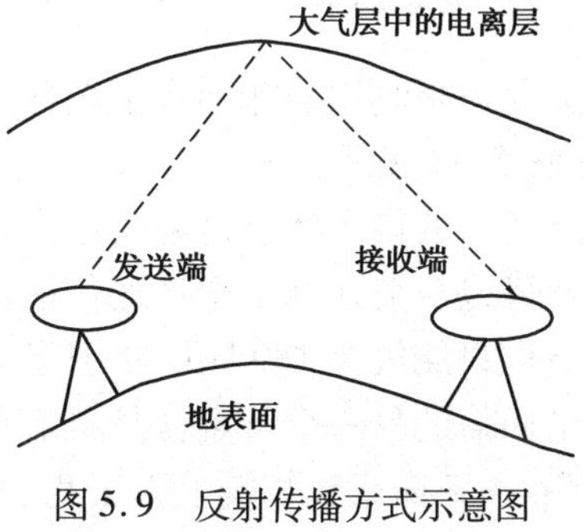

图 5.9　反射传播方式示意图

(2)反射传播

在高频 HF 和 VHF 甚高频频段,电磁波会被地球表面吸收,当无线电波到达电离层(位于地球上方 100 ~ 500 km 高空)时,电磁波会被电离层折射回地球,信号可以被反弹多次。军队中使用高频 HF 和 VHF 甚高频段进行通信,如图 5.9 所示。

5.2.2 微波

所谓微波就是指频率为 300 MHz ~ 300 GHz 的特高频 UHF、超高频 SHF 和极高频 EHF 的电磁波。在微波的传播接力图中可以看出微波具有以下几个方面的特点:

①沿直线传播:不能绕行,不能穿过建筑物,故在地面的传播距离有限,一般为 50 km。但若采用 100 m 高的天线塔,则距离可增大至 100 km。

②微波接力:为实现远距离通信必须在微波通信信道的两个终端之间建立若干个中继站,中继站把前一站送来的信号经过放大后再发送到下一站,故称为微波接力。微波接力通信可以传输电话、电报、图像、数据等信息,如图 5.10 所示。

③微波主要使用 2 ~ 40 GHz 的频段,频率高,通信信道的容量大,与相同容量和长度的有线传输介质相比,投资少,易实现,但其数据保密性和隐蔽性较差,任何人都可以通过安装一个简易的微波塔接收到天空中传播的微波信号。

④微波的传播会受天气的影响:如在 4 GHz 左右,因为微波会被雨水吸收,所以下雨时,如果使用微波通信,会有明显的通信延迟或者传输失真。

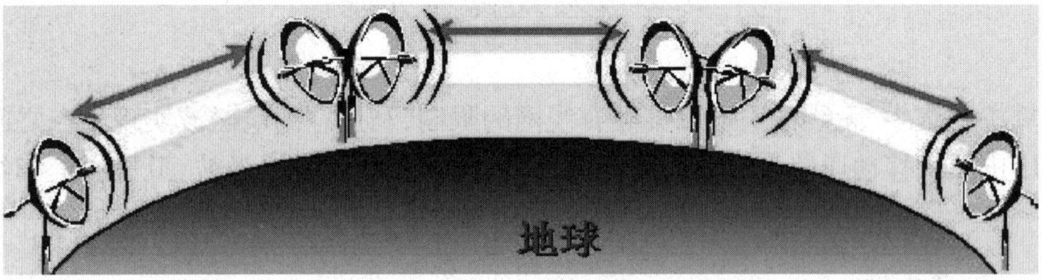

图 5.10　微波示意图

为了避免出现混乱,各个国家规定,利用无线电频谱和微波进行通信时,必须要得到本国政府有关无线电频谱管理机构的许可证。

为了促进无线局域网的广泛应用,美国规定了一个 ISM 频段——工业、科学与医药频段。现在的无线局域网就是使用 ISM 频段中的 2.4 GHz 和 5.8 GHz 来进行通信的,其中,2.4 GHz 应用于蓝牙和 Wi-Fi。

5.2.3 卫星通信

卫星通信是利用地球同步卫星作为中继器来转发微波信号的一种特殊的微波接力通信形式,如图 5.11 所示。

卫星通信的最大特点是通信距离远且通信费用与通信距离无关。如图 5.12 所示,3 个同步卫星就可以覆盖地球上全部通信区域,为了避免干扰,卫星之间相隔不小于 2°,就这样整个赤道上空也只能放置 180 颗同步卫星。

卫星通信的另一个特点就是具有较大的传播时延。不管地球上两个站点之间的地面是多少,相隔一条街或者相隔上万公里,从一个地球站经过卫星到达另一个地球站的传播时延

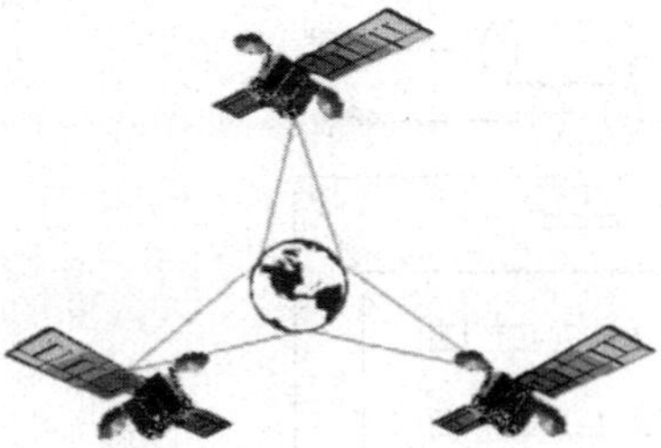

图5.11　卫星通信示意图

图5.12　红外线示意图

为270 ms左右，相比之下，地面微波接力的传播时延一般为3.3 μs/km。

除赤道圆形轨道上方35 800 km的同步卫星外，在海拔较低的20 200 km高空，还有着30颗全球定位系统卫星，它们覆盖的地面范围要小一些，目前，只用于导航系统，尚未用于通信领域。

海拔再低一些就来到了750 km的低地球轨道处，这里每隔32纬度就可以有一颗卫星，每颗卫星有4个邻居，最多有48个点波束和3 840个信道容量，这样6条卫星链就可以将地球表面覆盖，Motorla公司的"铱星计划"就是用66颗卫星来为海军、航空业、石油开采业以及一些缺少电信基础设施的地区（沙漠、高山、南极等）提供语音、数据、传真、导航服务。

5.2.4　红外线/红外光

频率从300 GHz到400 THz（波长从1 mm到770 nm）的电磁波称为红外（Infrared Spectrscopy，IR）波。IR使用视线传播。红外光是一种传输通道，其特征必定与无线电频率的特征不同。红外光适用于短距离传输，相对有方向性，与微波通信一样，有很强的方向性，都是沿直线传播的，不能穿透坚实的物体，如图5.12所示。

常见的电视机等家电中的红外线遥控器，在发送端设有红外线发送器，接收端有红外线接收器。发送器和接收器可任意安装在室内或室外，但需使它们处于视线范围内，即两者彼此都可以看到对方，中间不允许有障碍物。

同学们可以做一个有趣的游戏：拿起你手边的电视机遥控器，在其红外线发送器端放上一定厚度的纸张，看看最大能够放多少张后，遥控器就不能控制电视机？

5.2.5　激光通信

激光通信是一种利用激光传输信息的通信方式。在空间传播的激光束可以调制成光脉冲以传输数据，和地面微波一样，可以在视野范围内安装两个彼此相对的激光发射器和接收器进行通信，图5.13中所示的就是两个建筑物内的局域网通过安装在各自房顶上的激光连接起来，这就是激光通信，如图5.13所示。

激光通信具有以下特点：

①通信容量大：与微波相比，激光频率要高3～5个数量级，频率资源丰富得多，可以获得非常高的数据传送速率。

②保密性强：激光具有高度的方向性，而且采用不可见光，因而不易被敌方所截获，保密性能好，这对于军事应用十分有利。

③结构轻便，设备经济：由于激光束发散角小，方向性好，激光通信所需的发射天线和接收天线都可做得很小，一般天线直径为几十厘米，重量不超过几千克，而功能类似的微波天

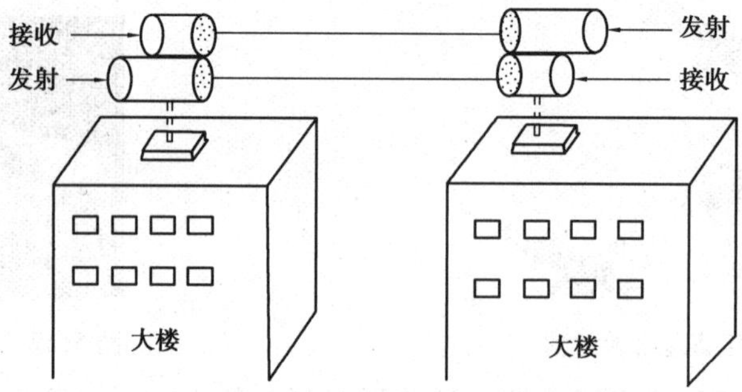

图 5.13　激光通信示意图

线，重量则以几吨、十几吨计。

④通信受环境的影响：在恶劣气候条件下，特别是空气污染、下雨、下雾、能见度很差时，激光无法穿透雨水或者大雾。

5.3　网卡

网卡是网络接口卡的简称，又称为通信适配器，是局域网中最基本的连接设备，计算机与局域网之间的连接和通信都是通过网卡实现的。网卡是一种外设卡，插在计算机总线插槽内或外部接口上，一端和计算机相连，另一端与传输介质相连，如图 5.14 所示。

5.3.1　网卡的功能

①数据的封装与解封，发送时将上一层交下来的数据加上首部和尾部，成为以太网的帧。接收时将以太网的帧剥去首部和尾部，然后送交上一层。

②链路管理，主要是 CSMA/CD（带冲突检测的载波监听多路访问）协议的实现。

③编码与译码，即曼彻斯特编码与译码。

网卡是一块被设计用来允许计算机在计算机网络上进行通信的计算机硬件。由于其拥有 MAC 地址，因此属于 OSI 模型的第 2 层。它使得用户可以通过电缆或无线相互连接。每一个网卡都有一个被称为 MAC 地址的独一无二的 48 位串行号，它被写在卡上的一块 ROM 中。在网络上的每一个计算机都必须拥有一个独一无二的 MAC 地址。没有任何两块被生产出来的网卡拥有同样的地址。这是因为电气电子工程师协会（IEEE）负责为网络接口控制器（网卡）销售商分配唯一的 MAC 地址，如图 5.15 所示。

图 5.14　网卡示意图

图 5.15　MAC 地址示意图

5.3.2 网卡的分类

不同的局域网必须采用的网卡也不相同,但局域网大多是以太网。网卡种类众多,主要有以下几种分类方式。

1)按总线接口类型分

按网卡的总线接口类型分,一般可分为ISA接口网卡、PCI接口网卡以及在服务器上使用的PCI-X总线接口类型的网卡,笔记本电脑使用的网卡是PCMCIA接口类型的。

2)按带宽分

随着网络技术的发展,网络带宽也在不断提高,但是不同带宽的网卡所应用的环境也有所不同,目前主流的网卡主要有10 Mb/s网卡、100 Mb/s以太网卡、10 Mb/s或100 Mb/s自适应网卡、1 000 Mb/s千兆以太网卡4种。

3)按网络接口分

除可以按网卡的总线接口类型外,还可以按网卡的网络接口类型分。网卡最终是要与网络进行连接的,所以也就必须有一个接口使网线通过它与其他计算机网络设备连接起来。不同的网络接口适用于不同的网络类型,目前常见的接口主要有以太网的RJ-45接口、细同轴电缆的BNC接口和粗同轴电缆AUI接口、FDDI接口、ATM接口等。而且有的网卡为了适用于更广泛的应用环境,提供了两种或多种类型的接口,如有的网卡会同时提供RJ-45接口、BNC接口或AUI接口。

5.3.3 网卡的基本设置

选择"开始"→"控制面板"→"网络和Internet"→"网络和共享中心""更改适配器设置"→"本地连接"→属性→"Internet协议版本4(TCP/IPv4)"选项,在弹出的对话框中配置相应的"IP地址"和"子网掩码",或选择"自动获取IP地址"。

5.4 集线器

5.4.1 中继器

中继器(RP Repeater)是工作在物理层上的连接设备。适用于完全相同的两个网络的互联,其主要功能是通过对数据信号的重新发送或者转发扩大网络传输的距离,如图5.16所示。

中继器可以连接两个局域网的电缆,重新定时并再生电缆上的数字信号,然后发送出去,这些功能是OSI模型中第一层——物理层的典型功能。中继器的作用是增加局域网的覆盖区域,例如,以太网标准规定单段信号传输电缆的最大长度为500 m,但利用中继器连接5段电缆后,以太网中信号传输电缆最长可达2 500 m。有些品牌的中继器可以连接不同物理介质的电缆段,如细同轴电缆和光缆。

中继器通常带有两个端口,用于连接一对同轴电缆,而随着双绞线以太网的出现,中继器被做成了具有多个端口的装置,用在星型布线系统中,并称为集线器,如图5.17所示。

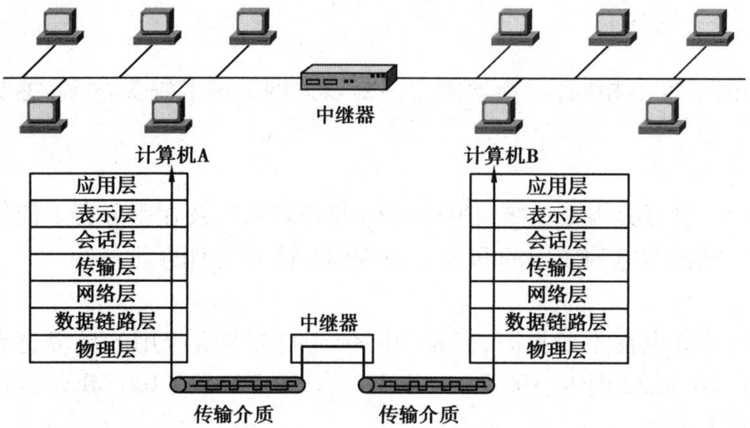

图 5.16　中继器工作示意图

图 5.17　中继器端口示意图

5.4.2　集线器的定义

集线器的英文称为"Hub"。"Hub"是"中心"的意思,集线器的主要功能是对接收到的信号进行再生整形放大,以扩大网络的传输距离,同时把所有节点集中在以它为中心的节点上。集线器工作于 OSI(开放系统互联参考模型)参考模型第一层,即"物理层"。集线器与网卡、网线等传输介质一样,属于局域网中的基础设备,采用 CSMA/CD(即带冲突检测的载波监听多路访问技术)介质访问控制机制。集线器的每个接口简单收发比特,收到 1 就转发 1,收到 0 就转发 0,不进行碰撞检测,如图 5.18 所示。

图 5.18　集线器示意图

集线器主要功能有两个:一是发送信号,对接收到的信号进行再生整形放大,以扩大网络的传输距离;二是通过端口扩展转发信号。

集线器工作在计算机网络体系结构的物理层,实现所连接的计算机之间的相互通信和信息共享,它将一个端口接收到的全部信息向所有端口分发出去,图中可以看到主机 A 发送给主机 B 的数据 S 通过与主机 A 连接的端口 2 分发到其余 7 个端口处,但只有主机 B 才会从端口 7 接收数据 S,如图 5.19 所示。

集线器有多种不同的类型,也有多种不同的分类方法。

①按网络类型分,可分为以太网 Hub、令牌环网 Hub、FDDI Hub 等,以太网 Hub 是通常情况下所说的集线器。

②按照对输入信号的处理方式分,可分为无源 Hub、有源 Hub、智能 Hub。

无源集线器不对信号做任何处理,对介质的传输距离没有扩展;有源集线器对传输信号

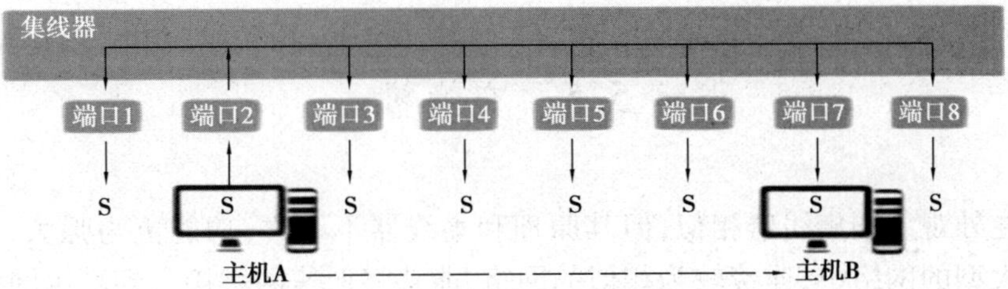

图 5.19　集线器工作原理示意图

有再生和放大作用，能够扩展传输距离；智能集线器还将数据链路层的部分功能集成到其中，具有网络管理功能。在智能 Hub 中，不是每台机器都能收到信号，只有与信号目的地址相同地址端口计算机才能收到信号。

③按集线器支持的传输速率不同分，可分为 10 M，100 M 和 10/100 M 自适应。

对于一台集线器来讲，它的上面通常具有 RJ-45 端口、BNC 端口和 AUI 端口等接口，这些接口总的数量就是集线器的端口数，通常有 4 口、8 口、12 口、16 口、24 口不同级别的集线器。比较常见的集线器有 D-Link、DE-809TC 集线器，TP-Link、TL-P8MU 集线器等。

集线器把来自不同计算机网络设备的电缆集中配置于一体，是多个网络电缆的中间转接设备，像树的主干一样，集线器是各分支的汇集点，是对网络进行集中管理的主要设备。

利用集线器可以组建成星型或者树型拓扑结构的共享式网络。由于连在集线器上的所有节点均争用同一个上行总线，处于同一冲突域内，因此在集线器内所连接节点数目太多，造成冲突也就可能会过于频繁。如果集线器在带宽上不是很宽裕，很可能造成工作站经常死机、网络速度过慢等不良现象发生。

如果只有两台计算机互连，采用双绞线交叉相连的方法即可，无须使用集线器。如果有 3 ~8 台计算机联网，且在一段时间内不再增加计算机，购买一个 8 口集线器即可。8 口集线器具有很高的性价比，是超小型家居办公网络的理想选型。如果是计算机规模在 8 台以上的星型网络，则应该在 16 口和 24 口的集线器中选择。若计算机数量多于 24 台，就要选择两台或两台以上集线器进行级联，或者使用堆叠集线器，如图 5.20 所示。而如果网络中有上百台甚至更多的计算机，集线器已经不能满足需求，这时就要用到另一种网络连接设备——交换机。

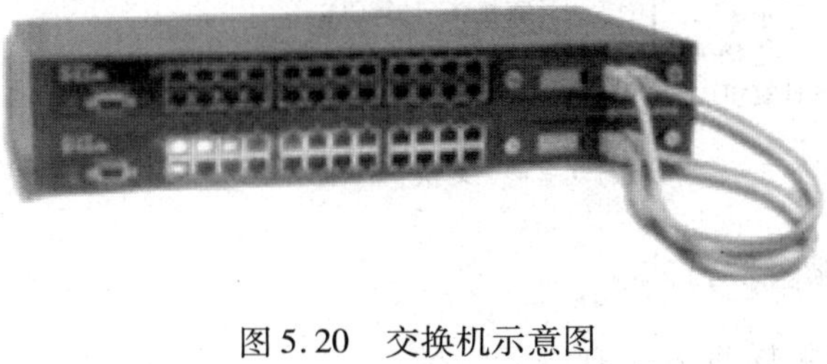

图 5.20　交换机示意图

5.5 交换机

交换机在外观上和集线器相似，但其原理和集线器不一样，功能更为强大，智能性更高，通常用于较大型的网络中，连接较为相似的网络，能够将低速网络接入到高速网络上。

5.5.1 交换机的工作原理

交换机（Switch）工作在网络的数据链路层上，具有根据第二层地址进行数据帧过滤的能力。它采用全双工工作机制，可以记忆交换机端口和所连接的计算机的介质访问控制 MAC 地址的映射关系，并将其存储在交换机的内容可寻址存储器（Coment Addressadble Memory，CAM）中形成一个端口和 MAC 地址的对应表，通过在数据包的发送端和接收端之间建立临时的交换路径，使数据包直接由源地址到达目的地址，而不会发送到其他不相关的端口，由此缩小冲突域，并隔离广播风暴。此外，那些未受影响的端口可以继续向其他端口传送数据，从而突破了共享式集线器同时只能有一对端口工作的限制。

如图 5.21 所示，计算机 E 向计算机 B 发送数据 S，交换机通过端口 6 接收数据 S，然后查找地址映射表得知，端口 4 上连接了计算机 B 和 C，此时就在端口 6 和端口 4 之间建立一个临时的交互路径，将数据 S 直接发送到端口 4 上，再由端口 4 将数据 S 发送到计算机 B。

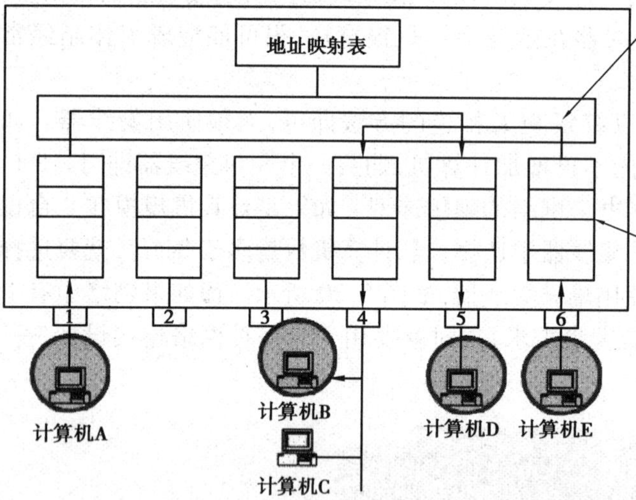

地址映射表		
端口	MAC地址	计时
1	00-30-80-7C-F1-21（节点A）	…
4	52-54-4C-19-3D-Q3（节点B）	…
4	00-50-EA-27-5D-A1（节点C）	…
5	00-D0-09-P0-33-71（节点D）	…
6	00-00-E4-EF-1B-77（节点E）	…

图 5.21　交换机工作示意图

5.5.2 交换机的帧转发方式

目前常见的交换机帧转发方式有以下 3 种：

(1)直接交换

直接交换即检测到目的地址字段后立即转发，不做差错和过滤处理，显然这种方式速度快，但误码率高。

(2)改进的直接交换

改进的直接交换即交换机在接收到数据头部后,先判断头部字段是否正确,若发现有错,立即滤除,并要求发送方重新发送该帧,若没有错误,则立即转发出去。

(3)存储转发模式

存储转发模式即交换机先完整地接收整个数据,存储在一个共享缓冲区中,然后对数据进行差错检测,过滤掉有错的帧,之后才将数据按目的地址发送到指定的端口。

5.5.3　交换机组网

交换机的最大特点是可以将一个局域网划分成多个端口,每个端口可以构成一个网段,该网段上的所有计算机共享该端口提供的带宽。图5.22中交换机连接了4个不同的网段,每个网段内部数据的传输只在该网段内进行,只有从一个网段传输到另一个网段的数据才会通过交换机的端口进行存储转发,避免不必要的数据流动,减少了网络风暴的形成。

在交换机所形成的网络中,每一个直接连接到交换机上的设备都是独享该端口所提供的带宽,一般将一些提供服务的Web服务器、文件服务器、数据库服务器、E-mail服务器直接连接到交换机上,以获得较高的带宽,从而提高整个网络的性能。

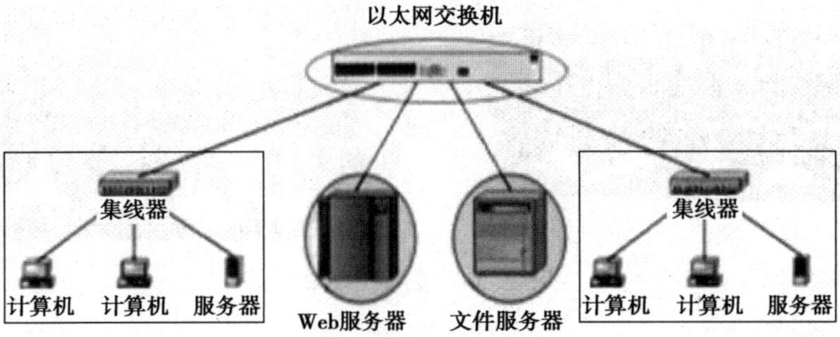

图5.22　交换机组网示意图

5.5.4　交换机的分类

交换机有多种不同的类型,也有多种不同的分类方法。

(1)按网络类型分

按网络类型分,可分为以太网交换机、令牌环交换机、ATM交换机等,通常情况下所说的交换机是指以太网交换机。

(2)按交换机支持的传输速率不同分

按交换机支持的传输速率不同分,可分为100 M、1 000 M和100/1 000 M自适应。

(3)按交换机支持的网络规模分

按交换机支持的网络规模分,可分为企业级交换机、部门级交换机和工作组交换机等。一般而言,企业级交换机都是机架式的,可以支持500个信息点以上的数据交换,如华为的CE12800系列交换机、Cisco公司的Catalyst 6000系列;部门级交换机可以是机架式的,也可以是固定配置式的,支持300个信息点以内的数据交换,如华为的S6720系列下一代增强型万兆交换机、S9700系列T比特核心路由交换机、Cisco公司SG500-520J堆叠全网管交换机;而工作组级交换机为固定配置式,支持100个信息点以内的数据交换,是最常见的一种,如华为的 E600 教育网系列交换机、S5700-SI 系列标准型千兆以太网交换机。

(4)按工作的网络体系结构的层次分

按工作的网络体系结构的层次分,可分为二层交换机、三层交换机。二层交换机工作在网络第二层(即数据链路层),对于它来说,网络上的数据就是 MAC 地址的集合,它能分辨出帧中的源 MAC 地址和目的 MAC 地址,因此可以在任意两个端口之间建立联系,但是交换机并不懂得 IP 地址,它只知道 MAC 地址。三层交换机(也就是现在的路由器)工作在第三层(即网络层),它能理解数据中的 IP 地址,如果它接收到一个数据包,就检查其中的 IP 地址,如果目标地址是本地网络就不理会,如果是其他网络,就将数据包转发出本地网络。

5.5.5 交换机端口

Uplink 口是交换机上常见的一种端口,它是为了便于两台交换机之间进行级联的端口。它与其相邻的普通 UTP 口使用的是同一通道,因而,如果使用了 Uplink 口,另一个与之相邻的普通端口就不能再使用了。这两个端口称为共享端口,不能同时使用。级联时,可使用直通线,将一个交换机的普通端口和另一个交换机的 Uplink 口连起来。如两个设备都使用 Uplink 口连接,就要用交叉线,如图 5.23 所示。

图 5.23 交换机端口

5.5.6 交换机与集线器的区别

交换机与集线器的外形和连接方式是相似的,它们之间的区别主要体现在以下 3 个方面:

(1)从 OSI 体系结构来看

集线器属于 OSI 的第一层即物理层设备,而交换机属于 OSI 的第二层即数据链路层设备。这就意味着集线器只能对数据的传输起到同步、放大和整形的作用,而交换机还可以对数据传输中的短帧、碎片等进行有效的处理,从而保证数据传输的完整性和正确性。

(2)从工作方式来看

集线器是一种广播模式。即集线器的某个端口工作时,其他所有端口都能够收听到信息,容易产生广播风暴;而交换机工作时,只有发出请求的端口和目的端口之间相互响应,不影响其他端口。因此,交换机能够隔离冲突域和有效地抑制广播风暴的产生。

(3)从带宽来看

集线器的所有端口共享一条带宽,在同一时刻只能有两个端口传送数据,其他端口只能等待,工作在半双工模式下;而交换机工作在全双工模式下,每个端口都有一条独占的带宽,两个端口工作时不会影响其他端口工作。

5.6　路由器

随着网络的扩大,特别是多种工作平台连接成大规模的广域网环境,集线器、交换机在路由选择、流量控制以及网络管理等方面已远远不能满足要求,这时就需要使用路由器或者网关了。

5.6.1　什么是路由器

路由器(Router)是网络中进行网间连接的关键设备,如图5.24所示。可以说,路由器是Internet中最为重要的互连设备之一,因为它处于网络层,能够跨越不同的物理网络类型,连接多个逻辑上分开的网络。其可靠性直接影响网络互联的质量。它会根据信道的情况自动选择和设定路由,以最佳路径,按前后顺序发送数据。

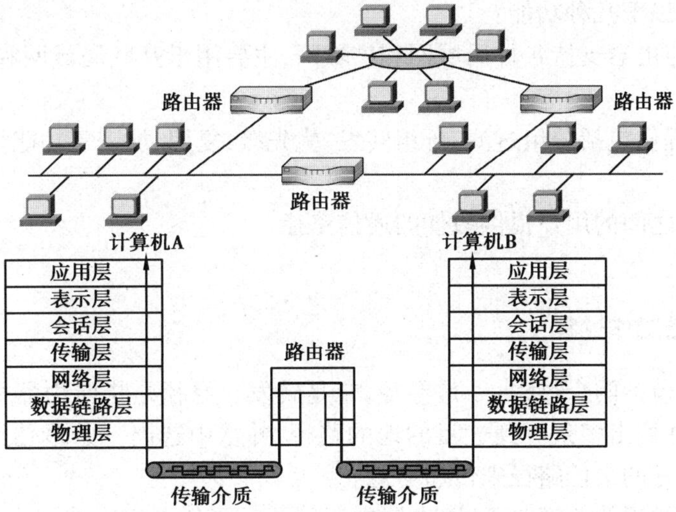

图5.24　路由器工作示意图

5.6.2　路由器的分类

路由器产品按照不同的划分标准有多种类型。常见的分类有以下五类。

(1)按处理能力分

通常将背板交换能力大于40 Git/s的路由器称为高端路由器;背板交换能力在40 Gbit/s以下的路由器称为中低端路由器。低于25 Git/s的就是低端路由器。

(2)按结构分

按结构分,可将路由器分为模块化结构和非模块化结构。通常中高端路由器为模块化结构;低端路由器为非模块化结构。

(3)按所处网络位置分

按所处网络位置分,可分为核心路由器和接入路由器。核心路由器位于网络中心,通常使用的是高端路由器,要求快速的包交换能力与高速的网络接口,通常模块化结构。接入路由器位于网络边缘,通常使用的是中低端路由器,要求相对低速的端口以及较强的接入控制能力。

(4)按功能分

按功能分,可分为通用路由器和专用路由器。一般所说的路由器为通用路由器;专用路由器通常为实现某种特定功能对路由器接口、硬件等作专门优化。

(5)按性能分

按性能分,可分为线速路由器和非线速路由器。线速路由器是高端路由器,能以媒体速率转发数据包;中低端路由器是非线速路由器。目前,一些新的宽带接入路由器也有线速转发能力。

线速转发是路由器性能的一个重要指标。简单地说,就是进来多大的流量,就出去多大的流量,不会因为设备处理能力的问题而造成吞吐量下降。

5.6.3 路由器的功能

路由器主要有以下几种功能:

①网络互联,路由器支持各种局域网和广域网,主要用于互联局域网和广域网,实现不同网络互相通信。

②数据处理,提供包括分组过滤、分组转发、优先级、复用、加密等功能。

③网络管理。

④为不同网络之间的用户提供最佳的通信路径。

⑤维护路由表。

5.6.4 路由器工作过程

路由器的工作包括两个过程:一是寻径,二是转发。寻径是指路由器根据相应的一系列算法和协议,寻找并列出多条可到达目的地的路径,并从中选出一条最佳路径。转发则是指路由器沿着已寻找好的最佳路径来传递信息。

而实现这两个过程的关键在于:路由器中存储了一张与之相连的网络动态路径表——IP路由表,这张表是许多路由器协同工作的结果,它们按照复杂的路由算法(如向量-距离算法、链路-状态算法),得出整个网络的拓扑变化情况,将有关可能的目的地址及怎样到达目的地址的信息存储在这张表中。在转发 IP 数据报时,通过查询 IP 路由表,决定把数据报发往何处。

根据路由表建立与刷新的方式不同,又分为静态路由表和动态路由表两种。

静态路由表是由人工建立和管理的,不会自动发生变化,必须手工更新以反映互联网拓扑结构或连接方式的变化。静态路由表安全可靠,稳定性高,开销小,但是由于路由不会自动作出更新,因此建立和维护工作量大,容易出现路由环,不适用于复杂的互联网结构。

动态路由表则是指可以通过自身学习,自动修改和刷新的路由表。路由信息会随着网络结构的调整自动更新路径,并自动使用路径选择重新配置,能提高网络的整体性能。动态路由适用于拓扑结构复杂、网络规模庞大的互联网,能自动排除错误路径,自动选择性能更优的路径。优良性能的背后也意味着资源的消耗,动态路由信息需要占用网络带宽,且动态修改和刷新需占用路由器的内存和 CPU 的处理时间,消耗路由器的资源。

我们可以将静态路由比作一条流水生产线，产品每个部分的组装步骤都是固定的，只要步骤不被重新审定，每个工序将不会改变；而动态路由就像一个对地图了如指掌的司机，当一条公路堵车时，它会自动选择另一条公路将乘客送达目的地。

5.6.5　路由器的优缺点

1）路由器的优点

①适用于大规模的网络。

②为数据提供最佳的传输路径。

③能更好地处理多媒体。

④安全性高。

⑤隔离不需要的通信量。

⑥节省局域网的频宽。

⑦减少主机负担。

2）路由器的缺点

①不支持 NetBEUI 等非路由协议。

②安装和设置复杂。

③价格较高。

5.6.6　路由协议

路由协议是指实现路由选择算法的协议，常见的路由协议有路由信息协议（Routing Information Protocol，RIP）、开放式最短路径优先协议（Open Shortest Path First，OSPF）和边界网关协议（Border Gateway Protocol，BGP）等。

1）路由信息协议（RIP）

RIP 是最简单的路由协议之一，它采用距离向量算法来选择路由。RIP 收集所有可到达目的地的不同路径，并且保存有关到达每个目的地的最少站点数的路径信息，除到达目的地的最佳路径外，其余信息均予以丢弃。同时路由器也把所收集的路由信息用 RIP 协议通知相邻的其他路由器。

RIP 协议的优点是简单、可靠，便于配置。但它只适用于小型的同构网络，并且该协议容易造成网络广播风暴。

2）开放式最短路径优先协议（OSPF）

OSPF 是一种基于链路状态的路由协议，它需要每个路由器向其同一管理域的所有其他路由器发送链路状态广播信息，包括所有接口信息、量度和其他变量等。再根据一定的路由选择算法计算出到达每个站点的最短路径。

OSPF 有两种路由选择方式：区内路由选择和区间路由选择。这两种路由选择方式有效地减少了网络开销，增强了网络的稳定性，同时给网络的管理、维护带来了方便。

3）边界网关协议（BGP）

BGP 既不是基于纯粹的链路状态算法，也不是基于纯粹的距离向量算法。它的主要功能是与其他自治域的 BGP 交换网络可达信息，各个自治域可以运行不同的内部网关协议。

5.6.7 路由选择实例

如图 5.25 所示，图中是一个由 3 个网络、3 个路由器所组成的网络，当主机 A 向主机 B 发送数据时，主机 A 通过查看自身的路由表后将该 IP 数据报发送到 IP 地址为 10.1.0.1 的 R2 路由器，R2 路由器接收到该 IP 数据报后，查看 R2 路由表后，将该 IP 数据报发送到 IP 地址为 10.2.0.2 的 R3 路由器，R3 路由器接收到该 IP 数据报后，查看 R2 路由表后，将该 IP 数据报直接转发给主机 B。

需要注意的是，当路由表中没有明确指明一条到达目的网络的路由信息时，路由器就将数据报转发到一个默认路由所指定的路由器中，设置默认路由的目的是缩短路由表的长度，同时减少路由的计算时间。

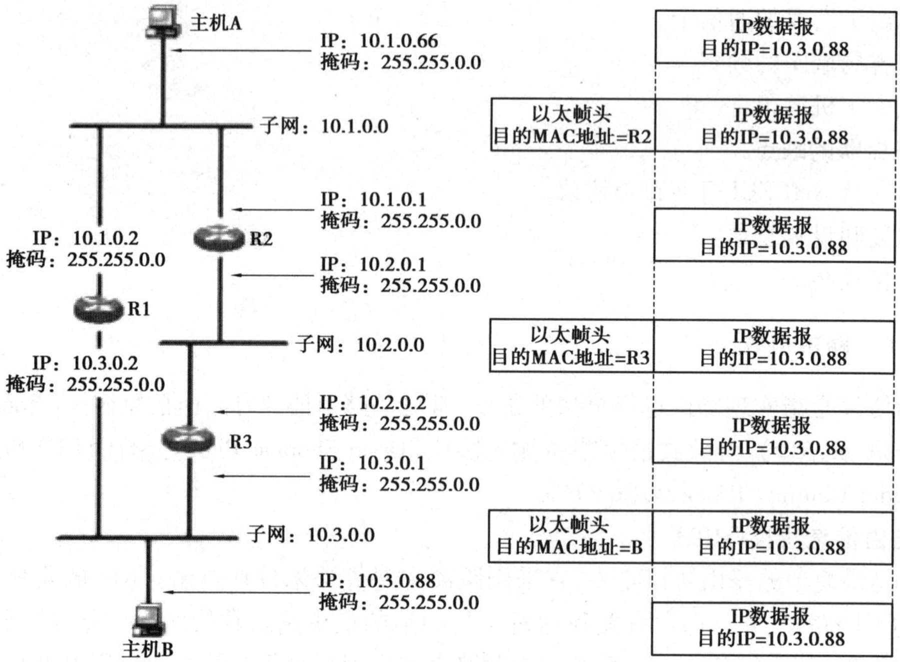

图 5.25　路由选择示意图

项目小结

组建网络时需要使用很多网络设备，常见的网络设备有网卡、集线器、交换机、路由器等，这些网络设备是组成网络的硬件基础，了解并掌握这些网络设备的知识对组建不同类型的网络有很大帮助。

思考与练习

一、选择题

1. 下列关于双绞线错误的是(　　)。

A. 双绞线可以传输模拟信号和数字信号

B. 双绞线分为屏蔽双绞线(STP)和非屏蔽双绞线(UTP)两种

C. 非屏蔽双绞线又可以分为1类、2类、3类、4类、5类等,数字越小,就代表版本越新、技术越先进、宽带越高

D. 屏蔽双绞线(STP)和非屏蔽双绞线(UTP)的区别在于有无屏蔽层

2. 光缆和铜线相比下不具备的特点是(　　)。

A. 传输距离远,价格低　　B. 抗电磁干扰性能好

C. 宽带高　　D. 体积小,重量轻

3. 下列网络互连设备和网络层关系最密切的是(　　)。

A. 中继器　　B. 交换机　　C. 路由器　　D. 网关

4. 下列说法错误的是(　　)。

A. 中继器可以连接一个以太网UTP线缆上的设备和一个在以太网同轴电缆上的设备

B. 中继器可以增加网络的带宽

C. 中继器可以扩展网络上两个节点之间的距离

D. 中继器能够再生网络上的电信号

5. 以下微波特点正确的是(　　)。

A. 微波可以穿过建筑物,可在地面长距离传输

B. 微波可以直接传输电话、电报、图像、数据等信息

C. 微波不受天气影响

D. 微波投资少,易实现,但其数据保密性和隐蔽性比较差

6. 以下网卡依据传输带宽来区分错误的是(　　)。

A. 10 M网卡

B. 100 M网卡

C. 10/100 M自适应网卡

D. 1 000 M网卡、10 M/1 000 M自适应网卡

7. 下列不是常见的网卡分类方式的是(　　)。

A. 按以太网网卡所支持的数据总线类型区分

B. 按价格区分以太网网卡所支持的数据总线类型区分

C. 按使用的传输介质的类型分

D. 按传输带宽区分

8. 下列关于集线器的介绍错误的是(　　)。

A. 可以对接收到的信号进行再生整形放大,以扩大网络的传输距离

B. 可以实现所连接的计算机之间的相互通信和信息共享
C. 可以通过端口扩展转发信号
D. 集线器工作在计算机网络体系结构的传输层
9. 集线器采用下列哪些方式进行分类?(　　)
A. 按照网络类型分类
B. 按照端口的多少分类
C. 按照对输入信号的处理方式的多少分类
D. 按照集线器支持的传输速率不同分类
10. 下列关于交换机的介绍错误的是(　　)。
A. 采用全双工工作机制
B. 突破共享式集线器同时只能有一对端口工作的限制
C. 交换机工作在网络的物理层
D. 可以使数据包直接由源地址到达目的地址
11. 交换机和集线器的区别主要体现在(　　)。
A. 交换机和集线器的外观
B. 交换机和集线器的工作原理
C. 交换机和集线器的工作方式
D. 交换机和集线器的工作模式
12. 关于路由器的介绍错误的是(　　)。
A. 工作在网络层
B. 可以在速度不同的网络和媒体之间进行数据转换
C. 路由器只具有在网络层上进行路由选择的功能
D. 路由器在网络层协议上保持信息、管理几个网络间的通信
13. 关于路由器的分类及区别,下列叙述错误的是(　　)。
A. 根据路由表建立与刷新的方式不同,分为静态路由表和动态路由表两种
B. 静态路由是由人工建立和管理的,时间久了会自动发生变化
C. 动态路由信息会随着网络结构的调整自动更新路径,并自动使用路径选择重新配置
D. 静态路由安全可靠,稳定性高,开销小

二、填空题

1. 路由器的工作包括两个过程:一是__________,二是转发。
2. __________网络设备是进行异种网络互联。
3. 目前常见的交换机帧转发方式有直接交换、改进的直接交换和__________3 种。
4. 集线器俗称 Hub,是一种特殊的多端口__________。
5. 利用集线器可以组建成__________或者__________拓扑结构的共享式网络。
6. 网卡是网络接口卡的简称,又称为__________。
7. 一根双绞线由 5 部分组成,主要包括外套、外屏蔽、内屏蔽、绝缘和__________。
8. 光导纤维是一种直径很细的、很柔软、能传导__________的介质。
9. 激光通信是一种利用__________传输信息的通信方式。
10. 无线电波的传播方式有直线传播和__________两种。

三、简答题

1. 集线器、网桥、交换机、路由器分别应用在哪些场合？它们之间有何区别？
2. 简述路由器的主要功能。
3. 简述网桥与路由器的联系和区别。
4. 路由器的优点是什么？路由选择采用了哪几种技术？

实验5　OSI 参考模型与排错

一、实验目的

1. 了解 OSI 参考模型。
2. 掌握模型各层的功能。
3. 掌握网络连通性测试方法。

二、实验设备

连接好网络的主机若干台。

三、实验背景

由于 OSI 参考模型中低层为其上层提供服务，因此排错也应该从底层到高层依次排错。假若你是某公司的 IT 技术支持人员，某个员工打电话说不能打开网页了，该如何排错呢？

1）物理层检查

首先查看网线是否连接正常。打开客户端的网络连接，如果出现红叉，如图 5.26 所示，则证明网线没有连好，属于物理层故障。如果没有出现红叉，也不一定连接正常，双击，打开"本地连接 2 状态"对话框，查看"已发送"和"已接收"的数据包，其中任何一个为 0 都不能正常通信，如图 5.27 所示，可以检查网线和网卡的接触是否有问题，用网钳重新压水晶头。

如果重新做了网线的水晶头，"已发送"和"已接收"的数据包仍为"0"，则可先卸载网卡驱动，再重新加载驱动，就能解决网卡驱动引起的网络故障。鼠标右键单击"我的电脑"，在弹出的快捷菜单中选择"管理"命令，打开"设备管理器"界面，右键单击网卡，在弹出的快捷菜单中"卸载"命令。在弹出的设备删除确认对话框中，单击"确定"按钮，如图 5.28 所示。

2）数据链路层排错

Ping 网关如果时短时错，有可能是网络堵塞，也有可能是 MAC 地址冲突；若 Ping 网关不通，则需检查计算机连接的交换机端口所属的 Vlan 是否正确，如图 5.29 所示。

3）网络层排错

首先看 IP 地址是否配置正确，是否与其他 IP 地址有冲突，如果 IP 地址和网关配置错误，那么同样不能上网，如图 5.30 所示。

4）表示层故障

如果打开的网页是乱码，那么表示层出现了故障。如图 5.31 所示，打开百度网页，能够

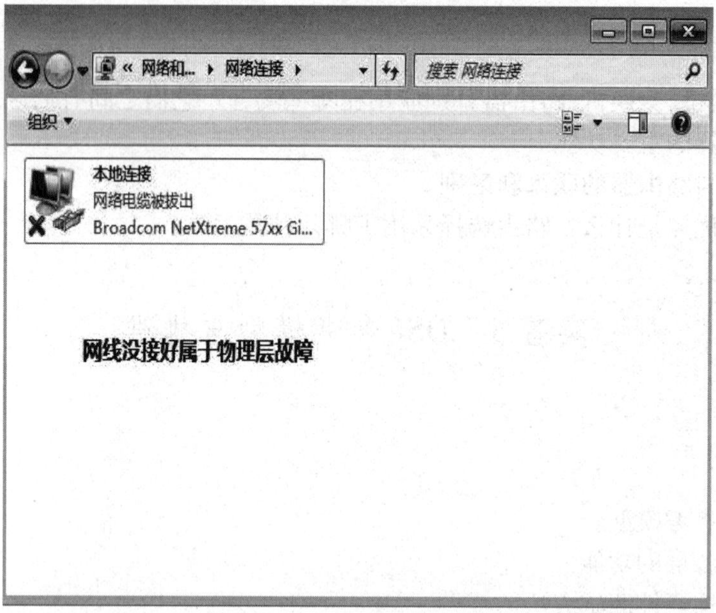

图 5.26　网络故障示意图

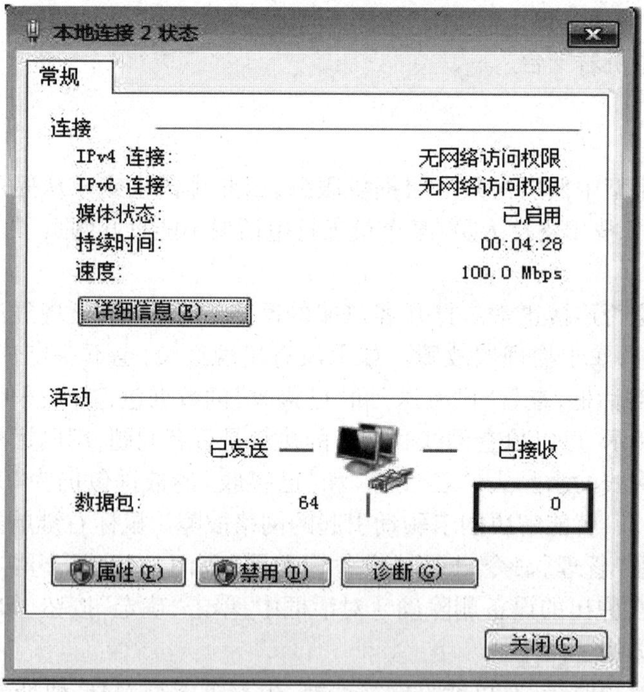

图 5.27　网络故障示意图

正常显示页面内容。如图 5.31 所示,选择“查看”→“编码”→“其他”→“西里尔文”。如图 5.32 所示,IE 浏览器以西里尔文解释网页,则出现乱码。

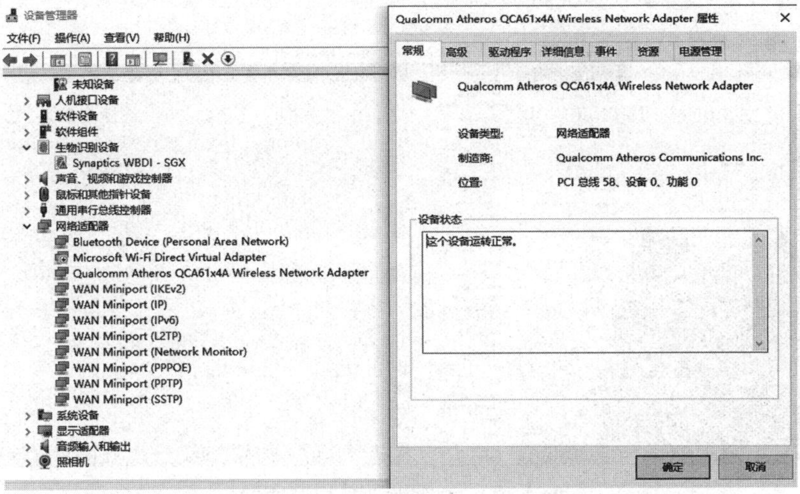

图5.28 设备管理器界面示意图

图5.29 Ping 命令示意图

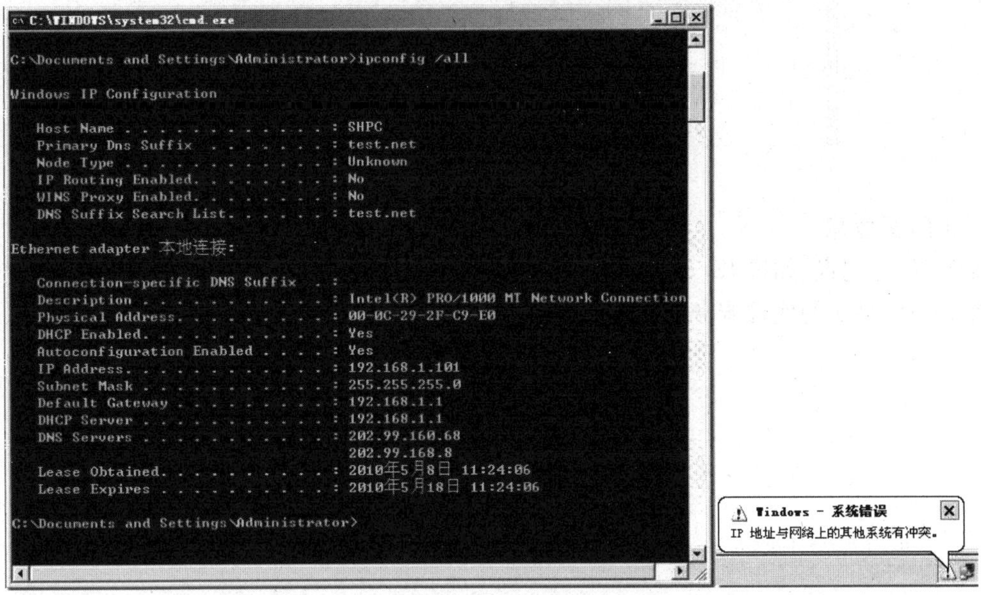

图5.30 IP 地址示意图

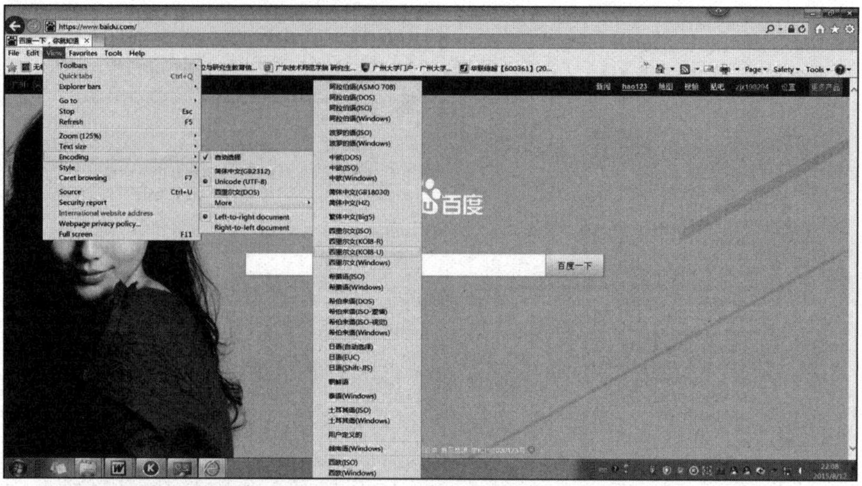

图 5.31　IE 浏览器设置示意图

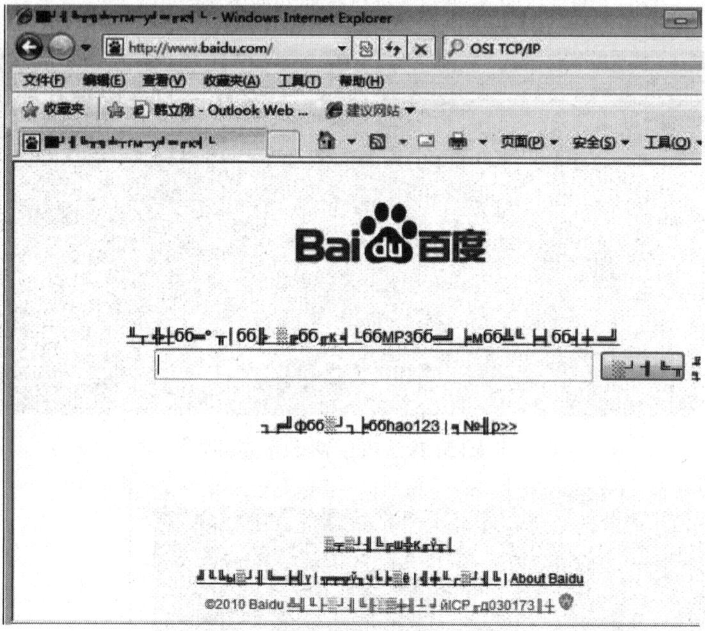

图 5.32　IE 浏览器乱码示意图

5）应用层故障

查看 IE 的配置，如果 IE 安全级别设置得高，那么有些网页的功能则不能正常运行。如果设置了一个错误的代理服务器或安装了错误的 IE 插件也会造成网页打不开的现象。

项目 6 局域网

[任务导入]

小张在公司组建小型办公网络,大都是理论知识多实践少。他找到关于局域网技术知识部分进行学习,再结合实际,完成了公司分配的任务。

[知识目标]

- 掌握各种局域网技术。
- 掌握各种网络的应用。

[技能目标]

- 掌握局域网的组成要素。
- 掌握故障诊断与排查技术。

[课程思政目标]

计算机网络的最终目标是实现网络共享,通过本项目的学习,让学生们知道网络资源共享对个人、企业、组织、国家的益处,从而培养学生树立共享发展的理念,学会与他人共享网络资源,实现网络资源效用的最大化。

6.1 局域网的概述

6.1.1 局域网的定义

局域网(Local Area Network,LAN)是指在一个局部的地理范围内(如一个学校、工厂和机关单位内部),将各种计算机、外部设备和数据库等互相连接起来的计算机通信网,简称 LAN。一般是方圆几米到几千米以内。

局域网从它诞生到现在大致可分为以下 4 个阶段:

①20 世纪 60 年代末至 70 年代初是局域网发展的萌芽阶段。

②20 世纪 70 年代中期是局域网发展的一个重要阶段,美国 Xerox 公司推出的实验性以太网(Ethernet)和英国剑桥大学研制的剑桥环网(Cambridge Ring)成为最初局域网的典型代表。

③20 世纪 80 年代初期是局域网走向大发展的时期，一些标准化组织开始致力于局域网的有关协议和标准的制定。到了后期，局域网的产品进入专业化生产和商品化的成熟阶段，获得了大范围的推广和普及。

④20 世纪 90 年代以后，局域网步入了更高速的发展阶段，使用已相当普遍。利用光导纤维作为通信介质构成的高速主干网，是目前许多局域网系统普遍采用的一种结构形式。

6.1.2 局域网的特点

概括地讲，局域网主要具有以下 5 个特点：

①覆盖范围小。局域网是一种私有网络，一般在一座建筑物内或建筑物附近，一般认为，其覆盖距离为 0.1 ~25 km。

②局域网的经营权和管理权属于某个单位所有，而广域网通常由服务提供商提供。

③数据传输速度高，误码率低。局域网的数据传输速率一般为 100 ~1 000 Mbit/s，误码率一般为 10^{-10} ~ 10^{-8}。

④数据传输延时小。局域网中的传输延时很小，一般在几毫秒到几十毫秒。

⑤局域网便于安装、维护和扩充，建网成本低、周期短。

⑥采用 ISO 推荐的 OSI/Rm 参考模型中的有关标准——IEEE 802 参考模型。

6.1.3 局域网的基本组成

局域网由网络硬件和网络软件两个部分组成。局域网硬件包括服务器、工作站、网卡、集线器、传输介质；局域网的软件主要包括网络操作系统、控制信息传输的网络协议、协议软件、可应用软件等。

1）局域网硬件

（1）服务器

服务器是整个网络系统的核心，它为网络用户提供服务并管理整个网络。根据服务器在网络中所承担的任务和所提供的功能不同，服务器可分为文件服务器、打印服务器和通信服务器。通常要求服务器具有较高的性能，包括较快的数据处理速度、较大的内存和较大容量的磁盘等。

（2）工作站

工作站是网络各用户的工作场所，用户通过它可以与网络交换信息，共享网络资源。工作站通过网卡、传输介质以及通信设备连接到网络服务器，且只对操作该工作站的用户提供服务。

（3）网卡

网卡是局域网中最基本、最重要的连接设备，计算机通过网卡接入局域网络。网卡一方面要和主机交换数据；另一方面还要保证数据交换以网络物理数据的路径和格式来传送或接收。另外，为防止数据的丢失，网卡上还需要缓存，以实现不同设备之间的数据缓冲。网卡上的 ROM 芯片固化有控制通信软件，用来实现上述功能。

（4）集线器

集线器（Hub）是一种特殊的中继器，其主要作用是对接收到的信号进行再生放大，以扩大网络的传输距离。集线器负责对多个网络电缆进行中间转接，以便对网络进行集中管理。

另外,集线器还有利于检测故障和提高网络的可靠性,能自动指示有故障的工作站,并切除其与网络的通信。

(5)传输介质

局域网常用的传输介质有同轴电缆、双绞线、光缆和无线电波。早期的传统以太网(如10 Base-5,10 Base-2 等)使用最多的是同轴电缆。随着技术的发展和价格的不断降低,双绞线和光纤的应用日益普及。双绞线依靠其低成本和高可靠性,在快速局域网中被广泛地使用。光纤主要应用在远距离、高速传输数据的网络环境中。光纤的可靠性很高,具有许多双绞线和同轴电缆无法比拟的优点,随着光纤成本的不断降低,今后还将越来越广泛地应用于局域网。

(6)外设

外设主要是指网络上可供网络用户共享的外部设备,包括打印机、绘图仪、扫描器、MODEM 等。

2)局域网软件

网络软件也是局域网系统中不可缺少的重要资源,根据它们所起的作用不同,可将其分为以下五类:

(1)协议软件

协议软件主要用以实现网络协议功能,其种类繁多,不同体系结构的网络系统都有自身的协议软件,不同层次上的协议软件也不尽相同。

(2)通信软件

通信软件的作用是使用户能够方便地对自己的应用程序进行控制,同时又能与多个工作站进行网络通信,并对通信数据进行加工和管理。

(3)管理软件

管理软件的作用是帮助网络管理者便捷地解决网络中一些棘手的技术难题,保证整个网络系统的正常运转。

(4)网络操作系统

网络操作系统(Network Operation System,NOS)是用户和网络之间的接口,它具有处理机管理、存储管理、设备管理、文件管理以及网络管理等功能。目前较流行的局域网操作系统有 Windows 2000 Server,Windows Server 2003,Novell 公司的 Netware 等。

(5)网络应用软件

网络应用软件是专门为某一个应用领域而开发的软件,能为用户提供一些实际的网络应用服务。它既可以用于管理和维护网络本身,也可用于一个业务领域。

6.1.4 局域网的分类

局域网从不同角度分类也不一样,按照网络转接方式不同,可分为共享式局域网和交换式局域网两种。

共享式局域网是指所有节点共享一条公共通信传输介质的局域网技术。共享介质局域网可分为以太网、令牌总线、令牌环、光纤分布式数据接口 FDDI 以及在此基础上发展起来的高速以太网和 FDDI Ⅱ 等。无线局域网是计算机网络与无线通信技术相结合的产物,同有线局域网一样,可采用共享方式。

交换式局域网是指以数据链路层的帧或更小的数据单元为数据交换单位，以以太网交换机（Ethernet Switch）为核心的交换式局域网技术。交换式局域网可分为交换以太网、ATM 网以及在此基础上发展起来的虚拟局域网，由于 ATM 网组网费用高，近年来，已很少用 ATM 技术组建局域网，更多的是交换以太网。

6.1.5 局域网的拓扑结构

网络拓扑结构是指用传输媒体互联各种设备的物理布局，它对整个网络的设计、功能、可靠性和成本等方面有着重要影响。目前，局域网使用的拓扑结构主要有星型、环型和总线型 3 种。

1）星型（Star）

星型拓扑结构中存在一个中央节点（如集线器或交换机），其余每个工作站节点通过点到点线路与中央节点相连，如图 6.1 所示。

星型网络中节点的扩展和移动都很方便，当加入新的节点时只需从集线器或交换机等集中设备中拉一条线即可，而一个节点出现故障不会影响其他节点的连接，可直接将故障节点拆走，维护起来较容易。星型网络对中央节点的可靠性要求很高，若中央节点发生故障，全网则趋于瘫痪。因此，通常都采用双机热备份，以提高系统的可靠性。在星型网络中，信息一般采用广播式传送方式，任何一个节点发送的信息，整个网络中的其他节点都可以收到。

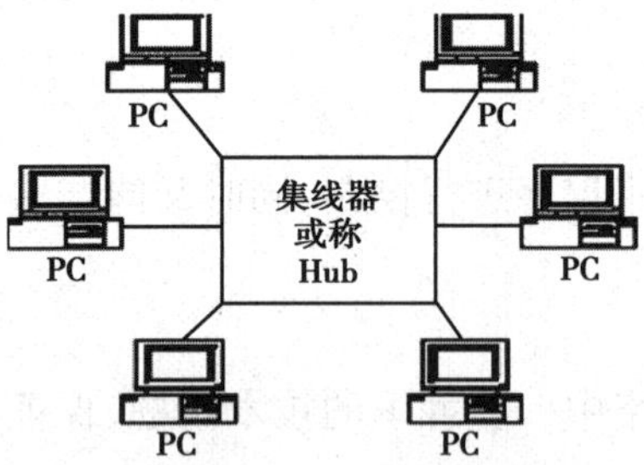

图 6.1 星型拓扑结构示意图

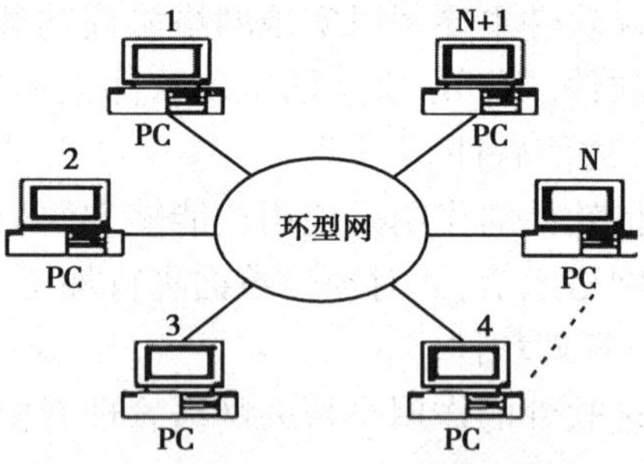

图 6.2 环型拓扑结构示意图

2）环型（Ring）

环型网络是用一条传输链路（同轴电缆）将一系列节点连成一个封闭的环路，如图 6.2 所示。网络中的信息流只能单方向进行传输，每个收到信息包的节点都向它的下游节点转发该信息包。

环网的传输速度较快，例如，在令牌环网中允许有 16 Mbit/s 的传输速度，这比传统的 10 Mbit/s 以太网要快得多。环网中各节点间是直接串联，这样任何一个节点出了故障都会造成整个网络中断、瘫痪，而且故障查找起来也非常困难。另外，如果要添加或移动节点，就必须中断整个网络，在环的两端作好连接器后才能连接，相对比较麻烦。

3）总线型（Bus）

所有的节点都通过网络适配器直接连接到一条作为公共传输介质的总线上，总线可以是同轴电缆、双绞线，也可以是光纤，如图 6.3 所示。

总线型网络采用广播通信方式，即任何一个节点发送的信号都可以沿着介质传播，而且能被网络上的其他所有节点接收，但在同一时间内，只允许一个节点发送数据。总线作为公共传输介质为多个节点共享，因而就有可能出现两个或两个以上的节点在同一时刻利用总线

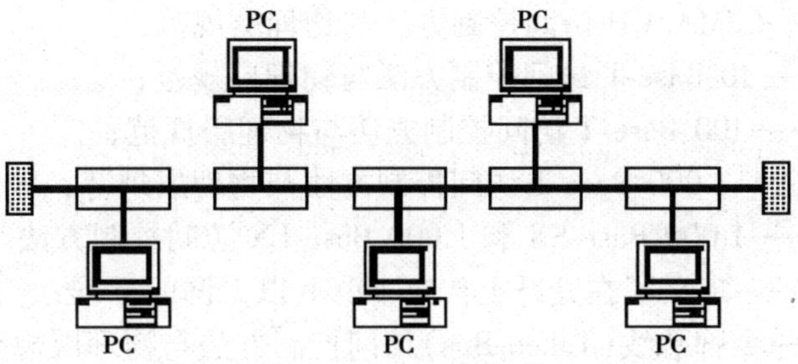

图 6.3　总线型拓扑结构示意图

发送数据的“冲突”。总线型网络必须要解决多个节点访问总线的介质访问控制问题。由于网络各节点共享总线带宽,因此,数据传输速率会随着接入网络用户数的增多而下降。另外,在总线型网络中,虽然单个节点的故障不影响整个网络的正常通信,但是总线一旦发生故障,则整个网络就断了。

6.1.6　局域网参考模型

局域网参考模型——IEEE 802 参考模型是由美国国际电气和电子工程师协会 802 委员会制定的,该模型对应 OSI 参考模型的最低两层,即物理层和数据链路层。主要解决最低两层(即物理层和数据链路层)的功能以及与网络层的接口服务。IEEE 802 参考模型中不再设立网络层,它与 ISO/OSI 参考模型的对应关系如图 6.4 所示。

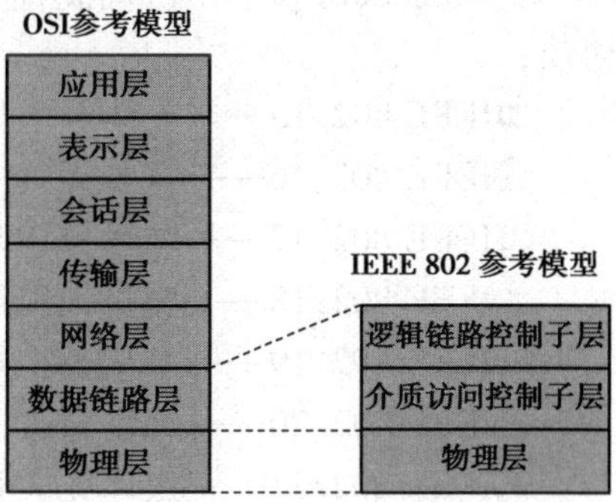

图 6.4　局域网参考模型示意图

电气与电子工程师协会(Institute of Electrical and Electronics Engineers,IEEE)于 1980 年 2 月成立了局域网标准委员会,简称 IEEE 802 委员会,专门从事局域网的标准化工作,它为局域网制定了一系列标准,统称为 IEEE 802 标准。IEEE 802 标准完全遵循了 ISO/OSI RM 的原则,它主要描述了网络体系结构中最低两层——物理层和数据链路层的功能以及与网络层的接口服务。

IEEE 802 局域网参考模型中的物理层的功能是:在物理介质上实现比特流的传输和接收、同步前序的产生与删除,规定了所使用的信号、编码、传输介质以及有关的拓扑结构和传输速率等。

数据链路层又分为逻辑链路控制(LLC)和介质访问控制(MAC)两个功能子层。这种功能划分主要是为了将数据链路功能中与硬件相关和无关的部分分开。

MAC 子层的主要功能是控制对传输媒体的访问。IEEE 802 标准制定了多种介质访问控制方法,同一个 LLC 子层能与其中任一种访问方法(如 CSMA/CD,Token Ring,Token Bus)接口。

LLC 子层的主要功能是向高层提供一个或多个逻辑接口,具有帧的发送和接收功能。另外,它还有差错控制和流量控制等功能,同时还具备网络层的某些功能。

IEEE 802 是一个标准系列,新的标准不断地增加,现有的标准如下:

①IEEE 802.1A——局域网体系结构;

②IEEE 802.1B——寻址、网络互联与网络管理;

③IEEE 802.2——逻辑链路控制(LLC);

④IEEE 802.3——CSMA/CD 访问控制方法与物理层规范；

⑤IEEE 802.3i——10 Base-T 访问控制方法与物理层规范；

⑥IEEE 802.3u——100 Base-T 访问控制方法与物理层规范；

⑦IEEE 802.3ab——1 000 Base-T 访问控制方法与物理层规范；

⑧IEEE 802.32——1 000 Base-SX 和 1 000 Base-LX 访问控制方法与物理层规范；

⑨IEEE 802.3ae——定义了在光纤上传输 10 Gb 以太网的标准；

⑩IEEE 802.4——令牌总线(Token-Bus)访问控制方法与物理层规范；

⑪IEEE 802.5——令牌环网(Token-Ring)访问控制方法与物理层规范；

⑫IEEE 802.6——分布式队列双总线(DQDB)访问控制方法与物理层规范；

⑬IEEE 802.7——宽带局域网访问控制方法与物理层规范；

⑭IEEE 802.8——光纤技术(FDDI)访问控制方法与物理层规范；

⑮IEEE 802.9——综合数据语音网络；

⑯IEEE 802.10——可互操作的局域网安全标准(SILS)；

⑰IEEE 802.11——无线局域网访问控制方法与物理层规范；

⑱IEEE 802.12——100VG-AnyLAN 访问控制方法与物理层规范；

⑲IEEE 802.14——协调混合光纤同轴(HFC)网络的前端和用户站点之间数据通信的协议；

⑳IEEE 802.15——无线个人网技术标准,其代表技术是蓝牙(Bluetooth)；

㉑IEEE 802.16——宽带无线 MAN 标准(WiMAX)；

㉒IEEE 802.17——弹性分组环(RRR)工作组；

㉓IEEE 802.18——宽带无线局域网技术咨询组(Radio Regulatory)；

㉔IEEE 802.19——多重虚拟局域网共存技术咨询组；

㉕IEEE 802.20——移动宽带无线接入(MBWA)工作组；

㉖IEEE 802.21——媒体无关切换(MIH)；

㉗IEEE 802 各工作组的结构示意如图 6.5 所示,在 IEEE 802 标准中,IEEE 802.3 以太网(Ethernet)协议和 IEEE 802.5 令牌环(Token-Ring)协议应用最为广泛。

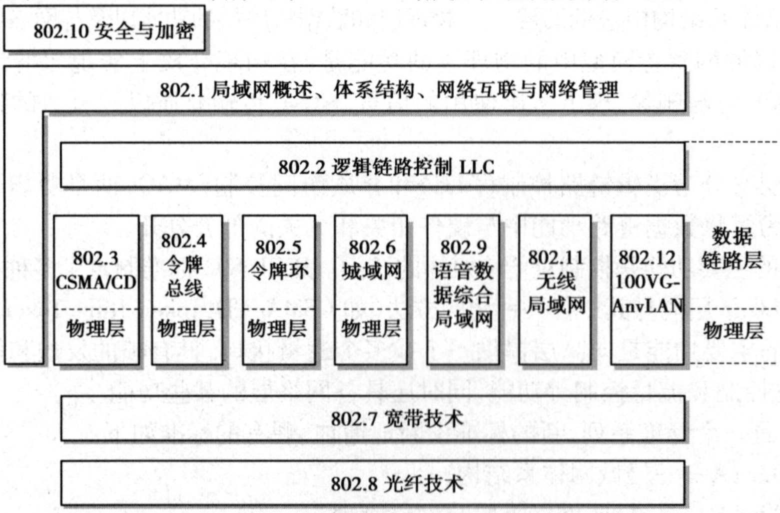

图 6.5 IEEE 802 各工作组示意图

思考：为什么 IEEE 802 参考模型只对应 OSI 参考模型最低两层？

局域网的拓扑结构比较简单，一般为总线型网、环型网、星型网和树型网，2 个节点间只有唯一的一条链路，不需要进行路由选择和流量控制也就决定不需要网络层；其他高层的应用往往与具体的实现有关，通常包括在网络操作系统中。局域网的种类繁多，使用的传输介质各种各样，接入方法不一，因此，将数据链路层分为 MAC 和 LLC 两层。

6.1.7　介质访问控制方法

介质访问控制（Medium Access Control，MAC），它主要解决当局域网中共用信道的使用产生竞争时，如何分配信道的使用权问题。它定义了数据帧怎样在介质上进行传输。在共享同一个带宽的链路中，对连接介质的访问是"先来先服务"的。也定义了物理地址和逻辑拓扑（信号通过物理拓扑的路径）。线路控制、出错通知（不纠正）、帧的传递顺序和可选择的流量控制也在这一子层实现。

局域网的数据链路层分为逻辑链路层 LLC 和介质访问控制 MAC 两个子层。

逻辑链路控制（Logical Link Control，LLC）是局域网中数据链路层的上层部分，IEEE 802.2 中定义了逻辑链路控制协议。用户的数据链路服务通过 LLC 子层为网络层提供统一的接口。

MAC 属于 LLC（Logical Link Control）下的一个子层。

局域网中目前广泛采用以下两种介质访问控制方法：

①争用型介质访问控制，又称随机型的介质访问控制协议，如 CSMA/CD 方式。

②确定型介质访问控制，又称有序的访问控制协议，如 Token（令牌）方式。

6.2　以太网

以太网（Ethernet）是由美国 Xerox 公司创建的，并由 Xerox，Intel 和 DEC 公司联合开发的基带局域网规范。以太网络使用 CSMA/CD（载波监听多路访问及冲突检测技术）技术，并以 10 M/s 的速率运行在多种类型的电缆上。以太网与 IEEE 802.3 系列标准相似。

以太网是当今现有局域网采用的最通用的通信协议标准。该标准定义了在局域网（LAN）中采用的电缆类型和信号处理方法。以太网在互连设备之间以 10～100 Mb/s 的速率传送信息包，双绞线电缆 10 Base T 以太网由于其低成本、高可靠性以及 10 Mb/s 的速率而成为应用最为广泛的以太网技术。直扩的无线以太网可达 11 Mb/s，许多制造供应商提供的产品都能采用通用的软件协议进行通信，开放性最好。

以太网可分为两大类：第一类是经典以太网；第二类是交换式以太网。经典以太网是指以太网的原始形式，运行速度从 3～10 Mb/s 不等；而交换式以太网则利用交换机连接不同的计算机，可运行在 100，1 000 和 10 000 Mb/s 一样的高速率，分别以快速以太网、千兆以太网和万兆以太网的形式呈现。实际上，现在使用的只有交换式以太网。

6.2.1　经典以太网

经典以太网是 10 M 以太网，使用的是 CSMA/CD 的访问控制方法。这种早期的 10 Mb/s 以太网被称为标准以太网，使用 4 种传输媒体：粗缆、细缆、双绞线、光纤等传输介质进行连接。IEEE 802.3 标准为不同的传输介质制定了不同的物理层标准，在这些标准中，前面的数字表示传输速度，单位是“Mb/s”，最后一个数字表示单段网线长度（基本单位是 100 m），Base 表示“基带”的意思，Broad 表示“宽带”。

（1）10 Base-5

10 Base-5 使用直径为 10.16 cm、阻抗为 50 Ω 粗同轴电缆，也称粗缆以太网，最大网段长度为 500 m，基带传输方法，拓扑结构为总线型。10 Base-5 组网主要硬件设备有：粗同轴电缆、带有 AUI 插口的以太网卡、中继器、收发器、收发器电缆、终结器等。

10 Base-5 采用粗同轴电缆，单段最大长度为 500 m。超过时，可通过中继器将几个网段连接在一起，但中继器的数量最多为 4 个，网段的数量最多为 5 段，因此网络的最大长度可达 2 500 m。网络连接如图 6.6 所示。

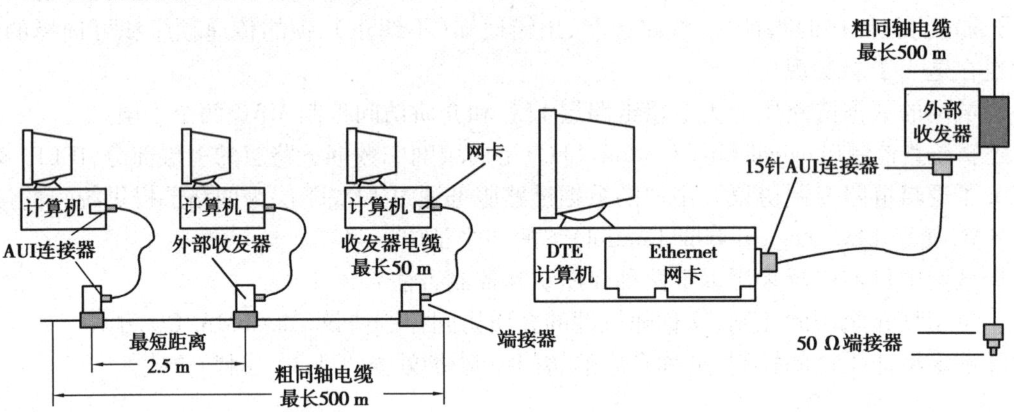

图 6.6　10 Base-5 组网示意图

图 6.7　BNC 连接插头

（2）10 Base-2

10 Base-2 使用直径为 0.508 cm、阻抗为 50 Ω 细同轴电缆，也称细缆以太网，最大网段长度为 185 m，基带传输方法，拓扑结构为总线型。10 Base-2 组网主要硬件设备有细同轴电缆、带有 BNC 插口（图 6.7）的以太网卡、中继器、T 形连接器、终结器等。

10 Base-2 使用细同轴电缆，单段最大长度为 185 m。超过时，则需使用支持 BNC 头的中继器。在细缆以太网中，中继器的数量最多也只能为 4 个，网段的数量也最多为 5 段，因此，网络的最大长度为 925 m。网络连接如图 6.8 所示。

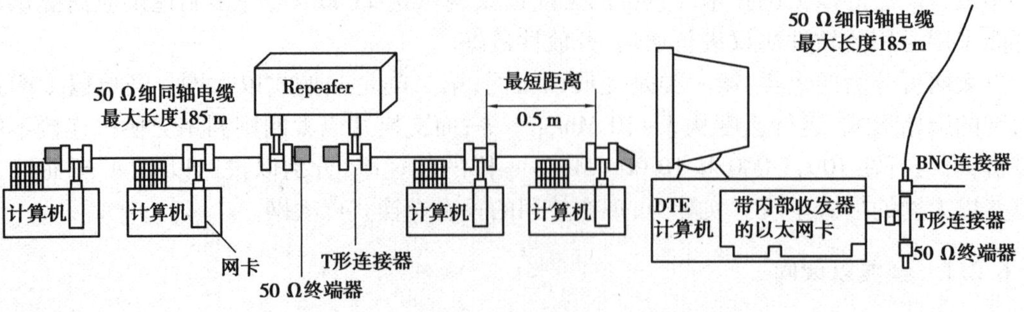

图 6.8　10 Base-2 组网示意图

（3）10 Base-T

10 Base-T 采用非屏蔽双绞线，T 表示它的拓扑结构为星型。组网的关键设备是集线器（Hub）。当使用非屏蔽双绞线进行网络连接时，Hub 到各节点的距离或 Hub 与 Hub 间的距离不超过 100 m，网络连接如图 6.9 所示。组建双绞线以太网要采用的硬件设备主要有带有 RJ-45 插头的以太网卡、集线器、双绞线、RJ-45 水晶头。

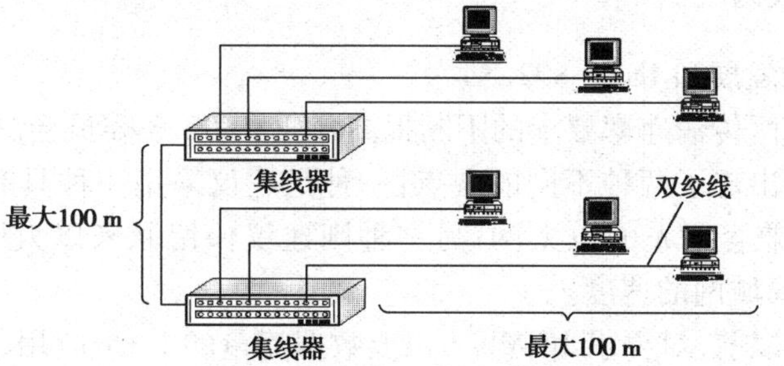

图 6.9　10 Base-T 组网示意图

（4）10 Base-F

10 Base-F 是在 10 Base-T 的基础上，用光纤替代双绞线连接站点和集线器，传输速率为 10 Mb/s。

经典以太网都有电缆的最大长度限制，这个范围内的信号可以正常传播，超过这个范围信号将无法传播。为了允许建设更大的网络，可以用中继器或者集线器把多条电缆连接起来。在这些电缆上，信息的发送使用曼彻斯特编码。以太网可以包含多个电缆段和多个集线器，但是不允许任意两个收发端之间的距离超过 2.5 km，并且在任意两个收发端之间经过的集线器不能超过 4 个。

6.2.2　载波监听多路访问/碰撞检测 CSMA/CD

经典以太网使用带冲突检测的载波监听多路访问 CSMA/CD 协议控制网络的使用，这个协议有 3 个基本要点：

（1）多点接入

许多计算机以多点接入的方式连接在一根总线上，采用总线型拓扑结构，物理拓扑结构可以是星型的，如图 6.10 所示。

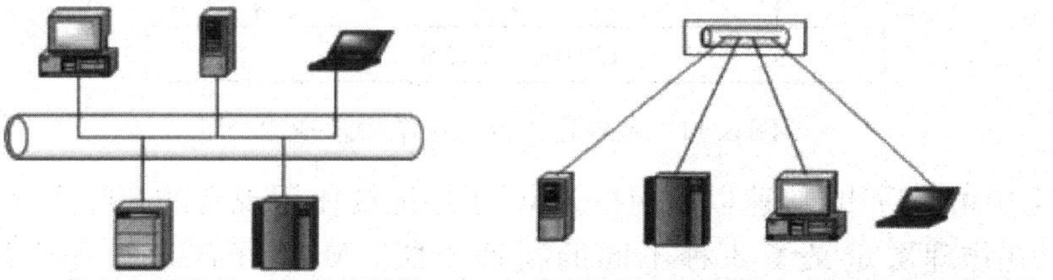

（a）物理与逻辑统一的总线结构　（b）物理上的星型结构与逻辑上的总线结构

图 6.10　多点接入示意图

（2）载波监听

当一个站有数据发送时，它首先侦听信道，确定当时是否有其他站正在传输数据。如果信道空闲，它就发送数据；如果信道忙，该站等待直到信道变成空闲，再发送帧。

(3)碰撞检测

碰撞检测也是边发送边监听。如果发生冲突,该站等待一段随机的时间,然后再从头开始上述过程。

这 3 点总结起来就是四句话:先听后发,边听边发,冲突停止,延迟重发。

6.2.3 快速以太网

1)快速以太网的发展和 IEEE 802.3u

随着人们对局域网传输速率要求的不断提高,IEEE 802.3 委员会决定制订一个快速的局域网协议。但其内部出现了两种不同的观点:一种是建议采用一种具有优先级、集中控制的 MAC 协议,但它不能兼容原先的以太网;另一种则建议保留原来以太网的体系结构和 MAC 协议不变,设法提高局域网的速度。

在 1993 年 10 月以前,对要求 10 Mb/s 以上数据流量的 LAN 应用,只有光纤分布式数据接口(Fiber Distributing Data Interface, FDDI)可供选择,它是一种价格非常昂贵、基于 100 Mb/s 光缆的 LAN。1993 年 10 月,随着世界上第一台快速以太网集线器 FastNIC10/100 和网络接口卡 FastNIC100,快速以太网技术正式得以应用。1995 年 6 月,IEEE 宣布了 IEEE 802.3u 100Base-T 快速以太网标准,由此开启了快速以太网的时代。

IEEE 802.3u 是 IEEE 802.3 标准的延伸,它保留了 IEEE 802.3 的帧格式、接口、软件算法规则以及 CSMA/CD 协议,只是将数据传输速率从 10 Mb/s 提高到 100 Mb/s。快速以太网是完全基于 10 Base-T 设计的,它仍然使用 Hub 进行组网。

2)快速以太网结构

快速以太网结构如图 6.11 所示。

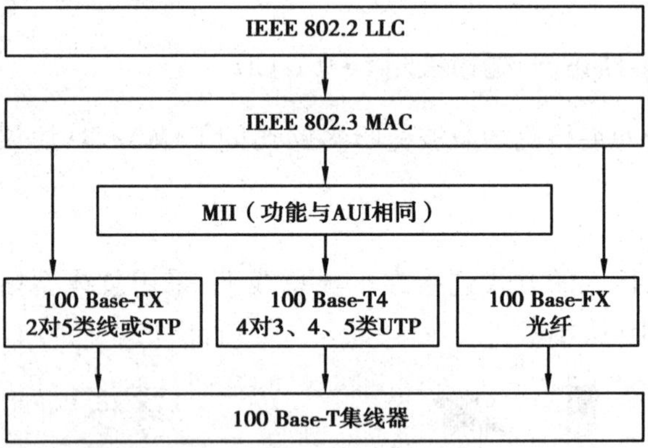

图 6.11 快速以太网协议结构示意图

从图 6.11 中可以看出,快速以太网在 MAC 子层继续使用现有的 802.3 介质访问控制方法 CSMA/CD,在物理层定义了 3 种不同的物理子层。MAC 子层通过一个媒体独立接口(MII)与其中的一个物理子层相连接,MII 将物理层和 MAC 子层分割开,这样物理层的各种变化就不会影响到 MAC 子层。

3)快速以太网的物理层标准

(1)100 Base-TX

100 Base-TX 支持 2 对 5 类 UTP 或 2 对 1 类 STP,其中,1 对用于发送,另 1 对用于接收。

因此,100 Base-TX 可以全双工方式工作,每个节点可以同时以 100 Mb/s 的速率发送与接收数据。节点与集线器的最大距离为 100 m。

(2)100 Base-T4

100 Base-T4 支持 4 对 3 类、4 类和 5 类 UTP,一对专门用于发送,一对专门用于接收,另两对则是双向的。网络节点与集线器的最大距离也是 100 m。一般将 100 Base-T4 和 100 Base-TX 统称为 100 Base-T。

(3)100 Base-FX

100 Base-FX 的标准电缆类型是内径为 62.5 μm、外径为 125 μm 的多模光缆。光缆仅需一对光纤:一路用于发送数据,一路用于接收数据。100 Base-FX 可将网络节点与服务器的最大距离增至 200 m,而使用单模光纤时可达 2 km。100 Base-FX 主要是用作高速局域网的主干网,以提高网络主干速度。

4)3 种物理层标准比较

3 种物理层标准比较,如图 6.12 所示。

物理层标准	电缆类型	电缆对数	接口类型	最大距离	支持全双工
10 Base-TX	5 类 UTP 1 类 STP	2 对双绞线	RJ-45 或 D89	100 m	是
10 Base-T4	3 类、4 类和 5 类 UTP	4 对双绞线	RJ-45	100 m	否
10 Base-FX	多横/单横光纤	一对光纤	MIC,ST,SC	200 m,2 km	是

图 6.12　3 种物理层标准比较示意图

5)快速以太网的优、缺点

①具有较高的性能,适合网络节点多或者对网络带宽要求较高的应用环境。

②基于以太网技术,与现有 10 Base-T 兼容,可以容易地移植到高速网络上,并最大限度地利用已有的设备、电缆布线和网络管理技术。

③它仍然是一种共享式以太网,采用 CSMA/CD 作为介质访问控制方式。当网络节点增加时,网络延时变化较大,会大大降低网络性能,不适合实时性应用。

6.2.4　千兆以太网

1)千兆以太网概述

千兆以太网(又称为吉比特以太网)是近几年推出的高速局域网技术,以适应用户对网络带宽的需求。它在保持了与以太网和快速以太网设备兼容的同时,提供 1 000 Mb/s 的数据带宽。

千兆以太网的研究工作始于 1995 年。IEEE 802.3 委员会于 1996 年 8 月成立了 802.3z 工作组,主要研究使用光纤和短距离 STP 的物理层标准。1997 年初又成立了 802.3ab 工作组,主要研究使用长距离光纤与 UTP 的物理层标准。1998 IEEE 802.3z 正式成为千兆以太网的标准。

千兆以太网保留了传统 100 Base-T 的所有特征,并可从现有的传统以太网和快速以太网的基础上平滑地过渡得到。其速度 10 倍于快速以太网,价格却只有快速以太网的 2 ~ 3 倍。千兆以太网的关键是利用交换式全双工操作部件构建主干网络,连接超级服务器和工作站。千兆以太网未来的发展和应用前景十分广阔。

2)千兆以太网的协议结构

千兆以太网的协议结构,如图 6.13 所示。

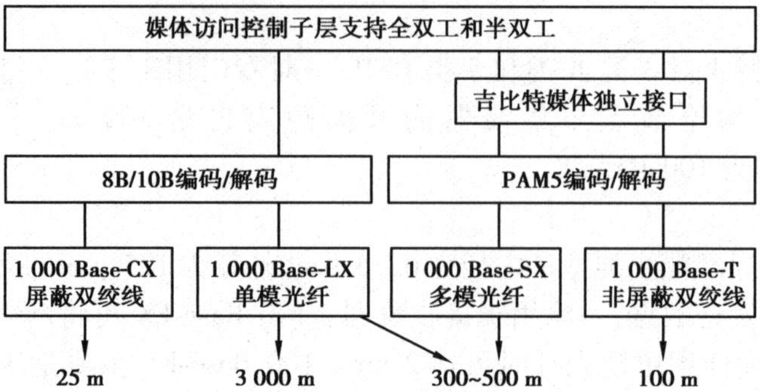

图 6.13　千兆以太网结构示意图

从图 6.12 中可以看出,IEEE 802.3z 只定义了 MAC 子层和物理层。在 MAC 子层中,千兆以太网仍然使用 CSMA/CD 介质访问控制方法。只在物理层中做了一些必要的调整,定义了新的物理层标准 1 000 Base-T。

1 000 Base-T 标准定义了千兆媒体独立接口(Gigabit Media Independent Interface,GMII)。GMII 将物理层和 MAC 子层分割开来,这样物理层的各种变化(如传输介质和信号编码方式的变化)就不会影响到 MAC 子层了。

3)千兆以太网的物理层标准

1 000 Base-T 主要有以下 4 种物理层标准:

(1)1 000 Base-CX

CX 表示铜线,它使用的是 150 Ω 的 STP,采用 8 B/10 B 编码方式,传输速率为 1.25 Gb/s,传输距离为 25 m,主要用于集群设备的连接,如一个交换机房的设备互联。

(2)1 000 Base-T

1 000 Base-T 使用 4 对 5 类 UTP 双绞线全双工工作,采用 PAM5 编码方式,传输距离为 100 m。主要用于结构化布线中同一层建筑的通信,从而可以利用以太网或快速以太网中已铺设的 UTP 电缆。

(3)1 000 Base-SX

SX 表示短波长(使用 850 nm 激光器),使用纤芯直径为 62.5 μm 和 50 μm 的多模光纤时,传输距离分别为 275 m 和 550 m,采用 PAM5 编码方式,适用于建筑物中同一层的短距离主干网。

(4)1 000 Base-LX

LX 表示长波长,使用 62.5 μm 和 50 μm 两种直径的多模光纤和直径为 5 μm、工作波长为 1 300 nm 的单模光纤,采用 8 B/10 B 编码方式,最大传输距离可达 5 000 m,主要用于校园主干网。

4)千兆以太网的技术特点

(1)技术的简易性

千兆以太网保持了传统以太网的技术原理、安装实施和管理维护的简易性。

(2)技术过渡的平滑性

千兆以太网保持了传统以太网的技术原理、主要技术特征,并采用相同的帧格式、帧长度和 CSMA/CD 介质访问控制方法,支持全双工、半双工工作方式,这样能够确保传统以太网到千兆以太网的平滑过渡。

(3)技术手段的高可靠性

千兆以太网保持了传统经典以太网的安装、管理和维护的方法,采用中央集线器和交换机的星型结构和结构化布线方法,确保其高可靠性。

(4)技术的低成本性

网络成本包括设备成本、通信成本、管理成本、维护成本及故障排除成本。由于继承了传统经典以太网的技术,使千兆以太网的整体成本下降。

6.2.5　万兆以太网

1999 年底,IEEE 802 委员会进行万兆以太网技术(10 Gb/s)的研究,并于 2002 年正式发布了光纤标准,2004 年发布了屏蔽铜电缆标准,紧接着 2006 年发布了铜双绞线标准。

万兆以太网使用光纤作为传输介质,使用单模光纤传输距离超过 40 km,多模光纤为 65 ~ 300 m。

万兆以太网采用全双工方式,不采用 CSMA/CD 机制,摆脱了 CSMA/CD 的距离限制,现在正致力于研究“电信级以太网”,对 40 Gb/s 和 100 Gb/s 进行标准化工作。

以太网已经发展了 30 多年,在发展过程中还没有出现过真正有实力的竞争者,其原因在于它简单可靠、易于维护的特性,这也是网络世界中的一个经典名言——“保持简单,否则就傻!”

6.3　令牌网

令牌网也称为“令牌环网”,出现在 20 世纪 80 年代至 90 年代,由 IBM 公司开发。令牌环网是一种定义在 IEE 802.5 中,其中所有的工作站都连接到一个环上,每个工作站只能同直接相邻的工作站传输数据。通过围绕环的令牌信息授予工作站传输权限。

令牌环网是 IBM 公司于 20 世纪 70 年代发展的,21 世纪以后这种网络比较少见。在老式的令牌环网中,数据传输速度为 4 Mb/s 或 16 Mb/s,新型的快速令牌环网速度可达 100 Mb/s。令牌环网的传输方法在物理上采用了星形拓扑结构,但是在逻辑上仍是环形拓扑结构。其通信传输介质可以是无屏蔽双绞线、屏蔽双绞线和光纤等。

6.3.1　令牌环网的结构和组成

1)令牌环网的结构和组成

令牌环中,各工作站以串行方式顺序相连,形成一个封闭的环路,如图 6.14 所示。后来引入了一种被称为多站访问单元(Multi Station Access Unit,MSAU)的设备,工作站先连接到 MSAU 上,多台 MSAU 再连接在一起,形成一个大的圆形环路,如图 6.15 所示。

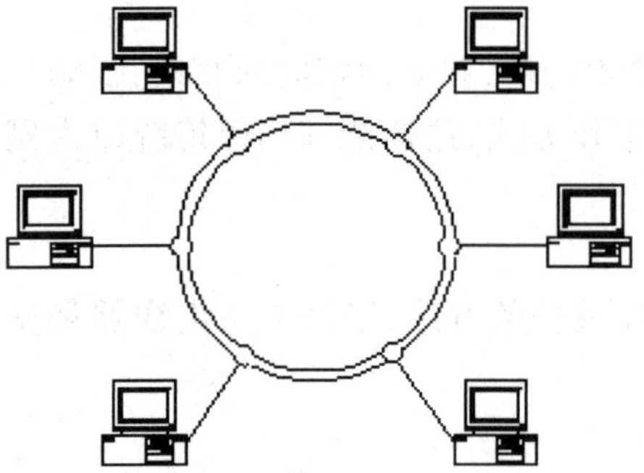

图 6.14　封闭环路

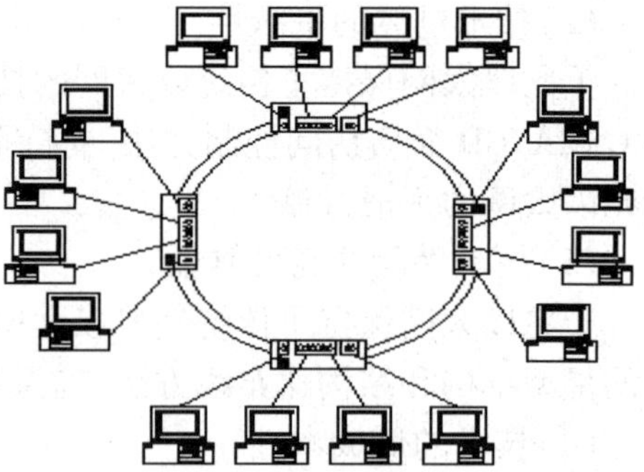

图 6.15　大圆形环路

图 6.16　MSAU 示意图

MSAU 又称为 IBM 8228,如图 6.16 所示,一台 MSAU 最多只能连接 8 台工作站。

组建令牌环网所需的基本部件有多站访问单元、网卡、服务器、工作站、传输介质(双绞线)和连接附加设备等。

2)令牌环网的工作原理

在令牌环介质访问控制方法中,使用一种沿着环路循环流动的特殊数据包——“令牌”。网络中的节点只有截获了令牌后才能发送数据,没有获取令牌的节点不能发送数据。因此,令牌环网中不会产生冲突。

什么是令牌?令牌其实是一种特殊的帧,用于控制网络节点的发送权,只有持有令牌的节点才能发送数据。也就是说,如果某个站有等待传输的帧队列,那么当它接收到令牌时就可以发送帧,再把令牌传递到下一站;如果它没有排队的帧要传送,则它只需简单地把令牌传递下去。需要注意的是,发送节点在获得发送权后就将令牌删除,在环路上不会再有令牌出现,其他节点也不可能再得到令牌,这就保证了环路上某一时刻只有一个节点发送数据,因此,令牌环技术不存在争用现象,它是一种典型的无争用型介质访问控制方式。

令牌环网的工作过程可分为以下 4 个步骤,如图 6.17 所示:首先节点 *A* 截获空闲令牌;然后节点 *A* 将数据帧附在令牌上发送到节点 *C*;*C* 将数据拷贝到自己的缓冲区,令牌继续环行;数据循环一周后,节点 *A* 将其收回;最后节点 *A* 解除令牌的忙状态,令牌又向下一个节点发送,过程重新开始。

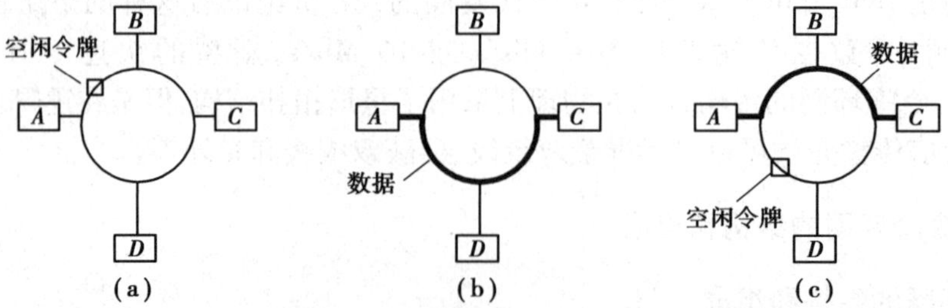

图 6.17　令牌环网工作过程示意图

3)令牌环网的优缺点

①令牌环网的最大优点在于它提供了对传输介质访问的灵活控制,而且在负载很重的情况下,令牌环的控制策略是高效和公平的。

②令牌环网的主要缺点：有较复杂的令牌维护要求。空闲令牌的丢失将降低环路的利用率，令牌重复也会破坏网络的正常运行。

③令牌环网潜在的问题：其中任何一个节点连接出问题都会使网络失效，因此可靠性较差；另外，节点入环、退环都要暂停环网工作，灵活性差。

6.4　FDDI 光纤分布式数据接口

20 世纪 90 年代，一种高于当时的以太网（10 Mb/s）和令牌网（4 或 16 Mb/s）的令牌环网——光纤分布式数据接口（Fiber Distributed Data Intereface，FDDI）出现了。FDDI 的访问方法与令牌环网的访问方法类似，在网络通信中均采用“令牌”传递的方式，但它与标准的令牌环又有所不同。

FDDI 是美国国家标准局于 1989 年制定的一种用于高速局域网的 MAC 标准。其协议标准为 IEEE 802.8，采用光纤作为传输介质、反向旋转双环拓扑结构令牌访问方式。

6.4.1　FDDI 光纤分布式数据接口组成

FDDI 组成结构如图 6.18 所示。

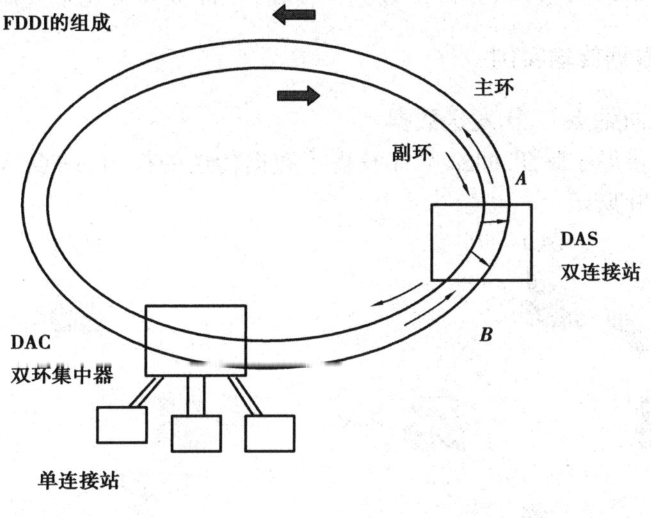

图 6.18　FDDI 组成结构示意图

从 FDDI 的组成结构图中可以看出，它使用双环结构，其网络信息流由类似的两条流组成，两条流以相反的方向绕着两个互逆环流动。其中，一个环称为“主环”，逆时针发送，另一个环称为“副环”，顺时针发送。一般情况下，网络数据信号通常只在主环上流动。如果环失败，令牌网会自动重新配置网络，数据可以沿反方向流到副环上。这种双环结构的优点之一是冗余，一个环用于传送，另一个环用于备份，也就是说，如果出现问题，其中主环断路，副环代替，如图 6.19 所示。

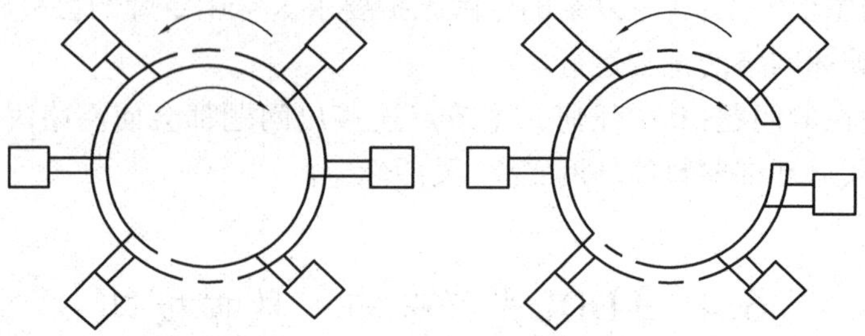

(a)双环结构　　(b)故障时双环连成单环

图 6.19　双环结构示意图

6.4.2　FDDI 的优点

①传输距离远,相邻站间的最大长度可达 2 000 m,而最大站间距为 200 km。

②具有较大的带宽,FDDI 的设计带宽为 100 Mb/s。

③可靠性高,具有对电磁和射频干扰抑制能力,在传输过程中,不受电磁和射频噪声的影响,也不影响其设备。

④它具有较高的安全性,FDDI 使用光纤作为传输媒体,光纤可防止传输过程中被分接偷听,也杜绝了辐射波的窃听,因而是最安全的传输媒体。

⑤FDDI 采用令牌释放技术,允许多数据帧传输,从而提高了宽带利用率。

6.4.3　FDDI 数据传输实例

站点 A,B 分别向站点 C,D 发送数据。

①首先站点 A 获得令牌 T,即站点 A 获得了数据传送的权限,站点 A 向站点 C 发送一个数据帧 F1,如图 6.20 所示。

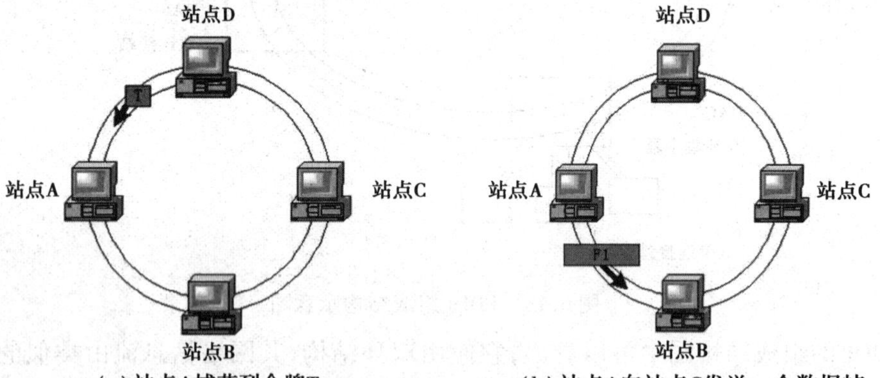

(a)站点A捕获到令牌T　　(b)站点A向站点C发送一个数据帧

图 6.20　数据传输过程示意图

②站点 A 发送完数据帧 F1 后释放令牌 T,站点 B 捕获到令牌 T,开始向站点 D 发送一个数据帧 F2,此时站点 C 接收到数据帧 F1,如图 6.21 所示。

③站点 B 在发送 F2 后释放令牌 T,数据帧 F2 沿环绕行,到达站点 D 后接收。站点 C 在接收到数据帧 F1 后,继续转发数据帧 F1,当数据帧 F1 沿环绕行回到源节点 A 时,被站点 A 接收并删除。同理,数据帧 F2 的源节点 B 接收到绕行一周的 F2 后同样将其删除掉,如图 6.22 所示。

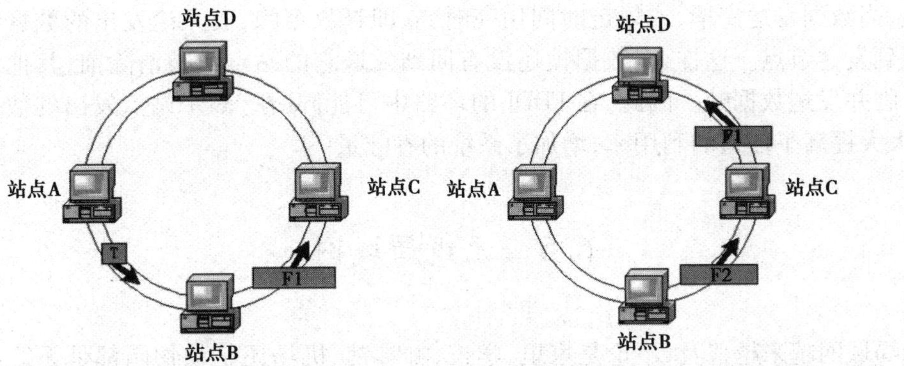

(a)站点A发送完数据帧F1后释放令牌T　　(b)站点B捕获到令牌T，向站点D发送一个数据帧F2，站点C接收到的数据帧F1

图6.21　数据传输过程示意图

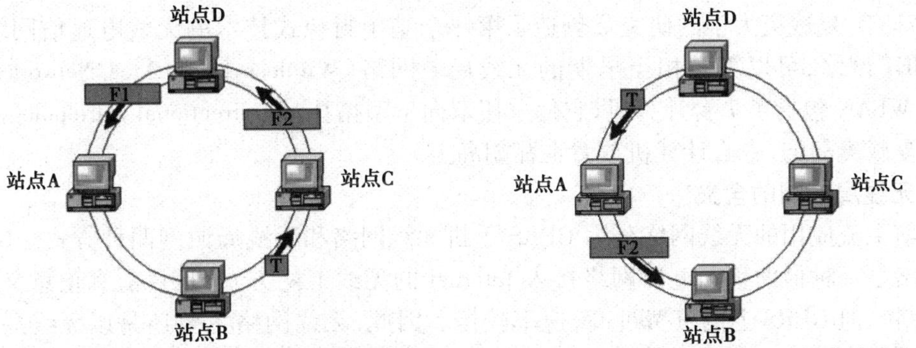

(a)站点B释放令牌T，站点D接收到数据帧F2，站点A接收到F1并将其删除　　(b)站点B接收到数据帧F2，并将其删除

图6.22　数据传输过程示意图(1)

④站点 A 和站点 B 的数据分别向站点 C 和站点 D 发送数据完成，令牌 T 继续绕环运行，等待下一个发送数据的站点将其捕获，如图 6.23 所示。

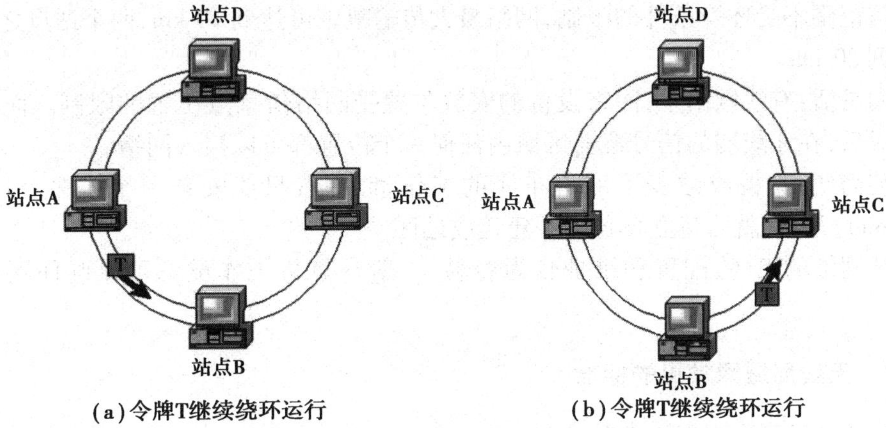

(a)令牌T继续绕环运行　　(b)令牌T继续绕环运行

图6.23　数据传输过程示意图(2)

从上述数据传输实例中可以看出，FDDI 与普通的令牌环网有所不同。令牌环网中，环路上只有一个数据帧在流动。而在 FDDI 中，发送数据的站点在截获令牌后，可以发送一个或多

个数据帧，当数据发送完毕，或规定时间用完时，立即释放令牌，而无论发出的数据帧是否绕行一周回到发送节点。这样，在数据帧还没有回到发送它的站点且被清除前，其他站点有可能截获令牌并发送数据帧。因此，在 FDDI 的环路中可能同时有多个站点发出的数据帧在流动，这就大大提高了信道的利用率，增加了系统的吞吐量。

6.5 无线局域网

无线局域网越来越普及，不论是家里、学校、咖啡馆、机场还是动物园都是无线局域网遍布的地方。

6.5.1 无线局域网的概述

1971 年，夏威夷大学的研究员创造了第一个基于封包式技术的无线电通信网络，被称为 ALOHNET 网络，可以算是相当早期的无线局域网络（Wireless Local Area Network，WLAN）。最早的 WLAN 包括了 7 台计算机，它们采用双向星型拓扑（Bi-directional startopology）结构，横跨 4 座夏威夷岛屿，中心计算机放置在瓦胡岛上。

1）无线局域网的含义

目前主流应用的无线网络分为 GPRS 手机无线网络和无线局域网两种方式。GPRS 手机无线网络是一种借助移动电话网络接入 Internet 的无线上网方式，是目前真正意义上的一种无线网络。但 GPRS 上网资费过高，速率较慢。因此，无线网络主要还是以无线局域网的应用为主。

无线局域网与有线网络的最大不同在于：无线局域网利用电磁波取代了网线。有线网络在某些场合要受布线的限制，存在布线改线工程量大、线路容易损坏、网络中各节点移动不便等诸多问题。无线局域网是为了解决有线网络以上问题而出现的。

2）无线局域网的特点

①通信范围不受环境条件的限制，网络最大传输范围可达到 10 km，两个站点之间的距离目前可达到 50 km。

②使用灵活：有线网络中，网络设备的安放位置受网络信息点位置的限制。而一旦无线局域网建成后，在无线网的信号覆盖区域内任何一个位置都可以接入网络。

③安装简便：免去或减少了网络布线的工作量，一般只要安装一个或多个接入点 AP（Access Point）设备，就可建立覆盖整个建筑或地区。

④局域网络的组建、配置和维护较为容易，一般计算机工作员都可以胜任网络的管理工作。

6.5.2 无线局域网常见的标准

WLAN 的常见标准有以下 5 种：

①IEEE 802.11a，工作在 5.4 GHz 频段，该频段目前暂不开放，需要申请。传输速度可达 54 Mb/s，但传输距离短，抗干扰性差，特别适合在室内及移动环境。

②IEEE 802.11b（主流）：工作在 2.4 GHz 的 ISM（工业、科学、医疗）公共频段；通信速率

11 Mb/s,最大距离室外 300 m,室内约 50 m。当工作站之间的距离过长或干扰过大,信噪比低于某个门限值时,其传输速率可从 11 Mb/s 自动降至 5.3 Mb/s,或者再降至 2 Mb/s 及 1 Mb/s 速率。

③IEEE 802.11g,使用 2.4 GHz 频段,传输速度为 54 Mb/s,可向下兼容 802.11 b/g。

④IEEE 802.11n,使用 2.4 GHz 频段,最大传输速率约为 300 Mb/s,可向下兼容 802.11 b/g。

⑤IEEE 802.15,蓝牙技术是一种用于各种固定与移动的数字化硬件设备之间的低成本、近距离的无线通信连接技术。这种连接是稳定的、无缝的,其程序写在一个 9 mm×9 mm 的微型芯片上,可以方便地嵌入设备中。

目前 IEEE 802.11g/n 两种标准最常用。

以上标准基本都包含 5 个内容:基本的组网方式及结构、协议栈结构、MACA 层协议、数据格式与数据传输、物理层技术和用户认证与信息安全。

除以上标准外,常用的技术标准还有蓝牙技术、家庭网络 HomeRF 技术 和 IrDA(红外线数据标准协会)。

蓝牙技术(IEEE 802.15)是一种用于各种固定与移动的数字化硬件设备之间的低成本、近距离的无线通信连接技术。这种连接是稳定的、无缝的,其程序写在一个 9 mm×9 mm 的微型芯片上,可以方便地嵌入设备之中。大容量近距离无线数字通信的技术标准,其目标是实现 1 Mb/s、最大传输距离为 100 m。很容易穿透障碍物,实现全方位的数据传输。如果设备是属于那种活动范围比较广、要求和多种设备迅速互联,例如,笔记本电脑、数字无绳电话、个人数字助理、手机等,采用蓝牙或无线个人局域网是十分理想的。

家庭网络 HomeRF 技术与数字无绳电话标准的结合,旨在降低语音数据成本。HomeRF 工作在 2.4 GHz 频带上,能同步支持 4 条高质量语音信道,2000 年,传输速率 8 ~ 11 Mb/s,和蓝牙一样,HomeRF 可以实现多个(最多 5 个)设备之间的互联。HomeRF 技术对小型公司或者类似别墅的家庭是再方便不过的,因为这两种环境的活动半径都比 Bluetooth 和 W 规定的活动范围大,同时,一般又小于无线局域网的半径。

IrDA 是一种利用红外线进行点对点通信的技术,无须专门申请特定频率的使用执照,具有移动通信设备所必需的体积小、功率低的特点。传输速率可达 16 Mb/s。对要求传输速率高、使用次数少、移动范围小、价格比较低的设备,如打印机、扫描仪、数码相机等,就可以首选。IrDA 是一种视距传输技术,中间不能有阻挡物;IrDA 设备中的核心部件——红外线 LED 不是一种十分耐用的器件,对不经常使用的扫描仪和数码相机等设备还可以,但如果经常用装配 IrDA 端口的手机上网,可能很快就不堪重负了。

综上所述,IEEE 802.11 系列标准比较适于办公室中的企业无线网络,HomeRF 较适用于家庭中移动数据/语音设备之间的通信,而蓝牙技术则可以应用于任何可以用无线方式替代线缆的场合。目前,这些技术还处于并存状态,从长远看,随着产品与市场的不断发展,它们将走向融合。

6.5.3　无线局域网常用连接设备

1) 无线网卡

无线网卡是无线局域网中接收电磁波信号的一个必不可少的部件。

目前,无线网卡主要分为以下 3 种类型:

(1)PCMCIA 无线网卡

PCMCIA 无线网卡仅适用于笔记本电脑,支持热插拔,能非常方便地实现移动式无线接入,如图 6.24 所示。

(2)PCI 接口无线网卡

PCI 接口无线网卡适用于普通的台式计算机,但要占用主机的 PCI 插槽。

目前无线网卡的规格大致分为2M,5M,11M 3 种,鉴于 PC 和笔记本的轻薄化趋势早期的 PCMCIA 和 ISA 卡都已经淘汰,PCI 接口的无线网卡也趋于淘汰,物理接口减少就用 USB 接口或 USB 转接器弥补,如图 6.25 所示。

图 6.24　无线网卡示意图

图 6.25　PCI 接口无线网卡

(3)USB 接口无线网卡

USB 接口无线网卡适用于笔记本电脑和台式计算机,支持热插拔,如图 6.26 所示。

图 6.26　USB 接口无线网卡

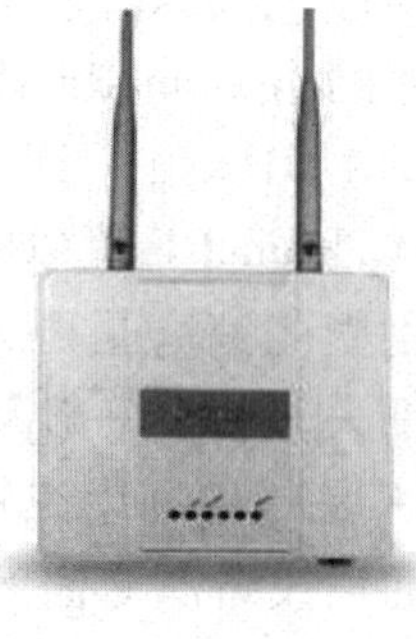

图 6.27　无线接入点 AP

2)无线接入点

①无线接入点(Access Point,AP)是无线信号的发射源,它所起的作用就是给无线网卡提供网络信号。

②AP 主要分不带路由功能的普通 AP 和带路由功能的 AP 两种。前者是最基本的 AP,只提供一个无线信号发射的功能;而带路由 AP 可以实现为拨号 Internet 的 ADSL 等宽带上网方式提供自动拨号功能,如图 6.27 所示。

6.5.4　无线局域网的网络结构

无线局域网可分为两大类:第一类是有固定基础设施的,第二类则是无固定基础设施的。所谓“固定基础设施”是指预先建立起来的、能够覆盖一定地理范围的一批固定基站。大家经常使用的蜂窝移动电话就是利用电信公司预先建立的、覆盖全国的大量固定基站来接通用户手机拨打的电话。

对第一类有固定基础设施的无线局域网,1997 年,IEEE 制定出无线局域网的协议标准——802.11 系列标准,其网络的使用有自组织网络和基站网络两种。

1)自组织网络——对等网络

组成:由无线接口卡的无线终端,特别是移动电脑组成。

连接方式:以相同的工作组名、扩展服务集标识号(Extended Service Set Identifier,ESSID)和密码等对等方式相互直连,在 WLAN 的覆盖范围内,进行点对点通信。

这种网络结构最多有 256 台计算机,用户增加时,冲突厉害,适合用户少且范围小的组网;不能连接外部网络;所有站点共享同一信道,竞争同一信道需采用全向天线。

2)基站网络——以 AP 为中心

①抗毁性差;

②控制所有站点对网络的访问;

③可通过 AP 接入有线网;

④业务量增大时网络吞吐量及时延并不恶化剧烈;

⑤增加网络成本;

⑥最多可接入 1 024 台计算机。

如图 6.28 所示,图中所示的这种模式的网络使用星型拓扑结构,每个客户端与一个中心接入点 AP 相连,该中心接入点 AP 又可以与其他网络相连接,如图 6.29 所示,通过中心接入点和一个有线网络相连后,通过路由器连入因特网。

图 6.28　无线网星型拓扑结构示意图

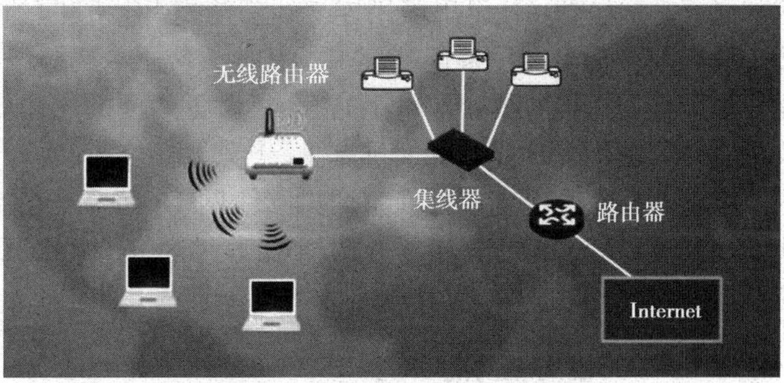

图 6.29　无线局域网结构示意图

通过中心 AP 所形成的局域网就是我们平时所说的 Wi-Fi,在 MAC 层使 CSMA/CA 多点接入载波监听/碰撞避免协议。现在,Wi-Fi 几乎成了无线局域网 WLAN 的同义词。

现在许多地方,如办公室、机场、快餐店、旅馆、购物中心等都能够向公众提供有偿或无偿接入 Wi-Fi 的服务,这样的地点就叫作热点,也就是公众无线入网点。由许多热点和接入点 AP 连接起来的区域叫作热区。

6.5.5　无线个人区域网 WPAN

无线个人局域网 WPAN 就是在个人工作的地方把属于个人使用的电子设备,如便携式电脑、平板电脑、便携式打印机以及蜂窝电话等,用无线技术连接起来的自组织网络,不需要使用接入点 AP,整个网络的范围大约为 10 m。WPAN 可以是一个人使用,也可以是若干人共同使用。这些电子设备可以很方便地进行通信,就像用普通电缆连接一样。现在最常见的无线个人区域网的例子就是我们平时所使用的蓝牙系统。

1）蓝牙系统

最早使用 WPAN 的是 1994 年爱立信公司推出的蓝牙系统，其标准是 IEEE 802.15.1，传输速率为 720 kb/s，距离范围为 10 m，运行在 2.4 GHz 频带上。

蓝牙技术是一种用于各种固定与移动的数字化硬件设备之间的低成本、近距离的无线通信连接技术。这种连接是稳定的、无缝的，其程序写在一个 9 mm×9 mm 的微型芯片上，可以方便地嵌入设备中。同时，它很容易穿透障碍物，实现全方位的数据传输。如果设备是属于那种活动范围比较广、要求和多种设备迅速互联，如笔记本电脑、数字无绳电话、个人数字助理、手机等，采用蓝牙或无线个人局域网是十分理想的。

2）ZigBee

与蓝牙相似，ZigBee 是一种新兴的短距离无线通信技术，用于传感控制应用，是一种物联网无线数据终端，利用 ZigBee 网络为用户提供无线数据传输功能。ZigBee 这个名字来源于蜂群使用的赖以生存和发展的通信方式。蜜蜂通过跳 Z 形的舞蹈，来通知其伙伴所发现的新食物源的位置、距离和方向等信息。ZigBee 是基于 IEEE 802.15.4 标准的低功耗局域网协议，其主要特点是通信距离短，通常为 10～80 m，传输数据速率低 2～250 kb/s，并且成本廉价。

3）高速 WPAN

高速 WPAN 的标准是 IEEE 802.15.3，是专门为在便携式多媒体装置之间传送数据而定制的，支持 11～55 Mb/s 的数据率。这在个人使用的数码设备日益增多的情况下特别方便。例如，使用高速 WPAN 可以不用连接线就能把 PC 机和在同一间屋子里的打印机、扫描仪、外接硬盘以及其他电子设备连接起来。其他人使用数码摄像机拍摄的视频，可以不用连接线就能复制到数码摄像机的存储卡上；在会议厅里的便携式计算机可以不用连接线就能通过投影仪把制作好的幻灯片投影到大屏幕上，十分方便快捷。

我们这里所介绍的都是在室内的无线网络，如果是在室外呢？IEEE 专门推出 802.16 无线城域网 WMAN 标准，提出了 WiMax 技术，将 802.11 和 3G 结合起来，提供类似于 4G 技术的应用，也就是“最后一英里”的宽带无线接入。

6.5.6 无线局域网的实现

简单地讲，无线局域网的组建可由以下两个步骤完成。

①将无线 AP 通过网线与网络接口相连，例如 LAN 或 ADSL 宽带网络接口等。

②为配置了无线网卡的笔记本式计算机或台式计算机提供无线网络信号，当搜索到该无线网络并连接之后，计算机就可以在有效的信号覆盖范围内登录局域网或 Internet 了。

在实际应用中，WLAN 的接入方式很简单，以家庭 WLAN 为例，只需一个无线接入设备——路由器，一个具备无线功能的计算机或终端（手机或 PAD），没有无线功能的计算机只需外插一个无线网卡即可，有了以上设备后，具体操作如下：使用路由器将热点（其他已组建好且在接收范围的无线网络）或有线网络接入家庭，按照网络服务商提供的说明书进行路由配置，配置好后在家中覆盖范围内（WLAN 稳定的覆盖范围大概为 20～50 m）放置接收终端，打开终端的无线功能，输入服务商给定的用户名和密码即可接入 WLAN。

6.6 网络软件

网络的正常工作需要网络软件的支持。通过前面章节的学习,我们知道网络软件一般包括网络操作系统、网络协议软件、网络管理软件、网络通信软件、网络应用软件5个部分。其中,比较重要的是网络操作系统和网络协议软件。

6.6.1 网络操作系统的基本概念

1)网络操作系统的定义

操作系统是计算机软件系统中的重要组成部分,它是计算机与用户之间的接口。

单机的操作系统主要有以下一些基本特点:

①由一些程序模块组成,管理和控制计算机系统中的硬件及软件资源。

②合理地组织计算机的工作流程,以便有效地利用这些资源为用户提供一个功能强、使用方便的工作环境。

③只为本地用户服务,不能满足网络环境的要求。

通常将网络操作系统(Network Operation System,NOS)定义为:使网络上各计算机能够方便而有效地共享网络资源,并为网络用户提供共享资源管理服务和其他网络服务的各种软件与协议的集合。

网络操作系统管理的资源有工作站所访问的文件系统、在网络操作系统上运行的各种共享应用程序、共享网络设备的输入/输出信息、网络操作系统进程间的CPU调度等。

2)网络操作系统的特点

①与硬件系统无关;

②目录服务;

③支持网络管理功能;

④支持多客户端和多用户;

⑤提供用户界面;

⑥安全和存取控制。

6.6.2 网络操作系统的基本功能

1)文件服务(File Service)

文件服务是网络操作系统中最重要与最基本的网络服务功能。网络服务器中重要的资源是目录和文件资源,由于文件资源属于共享资源,这种资源必须允许多个用户共享,因此文件服务要为维护和控制访问这种资源提供技术手段。网络工作站可以根据所规定的权限对文件进行读、写以及其他各种操作,文件服务为网络用户的文件安全与保密提供必要的控制方法,确保文件资源的安全性和完整性。

2)数据库服务(Database Service)

随着网络的广泛应用,网络数据库服务变得越来越重要了。选择适当的网络数据库软件,依照客户、服务器工作模式,开发出客户端与服务器端数据库应用程序,这样,客户端就可以使用结构化查询语言(SQL 语言)向数据库服务器发送查询请求,服务器进行查询后将查询结果传送到客户端。采用客户/服务器结构优化局域网系统的协同操作模式,有效地改善了局域网应用系统的性能。

3)打印服务(Print Service)

打印服务是网络操作系统为用户提供的基本网络服务功能之一。为了减少用户的设备投资,网络系统应该能提供给用户共享较昂贵的输入输出设备,其中,共享打印机的服务是最基本也是用户最需要的设备共享服务。共享打印服务可以通过设置专门的打印服务器来完成或由工作站兼任,也可以由文件服务器担任。共享打印机大多采用客户/服务器控制模式,而且一般只在文件服务器上兼而配置共享打印机。在打印业务较大的网络系统中,可以配置专门的打印服务器。通过打印服务功能,局域网中可以设置一台或几台打印机,网络用户就可以远程共享打印机。

4)通信服务(Communication Service)

局域网提供的通信服务主要有工作站与工作站之间的对等通信、工作站与主机之间的通信服务等功能。局域网可以用存储转发方式或对等的点到点通信方式完成电子邮件服务,目前,已经发展为文本文件、二进制数据文件以及图像、数字视频与语音数据的同步传输服务。

通信服务中使用最为普遍的是电子邮件服务。电子邮件系统是一种通过数据网络实现人与人之间信息交流的非实时的通信手段,被认为是广域计算机网络上应用的最受欢迎的网络应用服务系统。

5)分布式服务(Distributed Service)

网络操作系统为支持分布式服务功能提出了一种新的网络资源管理机制,即分布式目录服务。它将分布在不同地理位置的互联网中的资源组织在一个全局性的、可复制的分布式数据库中,网络中多个服务器都有该数据库的副本,用户在一个工作站上注册,便可以与多个服务器连接。对于用户来说,一个局域网系统中分布在不同位置上的多个服务器资源对它都是透明的,用户可以用简单的方法去访问一个大型网络系统。

6.6.3 网络操作系统的发展

网络操作系统经历了由对等结构向非对等结构演变的过程,如图 6.30 所示。

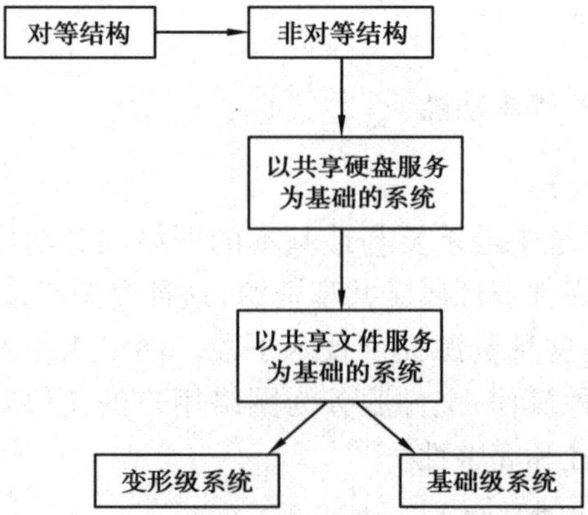

图 6.30 网络操作系统发展示意图

1)对等结构网络操作系统

对等结构网络操作系统具有以下特点:

网络上的计算机平等地进行通信,连网计算机上的资源可相互共享。

①每一台计算机都负责提供自己的资源(文件、目录、应用程序、打印机等),供网络上的其他计算机使用。

②每一台计算机负责维护自己资源的安全性。

对等结构网络操作系统的优、缺点:

①结构简单、网络中任意两个节点均可直接通信。

②用户计算机要承担较重的通信管理、网络资源管理和网络服务管理等工作,性能受到很大影响。

③数据备份困难,无法保证网络的安全性。

2)非对等结构网络操作系统

针对对等结构网络操作系统的缺点,进一步提出了非对等结构网络操作系统的设计思想,即将连网节点分为网络服务器(Network Server)和网络工作站(Network Workstation)两大类。

①网络节点分为服务器和工作站两大类。服务器采用高配置、高性能的计算机,为网络工作站提供服务。而工作站一般为配置较低的PC机,为本地用户和网络用户提供资源服务。

②网络操作系统的软件分为两部分:一是运行在服务器上;二是运行在工作站上。运行在服务器上的软件,是网络操作系统的核心部分,其性能直接决定网络服务功能的强弱。

3)以共享硬盘为服务的网络操作系统

早期的非对等结构网络操作系统以共享硬盘服务器为基础,向工作站用户提供共享硬盘、共享打印机、电子邮件、通信等基本服务。其效率较低、安全性也很差。

4)以共享文件服务为基础的系统

①网络操作系统由文件服务器软件和工作站软件两部分组成。文件服务器具有分时系统文件管理的全部功能,并可向网络用户提供完善的数据、文件和目录服务。

②初期开发的基于文件服务器的网络操作系统属于变形级系统。变形级系统是在单机操作系统的基础上,通过增加网络服务功能而构成的。

③后期开发的网络操作系统都属于基础级系统。基础级系统是以计算机硬件为基础,根据网络服务的特殊要求,直接利用计算机硬件与少量软件资源专门设计的网络操作系统。

目前的网络操作系统基本都属于文件服务器系统,例如,Microsoft公司的Windows NT Server操作系统与Novell公司的NetWare操作系统等。这些操作系统能提供强大的网络服务功能与优越的网络性能,它们的发展为局域网的广泛应用奠定了基础。

6.6.4　Windows NT Server 操作系统

1)Windows NT Server 的发展

①1993年5月,Windows NT 3.1,与DOS脱离,采用了很多新技术,并具有很强的连网功能,但它对硬件资源要求较高,网络功能明显不足。

②1994年9月,Windows NT 3.5,对NT 3.1进行了改进,降低了对硬件资源的要求,增加了与UNIX和INetWare等的连接和集成。

③1996 年 7 月，Windows NT 4.0，在网络性能、网络安全性与网络管理性以及支持 Internet/Intranet 方面，有了质的飞跃。

④Windows NT 操作系统提供了两套软件包，分别是 Windows NT Workstation 和 Windows NT Server。

⑤Windows NT Workstation 是 Windows NT 的工作站版本，它是功能非常强大的标准 32 位桌面操作系统，不仅高效、易用，而且与个人计算机保持兼容，可以满足用户的各种需要。

⑥Windows NT Server 则是 Windows NT 的服务器版本，它为许多重要的商务应用程序提供了一切必要的服务，包括高效可靠的数据库、TBM SNA 主机连接、消息和系统管理服务等。

2) Windows NT Server 的特点

Windows NT Server 是一套功能强大、可靠性高并可进行扩充的网络操作系统，同时还结合了 Windows 的许多优点。总的来看，它的特点主要有以下几点：

(1)内置的网络功能

通常的网络操作系统是在传统的操作系统之上附加网络软件。但是，Windows NT Server 则把网络功能做在了系统中，并将其作为输入输出系统的一部分。

(2)内置的管理

网络管理员可以通过使用 Windows NT Server 内部的安全保密机制，来完成对每个文件设置不同的访问权限以及规定用户对服务器的操作权限等任务。

(3)良好的用户界面

Windows NT Server 采用全图形化的用户界面，用户可以方便地通过鼠标进行操作。

(4)组网简单、管理方便

利用 Windows NT Server 来组建和管理局域网络非常简单，基本不需要学习太多的网络知识，很适合普通用户使用。开放的体系结构，支持多处理器。

6.6.5 Windows 2000 Server

Windows 2000 Server 是 Windows 2000 服务器版，面向小型企业的服务器领域。它的原名就是 Windows NT 5.0 Server。支持每台机器上最多拥有 4 个处理器，最低支持 128 MB 内存，最高支持 4 GB 内存。微软通过 Windows 2000 Server 操作系统达到了软件业很少实现的一个目标：提供一种同时具有改进性和创新性的产品。改进性表现为 Windows 2000 建立于 Windows NT 4.0 操作系统的良好基础之上；创新性表现为 Windows 2000 Server 设置了操作系统与 Web、应用程序、网络、通信和基础设施服务之间良好集成的一个新标准。

Windows 2000 Server 在市场上的占有率越来越大，主要是因为它具有以下 4 个优越的特性：

①它大量采用公开的网络协议标准，使其更容易与 Internet 连接。

②它能在不同平台上运行，可以建立多种类型的网络服务器，如 Web 服务器、邮件服务器、文件服务器和打印服务器等。

③它具有强大的活动目录服务及域管理功能，极大地方便了对网络资源进行集中控制和管理。

④它的用户界面秉承 Windows 版本的一贯风格，使初学者容易学习，是适合各级用户的高性能的 C/S 应用平台。

6.6.6　UNIX 操作系统

1969 年,美国 Bell 实验室首先用汇编语言在 PDP-7 机器上实现了 UNIX 系统。不久后,UNIX 又被用 C 语言对其进行了重写。1976 年和 1978 年分别发表了 UNIX V.6 和 UNIX V.7 的版本,并正式向美国各大学及研究机构提供了 UNIX 的源代码,以鼓励他们对 UNIX 进行改进,从而促进了 UNIX 的迅速发展。1982 年和 1983 年又先后宣布了 UNIX System Ⅲ和 UNIX System Ⅴ;1984 年推出了 UNIX System V2.0;1987 年发布了 3.0 版本,分别简称为 UNIX SVR2 和 UNIX SVR 3;1989 年宣布了 UNIX SVR 4。UNIX 不是网络操作系统,但由于它能支持通信功能,并提供一些大型服务器的操作系统的功能,因此人们通常也把它作为网络操作系统来使用。

早期的 UNIX 是用于小型计算机的操作系统,以替代一些专用操作系统。在这些系统中,UNIX 作为一种多用户、多任务操作系统运行,应用软件和数据集中在一起。经过不断地发展,UNIX 已成为可移植的操作系统,能运行在范围广阔的各种计算机上,包括大型主机和巨型计算机,从而大大扩大了它的应用范围。

UNIX 的出现大大推动了计算机系统及软件技术的发展,UNIX 能获得如此巨大的成功,可归结为它具有以下一些基本特点:

(1)多用户、多任务环境

UNIX 系统是一个多用户、多任务的操作系统,它既可以同时支持数十个乃至数百个用户,通过各自的联机终端同时使用一台计算机,而且还允许每个用户同时执行多个任务。

(2)功能强大、实现高效

UNIX 系统的许多功能在实现上都有其独到之处,并且十分高效。其内部丰富的系统功能使用户能方便、快速地完成其他许多系统所难以实现的功能。

(3)具有很好的可移植性

UNIX 是可移植性极好的网络操作系统,它不仅能广泛地配置在微型机、中型机、大型机等各种机器上,而且还能方便地将已配置了 UNIX 的机器进行连网。

(4)丰富的网络功能

各种 UNIX 版本普遍支持 TCP/IP 协议,并且 UNIX 中还包括了网络文件系统 NFS 软件,客户/服务器协议软件 LAN Manager Client/Server、IPX/SPX 软件等。通过这些产品可以实现在 UNIX 系统之间、UNIX 与 NetWare、Windows NT 等网络之间的互联。

(5)强大的系统管理器和进程资源管理器

UNIX 的核心系统配置和管理是由系统管理器来实施的。利用 SAM 可以大大简化操作步骤,从而显著提高系统管理的效率。而进程资源管理器可以让系统管理员动态地将可用的 CPU 周期和内存的最少百分比分配给指定的用户群和一些进程,从而为系统管理提供额外的灵活性。

6.6.7　Linux

Linux 操作系统是基于 UNIX 操作系统发展而来的一种克隆系统,它诞生于 1991 年的(Linux 桌面)10 月 5 日(这是第一次正式向外公布的时间)。以后借助于 Internet 网络,并通过全世界各地计算机爱好者的共同努力,已成为今天世界上使用最多的一种 UNIX 类操作系统,并且使用人数还在迅猛增长。

Linux 是一个遵循 UNIX 命令及体系结构的多任务和多用户网络操作系统,被广大业内人士普遍认为是最具有发展前途的操作系统,这是由 Linux 优越的性能所决定的:

首先,它的源代码开放。Linux 许多组成部分的源代码是完全开放的,任何人都可以通过 Internet 得到,开发并发布。目前著名的 Linux 版本有 Red Hat Linux 和红旗 Linux。

其次,它支持多种硬件平台。Linux 可以运行在多种硬件平台上,还支持多处理器的计算机。

同时它还支持多种通信协议。在 Linux 中可以使用所有的网络服务,如网络文件系统、远程登录和接入 Internet 等。

虽然 Linux 有如此多的特点,但是它最致命的缺点是其版本繁多却相互之间不兼容。和 Windows 相比,其文件组织形式、操作方法都相对复杂,因此至今未能普及。

6.6.8 网络通信协议

在网络中,通信协议扮演着重要的角色。无论使用哪种网络连接方式,都需要相应的通信协议的支持。如果没有网络通信协议,资源就无法共享,那么网络连接就失去了意义。最常用的通信协议有 TCP/IP 协议、NetBEUI 协议、IPX/SPX/NetBIOS 协议等。

1) TCP/IP 协议

“TCP/IP 协议”是大家最熟知的、最流行的网络通信协议,也是 Internet 的基础,可以跨越由不同硬件体系和不同操作系统的计算机相互连接的网络进行通信。Microsoft 在其 Windows 版本中内置了该协议,而且在 Windows XP 以上版本中都是自动安装的。

2) NetBEUI

NetBEUI 是一个小巧而高效的协议。微软公司在它各个操作系统上都内置了这种 NetBEUI 协议,不需要进行什么设置,仅安装即可。

NetBEUI 协议是专门为通常不超过 200 台计算机组成的小型局域网而设计的协议,不具有跨网段工作的能力,即 NetBEUI 协议不具备路由功能。因此,如果你的计算机安装了多块网卡,每块网卡连接着不同的网段或者想使你的局域网与通过路由器相连的另一个局域网通信时,就不能选用这种协议了。

3) IPX/SPX/NetBIOS 协议

IPX/SPX/NetBIOS 协议是 Novell 公司的通信协议集,不需要进行什么设置,仅安装即可。与 NetBEUI 协议不同的是,IPX/SPX 协议在设计之初就考虑了多个网段问题,具有很强的路由功能,因此它可以应用于大型网络中。

6.6.9 网络操作系统的选择

一般情况下,我们应遵循以下 4 个原则:

①尽量少选用通信协议。除特殊情况外,一个局域网中尽量只选择一种协议。因为通信协议越多,占用计算机的内存就越多。既影响计算机的运行速度,也不利于网络管理。

②对于一个没有对外连接需要的小型局域网,NetBEUI 协议是最佳选择,当网络规模较大,且网络结构复杂时,应选择可管理性和可扩充性较好的协议,如 TCP/IP 协议。

③如果组网的目的之一是玩联网游戏,则最好安装 NWLinkIPX/SPX/NetBIOS 兼容协议,

因为许多网络游戏用该协议实现联机。

④如果难以选择通信协议,则选择 TCP/IP 协议。因为该协议的适应性非常强,可以用于各种类型和规模的网络。

项目小结

社会对信息资源的广泛需求以及计算机技术的广泛普及,促进了局域网技术的迅猛发展。在当今的计算机网络技术中,局域网技术已经占据了十分重要的地位。

本项目讲述了局域网(Local Area Network,LAN)是计算机网络的一种,具体介绍了局域网的基本概念、基本特点和基本组成,使读者对 LAN 的全貌有一个基本的认识和了解;然后详细阐述了 LAN 的拓扑结构、协议结构以及介质访问控制方法,目的是让读者弄清楚 LAN 是怎样工作的,怎样管理数据通信的;这些知识都是本项目乃至全书的重点内容。读者深刻理解并牢固掌握这些基本知识,将对今后自己实际动手组建局域网大有裨益。

思考与练习

一、选择题

1. 局部地区通信网络简称局域网,英文缩写为(　　)。

A. WAN　　B. WAM　　C. SAN　　D. LAN

2. 计算机网络的功能是实现(　　)。

A. 数据处理　　B. 信息传输与资源共享

C. 文献查询　　D. 资源共享与数据通信

3. 对于局域网来说,网络控制的核心是(　　)。

A. 工作站　　B. 网卡　　C. 网络服务器　　D. 网络互连设备

4. 下列(　　)是当今以太网络中最常用的介质类型。

A. 同轴粗缆　　B. 同轴细缆　　C. 光纤　　D. 屏蔽双绞线

5. 以太网在 OSI 模型的哪些协议层上运行?(　　)

A. 网络层　　B. 传输层　　C. 物理层　　D. 应用层

6. ARP 的主要作用是(　　)。

A. 将 URL 转换成 IP 地址　　B. 将 IPv4 地址解析为 MAC 地址

C. 向网络设备提供动态 IP 配置　　D. 将内部私有地址转换为外部公有地址

7. 下列哪项特性使交换机在以太网中比集线器更适合?(　　)

A. 串扰减少　　B. 冲突减少　　C. 支持 UTP 电缆　　D. 分割成多个广播域

8. 以太网在 TCP/IP 网络模型的哪一层工作?(　　)

A. 应用层　　B. 物理层　　C. 传输层　　D. 网络接入层

9. 下列说法中错误的是(　　)。

A. 令牌环上的各站点均有相同的机会公平地获取令牌

B. 令牌环路中只有一个令牌,所以不会产生冲突

C. 令牌环网中,站发送的数据帧由源站撤销

D. 令牌环网中,源站发送的数据帧由目的站撤销

10. 以下哪个缩略语用于表示可为单个用户提供 10 m 覆盖范围的网络?(　　)

A. WWAN　　B. WLAN　　C. WMAN　　D. WPAN

11. 天线主要工作在 OSI 参考模型的哪一层?(　　)

A. 第 1 层　　B. 第 2 层　　C. 第 3 层　　D. 第 4 层

12. 以下无线局域网相关国际标准中,由我国提出的是(　　)。

A. WPA　　B. IEEE802.1x　　C. WEP　　D. WAPI

13. 允许无线局域网节点在 WLAN 外共享一个共同的公共 IP 地址的因特网网关服务是(　　)。

A. DHCP　　B. IP　　C. NAT　　D. TCP

14. 当规划一个无线局域网时,以下哪个特性明确了每个接入点所支持的节点数以及 WLAN 的带宽(　　)。

A. 容量　　B. 覆盖范围　　C. 深度　　D. 拓扑结构

二、填空题

1. 光纤信道有两种传播光的形式:__________和__________。

2. 局域网常用的有线传输介质有__________、__________、__________。

3. 计算机网络一般选用 RG-8 以太网粗缆和 RG-58 以太网细缆。特征阻抗为 750(RG-59)的用于__________。

4. IEEE 802 是一个标准系列中,802.3 是__________标准、802.4 是__________标准、802.5 是__________标准、802.6 是__________标准。

5. 100BASE-TX 使用两对 UP,电缆段的最大长度规定为__________。

三、简单题

1. 局域网具有哪些优缺点?

2. 什么是直通线?

3. 简述无线局域网的优缺点。

实验 6　对等局域网的组建与设置

一、实验目的

1. 了解对等局域网的含义,熟悉局域网组建所需的服务和协议。

2. 掌握网卡驱动程序的安装方法。

3. 掌握对等网络各参数的配置方法。
4. 掌握对等网络中共享资源的使用方法。

二、实验设备

1. 硬件环境:已经建立网络连接的两台计算机、两块网卡及其驱动程序。
2. 软件环境:Windows 10 操作系统。

三、实验内容和步骤

对等网络的硬件部分连接好后,还无法使网络中的计算机实现通信。这就是说,计算机除了硬件部分的连接,还需要安装软件。这里主要介绍通信所需的协议软件的配置。

1. 检查是否安装了网络组件

如果没有安装网络组件,则打开“控制面板”→“网络和共享中心”→“更改适配器设置”窗口,右键单击“以太网”选项,选择“属性”选项,单击“安装”按钮,选取所需的功能组件即可。

2. 为计算机设置标识

步骤1:在桌面上右键单击“此电脑”选项,选择“属性”选项,单击“更改设置”按钮,弹出“系统属性”对话框,如图6.31所示。

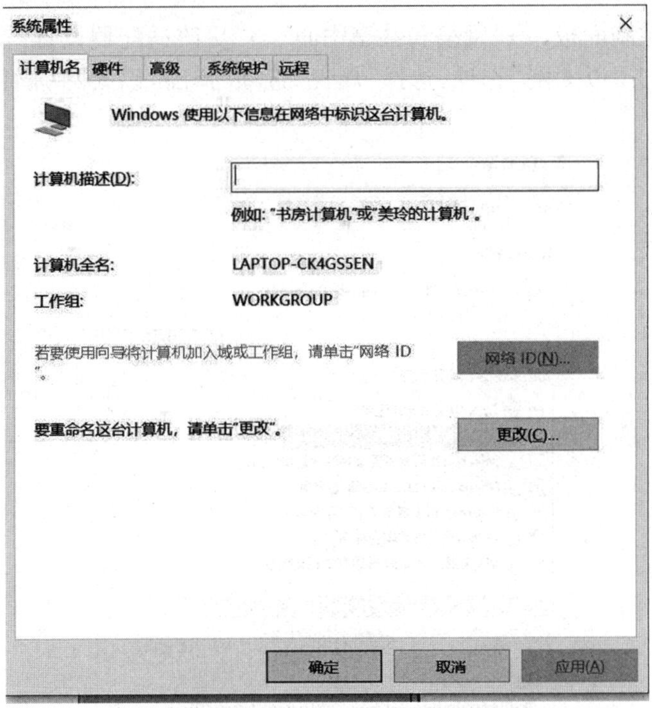

图6.31 “系统属性”对话框

步骤2:单击“更改”按钮,弹出“计算机名/域更改”对话框,输入计算机名称并选择其隶属于“工作组”或“域”,如图6.32所示。

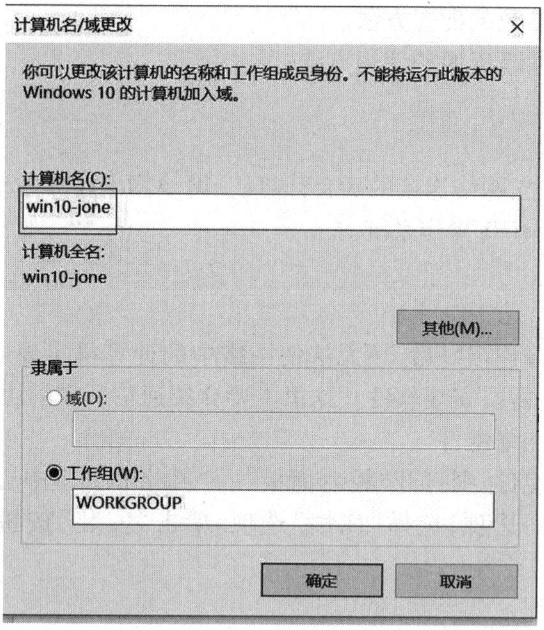

图 6.32 “计算机名/域更改”对话框

3. 配置 TCP/IP 参数

步骤 1:打开“控制面板”→“网络和共享中心”→“更改适配器设置”窗口。

步骤 2:右键单击“以太网”选项,选择“属性”选项,弹出“以太网 属性”对话框,如图 6.33 所示。

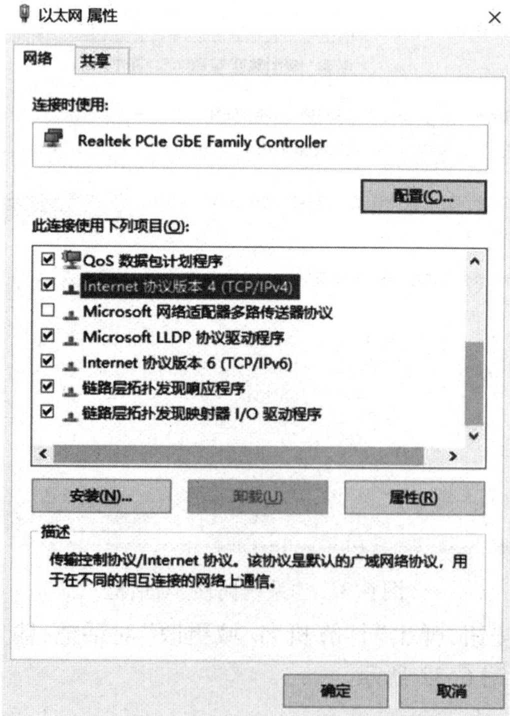

图 6.33 “以太网 属性”对话框

步骤 3:选中“Internet 协议版本 4(TCP/IPv4)”复选框,单击“属性”按钮,弹出“Internet 协议版本 4(TCP/IPv4)属性”对话框,如图 6.34 所示。

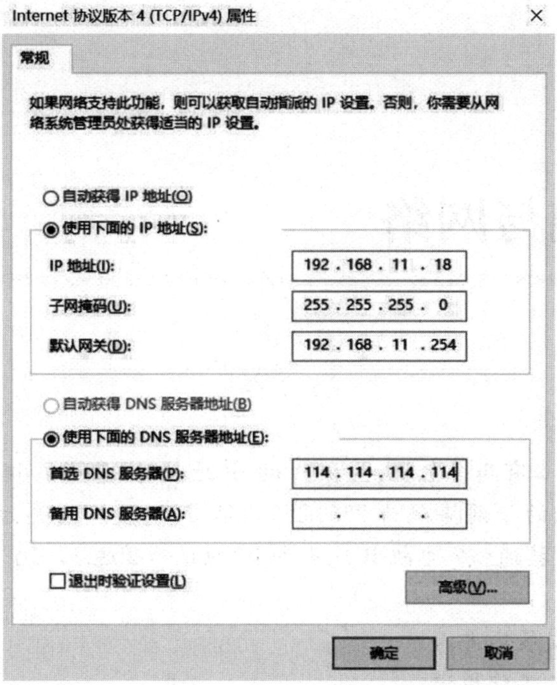

图 6.34　“Internet 协议版本 4(TCP/IPv4)属性”对话框

步骤 4:分别输入对应的 IP 地址、子网掩码、默认网关、DNS 服务器的 IP 地址等内容,单击“确定”按钮。

4. 共享某主机提供的共享资源

在桌面上双击“网络”选项,可以看到连接在对等网中的所有计算机主机名称。双击某主机名称,即可共享对方提供的共享资源。

四、实验思考

1. 能否不安装“服务”组件中的“Microsoft 网络上的文件与打印共享”?
2. 同一工作组中的计算机,在计算机名和工作组名的设置上分别有哪些要求?
3. 对网络中的共享资源,是否意味着可以不受限制地访问? 请举例说明你的结论。

项目 7
Internet 基础与网络

[任务导入]

小张所在的网络中心有两台主机,主机 A 的 IP 地址为 208.17.16.165,主机 B 的 IP 地址为 208.17.16.185,它们的子网掩码为 255.255.255.224,默认网关为 208.17.16.160。试问主机 A 能否和主机 B 直接通信?主机 B 能否和 IP 地址为 208.17.16.34 的 DNS 服务器通信?

[知识目标]

- 了解 Internet 的发展历史。
- 掌握 Internet 基本工作原理。
- 了解 IP 地址协议的作用。
- 掌握子网掩码划分的方法。

[技能目标]

- 学会如何组网并实现信息资源共享,提高办公效率。

[课程思政目标]

通过对本项目的学习,IP 地址、子网划分应用的规范介绍,培养学生按照实事求是的思路分析问题、解决问题、勇于探索工匠精神,从而培养学生“实事求是”的科学探究精神。

7.1 Internet 概述

Internet 是一个全球性的“互联网”,中文名称为“因特网”。它并非一个独立形态的网络,而是将分布在世界各地、类型各异、规模大小不一、数量众多的计算机网络互联在一起而形成的网络集合体,Internet 是当今最大的和最流行的国际性网络。

7.1.1 Internet 的产生和发展

1) ARPANET 的诞生

Internet 起源于美国国防部高级研究计划局,于 1968 年主持研制的用于支持军事研究的计算机实验网 ARPANET。建网的初衷旨在帮助为美国军方工作的研究人员利用计算机进行信息交换。

随着 IP 协议的产生,异种网络互联的一系列理论与技术问题得到了解决,并由此产生了网络共享、网络通信协议分层等重要思想。这些都为当今计算机网络奠定了理论基础。随着 TCP/IP 协议的标准化,ARPANET 的规模不断扩大。不仅在美国内,世界上的很多其他国家也将本地的计算机和网络接入 ARPANET 并采用相同的 TCP/IP 协议。

2) NSFNET 的建立

1985 年,美国国家科学基金会利用 ARPANET 发展起来的 TCP/IP 将全国的 5 大超级计算机中心用通信线路连接起来,建立了一个名为美国国家科学基金网(National Science Foundation NETwork,NSFNET)的广域网。

由于美国国家科学资金的鼓励和资助,许多机构纷纷把自己的局域网并入 NSFNET,连接的范围包括所有的大学及国家经费资助的研究机构。1986 年,NSFNET 建设完成,正式取代了 ARPANET 而成为 Internet 的主干网。它是一个三级计算机网络,分为主干网、地区网和校园网,覆盖了全美主要的大学和研究所。

3) 全球范围 Internet 的形成与发展

除了 ARPANET 和 NSFNET,美国宇航局(NASA)和能源部的 NSINET,ESNET 也相继建成。欧洲、日本等国也积极发展本地网络,于是在此基础上互联形成了现在的 Internet。

20 世纪 90 年代以后,网络商业用户数量日益增加,于是美国政府决定将 Internet 主干网转交给私人公司来经营,并开始对接入 Internet 单位收费。近几年来,Internet 规模迅速发展,已经覆盖了包括我国在内的 160 多个国家,连接的网络数万个,主机达 600 多万台,终端用户上亿,并且以每年 15% ~20% 的速度增长。

7.1.2　Internet 的基本概念

Internet 是由成千上万个不同类型、不同规模的计算机网络互联在一起所组成的,覆盖世界范围的、开放的全球性网络。它拥有数千万台计算机和上亿个用户,是全球信息资源的超大型集合体,所有采用 TCP/IP 协议的计算机都可加入 Internet,实现信息共享和相互通信。

1) Internet 的特点

①Internet 是由全世界众多的网络互联组成的国际互联网。

②Internet 是世界范围的信息和服务资源宝库。

③组成 Internet 的众多网络共同遵循 TCP/IP 协议。

2) Internet 的主要功能

Internet 的主要功能可以归为以下 3 种。

①资源共享。

②信息交流。

③信息的获取与发布。

3) Internet 的主要服务

Internet 在拥有丰富资源的同时,也提供了各种各样的服务方式,总的来说,主要有以下 7 种服务。

①电子邮件服务 E-mail。

②远程登录服务 Telnet 文件传输服务 FTP。

③WWW 服务。

④网络新闻服务。

⑤文件检索服务 Archie。

⑥Gopher 分类目录查询服务。

⑦WAIS 广域信息查询服务电子商务 EC/EB。

7.2 Internet 的结构

Internet 的结构一般包括物理结构和协议结构两种。物理结构通常是指物理连接的拓扑结构;协议结构是指 TCP/IP 协议的构成及层次。

7.2.1 Internet 的物理结构

Internet 的物理结构,实际上是指连入 Internet 的网络之间的物理连接方式。典型结构如图 7.1 所示。

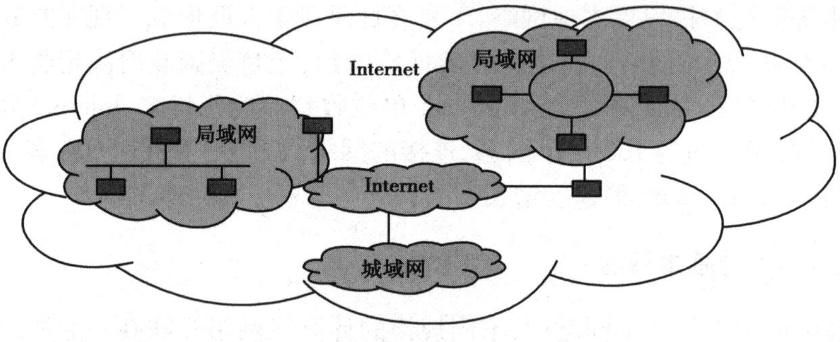

图 7.1 Internet 物理结构示意图

网络中的各用户并不是将自己的计算机直接连接到 Internet 上,而是连接到其中的某个网络上(如校园网、企业网等),该网络再通过使用路由器等网络设备,并租用数据通信专线与广域网相连,成为 Internet 的一份子。

7.2.2 Internet 的协议结构

1) Internet 的协议结构

Internet 使用的是 TCP/IP 协议。TCP/IP 参考模型与 OSI 开放系统互联参考模型类似也采用分层体系结构,自上而下分为 4 层。

TCP/IP 并不仅仅包含 TCP 和 IP 两个协议,它是一组协议,所有的协议都包含在 TCP/IP 组的 4 个层次中。TCP/IP 与 OSI 七层参考模型的对应关系,如图 7.2 所示。

2) TCP/IP 簇

TCP/IP 协议簇是 Internet 的基础,也是当今最流行的组网形式。TCP/IP 是一组协议的代名词,包括许多别的协议,组成了 TCP/IP 协议簇。其中,比较重要的有 TCP(传输控制协议)、IP(网际协议)、ICMP 协议、ARP(地址解析协议)、UDP(用户数据报协议)、FTP(文件传输协议)、DNS(域名系统协议)、HTTP(超文本传输协议)等。

TCP/IP 参考模型	TCP/IP 簇	OSI 参考模型
应用层	Telnet,FTP,SMTP,HTTP,Gopher,SNMP,DNS 等	应用层
		表示层
		会话层
传输层	TCP,UDP	传输层
互联层	IP,ARP,RARP,ICMP	网络层
主机-网络层	Ethernet,X.25,ATM 等	数据链路层
		物理层

图7.2 TCP/IP 与 OSI 七层参考模型的对应关系图

(1)TCP(传输控制协议)

①TCP 是传输层一种面向连接的传输层协议,提供可靠的数据传送。对大量数据的传输,通常都要求有可靠的传送。

②TCP 将源主机应用层的数据分成多个分组,然后将每个分组传送到互联层,互联层将数据封装为 IP 数据报,并发送到目的主机。目的主机的互联层将数据报中的分组传送给传输层,再由传输层对这些分组进行重组,最终还原成原始数据,传送给应用层。

③TCP 要完成流量控制和差错检验的任务,以保证可靠的数据传输。

(2)IP(网际协议)

①IP 的主要任务是对数据包进行寻址和路由选择,并从一个网络转发到另一个网络。IP 在每个发送的数据包前都加入了一个控制信息,其中包含了源主机 IP 地址和目的主机 IP 地址等信息。

②IP 是一个面向无连接的协议,即主机之间事先不需建立用于可靠通信的端到端连接,源主机只是简单地将 IP 数据包发送出去。这样数据包在传输途中可能会丢失、重复或者次序发生混乱。因此,还必须要依靠高层的协议(如 TCP)或应用程序实现数据包的可靠传输。

(3)TCP/IP 簇中的其他协议

①ARP(地址解析协议)。ARP 主要负责将主机的逻辑地址(IP 地址)转换为相应的物理地址(MAC 地址)。这样用户只需给出目的主机的 IP 地址,就可以找出同一物理网络中任意一台主机的物理地址了。

②RARP(反向地址解析协议)。RARP 的功能是将主机的物理地址转换为 IP 地址,它广泛用于获取无盘工作站的 IP 地址。

③ICMP(互联网控制报文协议)。ICMP 的主要作用是为 IP 提供差错报告。由于 IP 是面向无连接的,且不进行差错检验,因而当网络上发生错误时它不能检测错误。向发送 IP 数据包的主机汇报错误是 ICMP 的责任。

④UDP(用户数据报协议)。UDP 是对 IP 的扩充,它增加了一种机制,发送方主机可以使用这种机制来区分一台计算机上的多个接收者。UDP 提供的是一种无连接服务,因而它的服务同样是不可靠的。这种服务不用确认、不对报文排序,也不进行流量控制。

⑤FTP(文件传输协议)。FTP 允许用户可以在本地机上以文件操作的方式(文件的增、删、改、查、传送等)与远程机之间进行相互通信。

⑥TELNET(远程终端访问协议)。TELNET 协议允许本地主机作为仿真终端登录到远程的另一台主机上,将用户请求传送给远程主机,同时也能将远程主机的输出结果通过 TCP 连接返回到用户屏幕。

⑦HTTP(超文本传输协议)。HTTP 主要用于 Internet 中的客户机与 WWW 服务器之间的数据传输。

⑧DNS(域名系统协议)。DNS 主要用于实现域名与 IP 地址之间的转换。

7.2.3 客户机/服务器的工作模式

客户机和服务器都是独立的主机。当一台连入网络的主机向其他主机提供各种网络服务(如数据、文件的共享等)时,它就被称为服务器(Server)。而那些用于访问服务器资源的主机则被称为客户机(Client)。Internet 采用的就是客户机/服务器(CIS)模式,如图 7.3 所示。

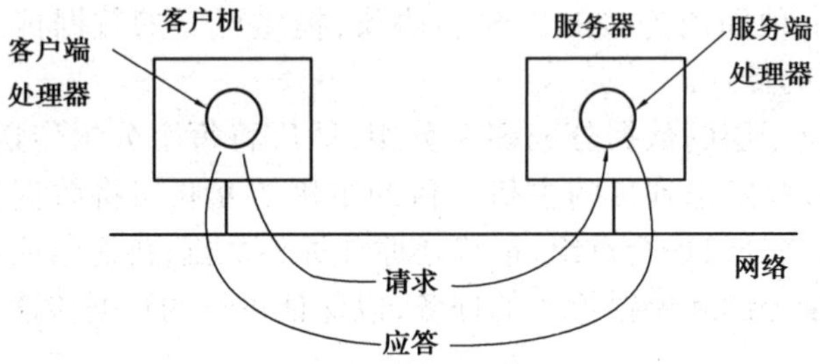

图 7.3　C/S 模式示意图

①客户机的主要功能是执行用户一方的应用程序,与服务器建立连接,并接收服务器送来的结果,以可读的形式显示在本地计算机上。

②服务器的主要功能是执行共享资源的管理应用程序,完成客户请求,形成结果,并将结果传送给客户。Internet 上的大多数信息访问方式都是采用客户机/服务器的工作模式。

7.3 IP 地址

7.3.1 IP 地址概述

Internet 上的不同主机之间要进行通信,除使用 TCP/IP 外,每台主机都必须有一个不与其他主机重复的地址,这个地址就是 Internet 地址,它相当于每台主机的名字。Internet 地址包括 IP 地址和域名地址两种不同的表示方式。

IP 是英文 Internet Protocol 的缩写,意思是"网络之间互联的协议",工作在 TCP/IP 体系结构的网络层。IP 协议是将整个因特网互联在一起的黏合剂,任何厂家生产的计算机,只要遵守 IP 协议就可以与因特网互联互通。

IP 地址则是按照 IP 协议规定的格式,为每一个正式接入 Internet 的主机所分配的、在全世界范围内是唯一的通信地址,它是网络层及以上各层所使用的地址,是一种逻辑地址。

IP 地址是指给 Internet 上的主机分配的一个在全世界范围内唯一的 32 位二进制比特串,

它通常采用更直观的、以圆点“.”分隔的 4 个十进制数字表示，如“192.168.10.58”。

7.3.2　IP 地址的组成与分类

1) IP 地址的组成

每个 IP 地址由网络号和主机号两部分组成，如图 7.4 所示。

图 7.4　IP 地址组成示意图

网络号在 Internet 中是唯一的。同一物理子网的所有主机和网络设备(如服务器、工作站等)的网络号是相同的。而对于不同物理网络上的主机和网络设备而言，其网络号是不同的。

主机号是用来区别同一物理子网内不同的主机和网络设备的。在同一物理子网中，每一台主机和网络设备的主机号也是唯一的。

在 Internet 中根据 IP 地址寻找主机时，首先根据网络号找到主机所在的物理网络，在同一物理网络中，再根据每个节点设备的物理地址(Physical Address)完成主机间的数据交换。

从 IP 地址的结构上来看，IP 地址并不仅仅指明了一个主机，还指明了主机所连接的网络。如果一个主机的地理位置不变，但将其连接到另一个网络上，那么这个主机的 IP 地址必须改变。

2) IP 地址的表示方法

IP 地址以 32 个二进制数字形式表示，不适合阅读和记忆。为了便于用户阅读和理解 IP 地址，Internet 管理委员会采用一种“点分十进制”表示方法表示 IP 地址。

将 IP 地址分为 4 个字节(每个字节 8 个比特)，每个字节用十进制表示，每个十进制数的取值范围为 0 ~ 255，且相邻两个十进制数之间用“.”分隔，如图 7.5 所示。

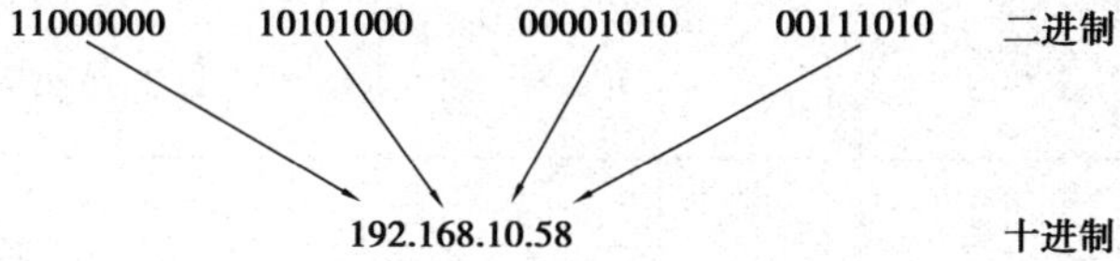

图 7.5　IP 地址点分十进制表示方法

3) IP 地址的分类

IP 地址一共分为 5 类：A 类、B 类、C 类、D 类和 E 类。其中 A、B 和 C 类是基本的 Internet 地址，是用户使用的地址，为主类地址。D 类和 E 类为次类地址，如图 7.6 所示。

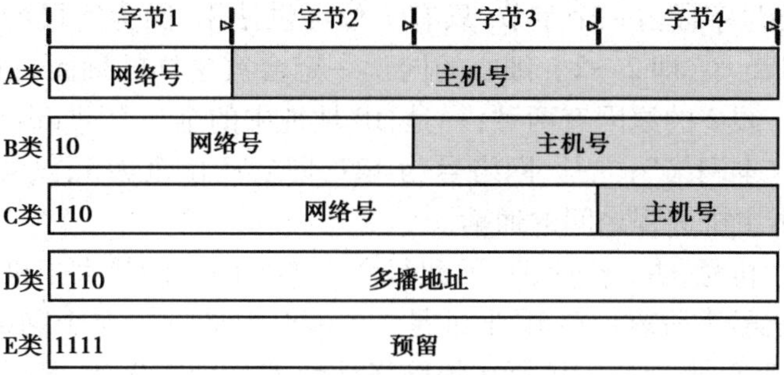

图 7.6　IP 地址的分类

从这张图中可以看出：

①A 类地址的前一个字节表示网络号，且最前端 1 个二进制位固定为“0”。表示的地址范围是从 1.0.0.0～126.255.255.255。A 类地址允许有 $2^7-2=126$ 个网络（网络号的 0 和 127 保留用于特殊目的），每个网络有 $2^{24}-2=16777214$ 个主机。

②B 类地址的前两个字节表示网络号，且最前端的两个二进制位固定为“10”。表示的地址范围是从 128.0.0.0～191.255.255.255。B 类地址允许有 $2^{14}=16384$ 个网络，每个网络有 $2^{16}-2=65534$ 个主机。

③C 类地址的前三个字节表示网络号，且最前端的 3 个二进制位是“110”。表示的地址范围是从 192.0.0.0～223.255.255.255。C 类地址允许有 $2^{21}=2097152$ 个网络，每个网络有 $2^8-2=254$ 个主机。

④D 类地址不标识网络，一般具有其他特殊用途，如供特殊协议向选定的节点发送信息时使用，它又被称为广播地址。它的地址范围是从 224.0.0.0～239.255.255.255。

⑤E 类地址尚未使用，暂时保留将来使用。它的地址范围是从 240.0.0.0～247.255.255.255。

为什么将 IP 地址分为 A 类、B 类和 C 类呢？

因为各种网络的规模差异很大，有的网络拥有很多主机，如 IBM 公司覆盖全世界的网络，有的网络上的主机则很少，如一个小学学校的网络，如图 7.7 所示。

类别	第一字节取值范围	网络标识长度	最大网络数（个）	最大主机数（台）	适用网络规模
A类	1~126（0、127不用）	1字节	126（2^{7-2}）	16777216（2^{24}）	大型网络
B类	128~191	2字节	16384（2^{14}）	65536（2^{16}）	中型网络
C类	192~223	3字节	2097152（2^{21}）	256（2^8）	小型网络

图 7.7　A,B,C 类 IP 地址示意图

这张表格清楚地展示了 A,B,C 三类地址可连接的最大网络数和主机数以及它们的适用网络规模。

A 类地址的网络号字段占一个字节，只有 7 位可供使用，因为字段的第一位已固定为 0。可指派的网络号是 126 个，即 2^7-2。细心的同学一定会有这样的疑问，最大网络数为什么是 126 而不是 2^7 个呢？减 2 的原因有两种：一是，IP 地址中的全 0 表示 this，即全为 0 的 IP 地址是保留地址，意思是“本网络”；二是，网络号为 127，即后 7 位全为 1，这样的网络号是用来为本地软件环回测试本主机进程之间的通信。

而 A 类地址的主机号，占 3 个字节，因此每个 A 类网络中的最大主机数是 $2^{24}-2$。这里减 2 的原因：全 0 的主机号字段表示该 IP 地址是“本主机”所连接的单个网络地址，例如，一个主机的 IP 地址为 5.6.7.8，那么该主机所在的网络地址就是 5.0.0.0。而全是 1 则表示该网络上的所有主机。

整个 A 类地址空间共有 2^{31} 个地址，占整个地址空间的 50%。

参照A类地址讲解,同学们课后可以自己尝试着推导B类和C类网络地址,看结果是否和我们看到的表格一致。

下面给出几个不同的IP地址,一起来判断它们属于哪个网络,以及它们的网络号和主机号分别是多少。

①138.69.35.38 这个IP地址的第一个字节138介于128~191,显然它属于B类地址,那么它的网络号就是IP地址的前两个字节138.69.0.0,主机号就是剩下的两个十进制数35.38。

②210.32.128.6 这个IP地址的第一个字节210介于192~223,因此它属于C类地址,那么它的网络号就是IP地址的前三个字节210.32.128.0,主机号则是最后一个十进制数6。

③66.80.58.18 这个IP地址请大家讨论。

4) Internet 上的几个特殊IP地址

(1)多点广播地址

凡IP地址中的第一个字节以“1110”开始的地址都称为多点广播地址。

(2)“0”地址

网络号的每一位全为“0”的IP地址,称为“0”地址。网络号全为0的网络称为本地子网,当主机想跟本地子网内的另一主机进行通信时,可使用“0”地址。

(3)全“0”地址

IP地址中的每一个字节都为0的地址(“0.0.0.0”)对应于当前主机。

(4)有限广播地址

IP地址中的每一个字节都为1的IP地址(“255.255.255.255”)称为当前子网的广播地址。当不知道网络号时,可以通过有限广播地址向本地子网的所有主机进行广播。

(5)环回地址

IP地址一般不能以十进制数“127”作为开头。以“127”开头的地址,如127.0.0.1,通常用于网络软件测试以及本地主机进程之间的通信。

5) IP 地址和物理地址的转换

IP地址和物理地址之间是有区别的,IP地址只在网络层中使用,其长度为32位。

物理地址工作在网络最底层,其长度为48位。通常将物理地址固化在网卡的ROM芯片中,因此有时也称为“硬件地址”或“MAC地址”。

IP地址是不能被物理网络所识别的,当IP数据报在物理网络中传输时,最终是以48位的MAC地址来完成数据传输的,因此必须在IP地址和物理地址之间要建立映射关系完成地址解析,如图7.8所示。

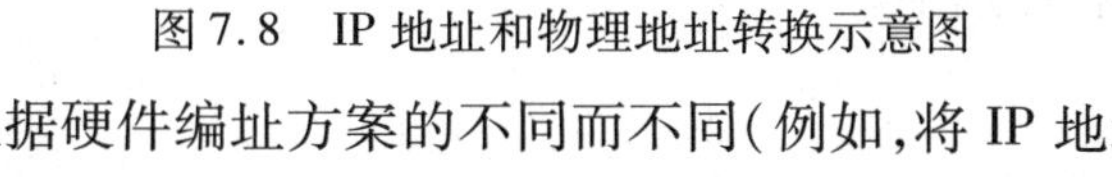

图7.8 IP地址和物理地址转换示意图

地址解析的算法根据硬件编址方案的不同而不同(例如,将IP地址解析为以太网地址的方案和将IP在地址解析为令牌环网地址的方法是不同的)。地址解析工作由ARP完成,地址解析过程如图7.9所示。

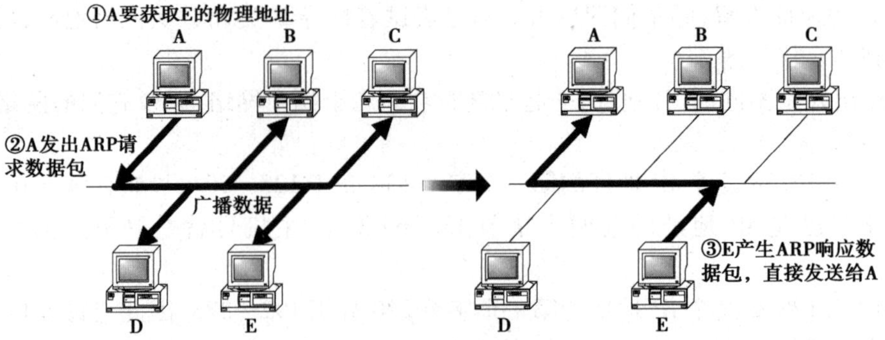

图 7.9　地址解析过程示意图

7.4　IPv6 地址

当一个拥有 2^{31} 人口的国家中每个人都拥有一台台式计算机、一台笔记本电脑或者一个 IP 智能手机时,就不得不使用 IPv6 地址了。

7.4.1　IPv6 概述

IPv6 是英文“Internet Protocol Version 6”(互联网协议第六版)的缩写,是互联网工程任务组(Internet Engineering Task Force,IETF)设计的用于替代 IPv4 的下一代 IP 协议,其地址数量号称可以让地球上的每一粒沙子都拥有一个地址。由于随着互联网的迅速发展,IPv4 定义的有限地址空间将被耗尽,地址空间的不足必将妨碍互联网的进一步发展,因此拟通过 IPv6 重新定义地址空间而进一步扩大地址空间。IPv6 的地址长度为 128 位,地址几乎可以不受限制地提供。按保守方法估算,IPv6 实际可分配的地址在整个地球的每平方米面积上仍可分配 1 000 多个地址。在 IPv6 的设计过程中,除了地址短缺问题被一劳永逸地解决外,还考虑了在 IPv4 中解决不好的端到端 IP 连接、服务质量(QoS 安全性、多播、移动性、即插即用)等主要问题。

7.4.2　IPv6 地址的特点

IPv6 地址的特点主要包括以下几点。

①扩展了地址空间:地址有 16 字节共 128 位长,可以提供几乎不受限的 IP 地址空间。IPv6 中取消了广播地址而代之以任意广播地址。

②简化了包头格式:IPv6 包头有 8 个字段,总长固定为 40 字节;与 IPv4 相比较更简洁、灵活,效率更高,易于扩展。

③更好地支持扩展和可选项。

④认证和加密。

⑤增加了流标记。

⑥IPv6 更多的支持服务类型,如实时应用、IP 电话等。

⑦更好的移动性。

⑧IPv6 支持未来协议的扩展。

7.4.3　IPv6 地址的表示方法

IPv6 地址有 3 种地址表示方法。

1)冒号十六进制表示法

IPv6 地址一共有 128 位长度(IPv4 一共是 32 位长度),每 16 位为一个分组,每个 16 位分组写成 4 个十六进制数,一共分为 8 组,中间用冒号分隔,例如:

2001:3CA1:010F:001A:121B:0000:0000:0010

这种表示方法就是一个完整的 IPv6 地址格式,一共用冒号分为 8 组,每组 4 个十六进制数,每个十六进制数占 4 位,那么 4 个十六进制数字就是 4×4=16 位,即每组是 16 位,8 组就是 128 位。

2)IPv6 地址的零压缩表示法

将冒号十六进制格式中相邻的连续零位合并,用双冒号表示"::",并且双冒号在地址格式中只能出现一次。上面例子中将连续的零位合并,就是 2001:3CA1:10F:1A:121B::10。

3)内嵌 IPv4 地址的 IPv6 地址表示法

Pv4 向 IPv6 过渡时,需要两者进行转换,则 IPv6 也有内嵌 IPv4 的格式;

格式为 x:x:x:x:x:x:d.d.d.d;x 为 4 个十六进制数,d 为十进制数,与 IPv4 表示一样。

7.4.4　地址前缀的文本表示

IPv6 地址前缀可以表示为前缀+接口标识,如图 7.10 所示。前缀:相当于 IPv4 的网络号;接口标识:相当于 IPv4 的主机号。IPv6 的前缀如同 IPv4 的网络号一样,用于区分不同的地址类型;各种类型都有着各自的领域。前缀没有规定用多少位表示,不同的类型有着不同的前缀表示。接口 ID 可以使用 IEEE EUI-64 规范、设备随机生成以及人工手动配置。这样就彻底告别了 IPv4 的掩码,前缀是规定好的,接口标识可以随机产生。

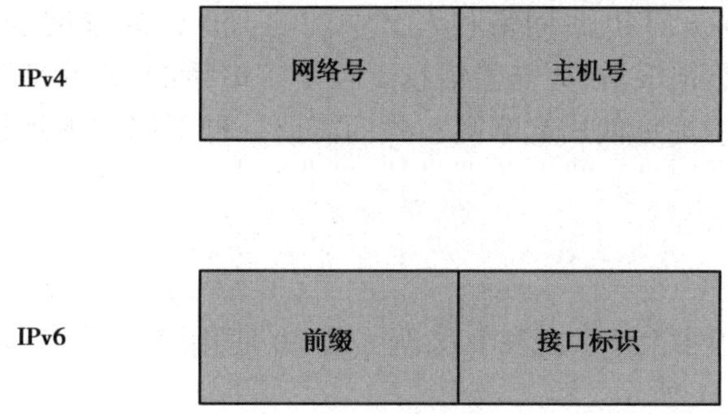

图 7.10　IPv4 和 IPv6 地址前缀对比示意图

7.4.5　从 IPv4 到 IPv6 的实现技术

在互联网呈现爆炸式发展的今天,IPv4 网络地址数量匮乏等问题将会影响我国的互联网发展与应用,制约物联网、5G 等新业务开展。2019 年 4 月工信部发布了《关于开展 2019 年 IPv6 网络就绪专项行动的通知》,重点任务包括网络基础设施 IPv6 能力就绪等。IPv6 即互联网协议第六版,是互联网工程任务组设计的用于替代 IPv4 的下一代 IP 协议,使用 IPv6 网络不仅能解决网络地址资源数量的问题,而且也解决了多种接入设备连入互联网的难题。

目前,对 IPv4 至 IPv6 改造提供 3 种解决方案,即双栈技术模式、隧道技术模式、地址转换模式。

(1)双栈技术模式

在同一个网络上运行两个彼此独立的平面:一个 IPv4 网络平面;一个 IPv6 网络平面,各自维护自己的 IGP/EGP 状态及路由。在这种模式下,IPv4 和 IPv6 共存,既不影响现有的 IPv4 业务,也可满足 IPv6 的新需求。但这种模式下实施成本较高,一是需要全网的网络设备支持;二是全网设备 IGP/EGP 调整工作难度较大,如果仅在小范围内实施,这是一种比较好的选择模式。

(2)隧道技术模式

这种模式运用于 IPv4 和 IPv6 的边界。首先,借助 IPv4 网络来建立 IPv4 隧道,然后实现 IPv6 点到点访问,通常用于 IDC 出口边界或内部 IGP 跨域访问。技术协议包括 6in4 隧道、DS+NAT、DS-Lite 等。隧道模式是 3 种改造方式中最便捷的一种,但是对内网 IGP 协议以及关键链路流量用量有一定的要求。

(3)网络地址转换/协议转换技术

这种模式是在不改动现有网络结构的情况下,通过地址转换协议,进行 IPv4 到 IPv6 或 IPv6 到 IPv4 访问转换,可满足 IPv4 与 IPv6 之间的双向访问需求。技术部署协议包括 NAT 46,一般面向数据中心出口,提供由外到内、由内到外的映射。这种模式对设备性能要求较高,适合会话较小的业务。

7.5 子网和子网掩码

学校信息工程学院为其局域网申请了一个 IP 地址(128.208.0.0.)供其 138 台主机连入因特网。一年后,医学院的 146 台网络和人文学院的 156 台局域网也想连入因特网,如果再申请 2 个 IP 地址块显然很浪费,而先前信息工程学院申请的 IP 地址还有很多空余的地址没有用,如何将这些空余的地址使用起来呢?我们需要一种不同的地址组织方式来解决这个问题,这就是子网划分。

7.5.1 子网

子网是指把单一的网络划分成多个物理网络,并使用路由器将其互连起来,这些物理网络就称为子网,如图 7.11 所示。

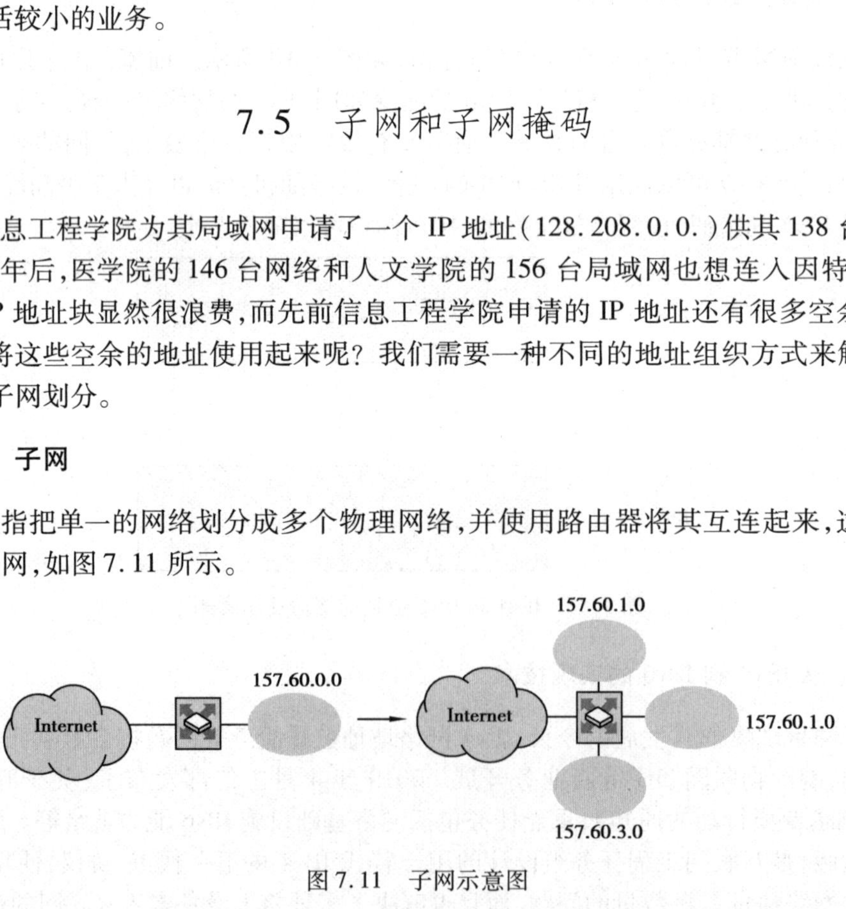

图 7.11 子网示意图

子网划分技术是一种 IP 地址复用方式，它是将 IP 地址中原来的主机部分，我们也称为本地部分，进一步划分为“物理网络”部分和“主机”部分，其中“物理网络”用于标识同一 IP 网络地址下的不同物理网络，即我们所说的“子网”。

对子网划分，可以将表示主机号的二进制数中划分出一定的位数用作本网的各个子网，剩余部分作为相应子网的主机号。划分多少位二进制给子网，取决于具体的需要。在划分子网以后，IP 地址实际上就由网络号、子网号和主机号 3 个部分组成，如图 7.12 所示。

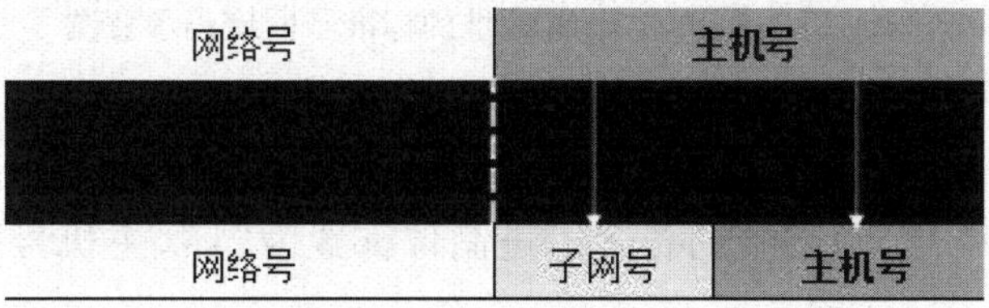

图 7.12　IP 地址组成示意图

划分子网的优点：有利于充分使用 IP 地址空间、使物理网络易于管理、提高网络的可靠性等。

按照这个思想来看上面的问题。一个主机地址 16 位的空间被分割成多片，块的一半（一个 17 位的地址空间）被分配给了信息工程学院，四分之一（一个 18 位的地址空间）分配给了医学院，八分之一（一个 19 位的地址空间）分配给了人文学院，剩下的八分之一未分配，可以给其他学院使用。

当一个 IP 数据包到达 128.208.0.0 路由器时，路由器会根据目的地址将该数据包转发到相应的子网上。

7.5.2　子网掩码

1）子网掩码

子网掩码为 32 位二进制数值，分别对应 IP 地址的 32 位二进制数值。对于 IP 地址中的网络号部分在网络掩码中用“1”表示，对于 IP 地址中的主机号部分在网络掩码中用“0”表示。

子网掩码（Subnet Mask）也是一个“点分十进制”表示的 32 位二进制数，通过子网掩码，可以指出一个 IP 地址中的哪些位对应于网络号（包括子网号）、哪些位对应于主机号。并说明该 IP 地址是在局域网上还是在远程网上。

用子网掩码判断 IP 地址的网络号与主机号的方法是：用 IP 地址与相应的子网掩码进行“AND”运算，这样可以区分出网络号部分和主机号部分。对于子网掩码的取值，通常是将对应于 IP 地址中网络号和子网号的所有位都设置成“1”，对应于主机号的所有位都设置成“0”。

2）A 类、B 类、C 类 IP 地址的标准子网掩码

由子网掩码的定义，可以很容易得出 A 类地址、B 类地址和 C 类地址的标准子网掩码，如图 7.13 所示。

3）确定子网掩码的步骤

确定子网掩码的步骤可归纳如下：

①首先根据网络类型确定每一个子网的网络号。

②然后确定所需的子网数和每个子网的最大主机数。

地址类型	点分十进制表示	二进制子网掩码表示			
A类	255.0.0.0	11111111	00000000	00000000	00000000
B类	255.255.0.0	11111111	11111111	00000000	00000000
C类	255.255.255.0	11111111	11111111	11111111	00000000

图 7.13 A,B,C 类 IP 地址的标准子网掩码示意图

③确定需要多少位子网号来标识网络上的每一个子网。

④确定需要多少位主机号来标识每个子网上的每台主机。

⑤把已确定的网络号+子网号的各个二进制位都置为“1”,主机号对应的二进制位都置为“0”。

⑥最后再将该子网掩码的二进制表示形式转化为十进制形式,即所需的子网掩码。

[**例** 7.1] 已知 IP 地址是 141.14.72.24,子网掩码是 255.255.192.0,试求该 IP。

子网掩码是 11111111111111111100000000000000,将这两个 IP 地址作与运算,因为子网掩码的前两个字节全为 1,所以与运算后的前两个字节为 141.14,只要对后 2 个字节进行与运算即可,得到网络地址 141.14.01000000。00000000,十进制为 141.14.64.0。

[**例** 7.2] 根据例 7.1 中的子网掩码 255.255.224.0,试求该 IP 地址所在的网络地址。

通过同样的方法,可以得出网络地址为 141.14.64.0。

这个例子说明同样的 IP 地址和不同的子网掩码可以得出相同的网络地址,但是不同的子网掩码的效果是不同的。在例 7.1 中,子网号是 2 位,主机号是 14 位;在例 7.2 中,子网号是 3 位,主机号是 13 位,它们所划分的子网数和每一个子网中的主机数是不一样的。

那么我们又是如何通过子网掩码来判断两个主机是否属于同一子网呢?

[**例** 7.3] 202.114.80.1 主机号为 00000001,202.114.80.16 主机号为 00010000,子网掩码为 255.255.255.224,那么这两个主机是否属于同一个网段呢?

通过子网掩码可知,这是一个 C 类网络,所以同上面所讲,解决这个问题的关键也是看子网掩码的最后一个字节 224。224 的二进制形式为 11100000,这说明前三位为子网号,后五位为主机号。而该题中的两个主机的最后一个字节的前三位均为 000,由此可以说明它们属于同一子网,即它们之间的信息交换可以不通过路由器。

假如把第二个主机的 IP 地址换为 202.114.80.130,也就是它的主机号为 10000010,前三位 100 与 000 不同,说明两者属于不同的子网,要交换的信息需要通过主路由器,在它们各自的子网上的主机号各为 1 和 2。

子网掩码决定了一个网络的子网数目和每个子网的主机数,以 B 类地址为例,这个表说明了采用固定长度子网号位数后的子网数和主机数,子网数是根据子网号 N 计算得到的,为 2^N-2 个,表中子网号位数中没有 0,1,15,16 这 4 种情况,因为这没有意义。可以看出,如果使用较少位数的子网号,则每一个子网上可连接的主机数就较多;反之,如果使用较多位数的子网号,则子网数较多,但是每个子网上可连接的主机数就较少。因此,可以根据网络的具体情况(一共需要划分多少个子网,每个子网中最多有多少台主机)来选择合适的子网掩码。

7.5.3 子网划分应用讨论

1)子网掩码的作用

①充分利用 IP 地址,减少地址空间浪费。它可将一个网络划分为多个子网,增加了灵活性,便于网络管理。

②便于网络设备尽快地区分本子网地址和非本子网地址。用来判断任意两个 IP 地址是否属于同一子网,这时只有在同一子网的计算机上才能"直接"互通。

2)IP 地址的子网地址判断例题

[问题1] 有两个B类IP 地址,130.111.8.245 和130.111.5.230,子网掩码为255.255.255.0,判断它们是否属于同一子网?

有两种方法可以判断这两个 IP 地址是否属于同一子网。

①将 IP 地址 130.111.8.245 和 130.111.5.230 分别与子网掩码 255.255.255.0 做逻辑"与"运算,比较得到的网络地址是否相同。若相同则属于同一子网。

②由于是一个 B 类地址,因此子网号在后两个字节,将子网掩码和两个 IP 地址的后两个十进制数分别转换为二进制数,根据子网掩码的规则,我们知道这一 B 类 IP 地址的子网位数为 8 位,比较 IP 地址的后 16 位号码的前 8 位是否相同;若相同,则属于同一子网。

由以上两种方法可以得到,这两个 IP 地址不属于同一子网。

3)划分子网问题

解决该类问题的核心在于:划分子网时,子网位数不同,可划分的子网数就不同,每个子网可用的子网主机数也不同。

表中列举出来了使用固定长度子网的 B 类地址的子网划分选择,这是使用固定长度子网的 C 类地址的子网划分选择。

从 C 类地址子网划分表中可以看出,假设需要将一个网络划分成 12 个子网,这时子网号位数就应该为 4 位,子网掩码为 255.255.255.240,可以将整个网络划分成 14 个可用的子网。

[问题2] 有 3 个局域网,主机数量分别是 38,46,56,均少于 C 类地址允许的最大主机数 256。那么为这 3 个局域网申请 3 个 C 类 IP 地址显然有些浪费。假设只申请了一个 C 类地址 202.207.175.0,请问如何划分子网能够满足需求。

①从问题中可知,需要将整个网络划分成至少 3 个子网,这样只有将子网位数设为 2 时,才能够满足需求,也就是说,可以有 4 个子网,子网掩码为 255.255.255.192。

②划分成 4 个子网后,因为子网号占 2 位,所以主机号占 6 位,每个子网中的可用主机数为 62 台,满足题目中 3 个子网中的主机数要求。

③为每个子网规划网络地址。

第一个局域网的 IP 地址范围为 202.207.175.0—202.207.175.63,子网掩码为 255.255.255.192。

第二个局域网的 IP 地址范围为 202.207.175.64—202.207.175.127,子网掩码为 255.255.255.192。

第三个局域网的 IP 地址范围为 202.207.175.128—202.207.175.191,子网掩码为 255.255.255.192。

[问题3] 恩施××技术学院信息工程学院分配了一个C类网络地址,网络号为192.168.10.0,现在需要将其划分成3个子网,其中一个子网(3楼学生机房)有100台主机,其余的两个子网(行政用子网、教师用子网)各有50台主机。如何合理使用这个C类网络地址呢?

①按照问题2的解题思路,我们会发现,当将子网位数设为2,子网掩码为255.255.255.192时,可以有4个子网;但是每个子网中的可用主机数为62台,能够满足机关用子网、教师用子网的主机数要求,但是不能满足学生用子网的主机数要求,也就是说,在所有子网中都使用一个子网掩码时这一问题是无法解决的。

②当将子网位数设为1,子网掩码为255.255.255.128时,可以有两个子网,每个子网中的可用主机数为126台,能够满足学生用子网的主机数要求。

③考虑子网划分的思路:先将整个网络分为两个子网(子网号位数设为1),一个子网分配给学生子网用;再将第二个子网进一步划分成两个子网(子网号位数设为2),分配给机关用子网、教师用子网。

④为每个子网规划网络地址:

学生用子网的IP地址范围为192.168.10.128—192.168.10.255,子网掩码为255.255.255.128。

行政用子网的IP地址范围为192.168.10.0—192.168.10.63,子网掩码为255.255.255.192。

教师用子网的IP地址范围为192.168.10.64—192.168.10.127,子网掩码为255.255.255.192。

7.6 域名系统

当用户与互联网上的主机通信时,必须知道对方的IP地址。但是每个IP地址都是由32位的二进制组成,即使是十进制的IP地址表示形式,用户想要记住也是很难的一件事,况且互联网有那么多的主机,这时就可以使用域名。

7.6.1 什么是域名

IP地址是一个具有32位比特长度的二进制数,对于计算机网络来讲,数字型IP地址自然是最有效的,但对于一般用户来说,要记住IP地址比较困难。

为了向一般用户提供一种直观明了的主机识别符(主机名),TCP/IP专门设计了一种字符型的主机命名机制,给每一台主机一个由字符串组成的名字,这种主机名相对于IP地址来说是一种更为高级的地址形式,我们将它称为域名。

互联网中的域名系统DNS被设计成一个层次树状结构的联机分布式数据库系统,并且采取的是客户服务器的方式。DNS使大多数名字都在本地进行解析,只有少量的解析需要在互联网通信,因此效率很高。采取分布式的一个好处是,即使单个计算机出了故障,也不会妨碍DNS系统的正常运行。

域名到IP地址的解析是通过许多分布在互联网上的域名服务器完成的。解析的主要过程如下:当一个主机中的进程需要把域名解析成 IP 地址时,该进程就会调用解析程序,并成为 DNS 的一个客户,把待解析的域名放在 DNS 的请求报中,以 UDP 用户数据报方式发送给本地域名服务器。本地域名服务器在查找域名后,把对应的 IP 地址放在回答报文中返回。获得 IP 地址的后主机即可进行通信。

7.6.2 域名系统的层次命名机构

层次域名机制是指按层次结构依次为主机命名。名字空间被分成若干级域名,并授权相应的机构进行管理,该管理机构又有权对其所管辖的这一级域名进一步划分,并再授权其他相应的机构进行管理。

①首先由中央管理机构将第一级域名划分为若干个部分,包括一些国家代码和美国的各种组织机构的域名。

②第一级域名将其各部分的管理权授予相应的机构,再由它们负责分配第二级域名。第二级域名往往表示主机所属的网络性质,比如是属于教育界(EDU)还是政府部门(GoV)等。

③第二级域名又将其各部分的管理权授予若干机构。如将 EDU 的域名管理权授予教育部,NET 的域名管理权授予国家邮电部等,如此下去,域名空间的组织管理便形成了一种树状的层次结构,如图 7.14 所示。

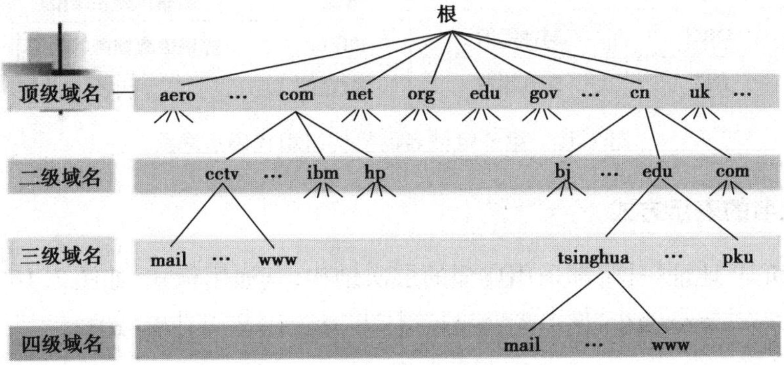

图 7.14 域名系统层次示意图

通过域名树的方式查看域名的结构,可以看出,它实际上是一个倒过来的树,最上面的是根,没有对应的名字。因为根没有名字,所以根下面的一级节点就是顶级域名,往下同理。以 www. baidu. com 为例,www 是三级域名,baidu 是二级域名,com 是顶级域名,各级域名之间通过.相连。每个互联网上的主机域名都对应一个 IP 地址,并且这个域名在互联网中是唯一的。

一些国家或地区一级域名的代码,见表 7.1。

表 7.1 一级域名的国家或地区代码

国家或地区名称	域名	国家或地区名称	域名
中国	CN	日本	JP
巴西	BR	韩国	KR
加拿大	CA	中国澳门	MO

续表

国家或地区名称	域名	国家或地区名称	域名
澳大利亚	AU	俄罗斯	RU
法国	FR	新加坡	SG
德国	DE	中国台湾	TW
中国香港	HK	英国	UK

第一级域名的机构组织代码及意义，如图 7.15 所示。

域名代码	意义
COM	商业组织
EDU	教育机构
GOV	政府部门
MIL	军事部门
NET	网络支持中心
ORG	其他组织
INT	国际组织

1997年新增的第一级域名代码	
FIRM	商业公司
STORE	商品销售企业
WEB	与WWW相关的单位
ARTS	文化和娱乐单位
REC	消遣和娱乐单位
INFO	提供信息服务的单位
NOM	个人

图 7.15　第一级域名的机构组织代码示意图

7.6.3　域名的表示方式

域名结构和 IP 地址一样，都采用典型的层次结构，其通用格式，如图 7.16 所示。

第四级域名 | · | 第三级域名 | · | 第二级域名 | · | 第一级域名

图 7.16　域名结构示意图

①在 www.scu.edu.cn 名字中，www 为主机名，由服务器管理员命名；scu.edu.cn 为域名，由服务器管理员合法申请后可以使用。其中，scu 表示四川大学，edu 表示国家教育机构部门，cn 表示中国。

www.scu.edu.cn 表示中国教育机构四川大学的 www 主机。

②域名地址是比 IP 地址更高级、更直观的一种地址表示形式，它们都是 Internet 地址的两种不同的表示方法。在叫法上应严格区分，不能弄混。

7.6.4　域名服务器和域名的解析过程

1）域名服务器

①为了用户使用和记忆方便，通常习惯使用域名来表示一台主机，但主机域名不能直接用于 TCP/IP 的路由选择中。当用户使用主机域名进行通信时，必须先将其映射成 IP 地址，实现这种转换的主机称为域名服务器（DNS Server）。

②域名服务器是一个基于客户机/服务器的数据库，在这个数据库中，每个主机的域名和

IP 地址是一一对应的。

③域名服务器的主要功能是:回答有关域名、地址、域名到地址或地址到域名的映射的询问以及维护关于询问类型、分类或域名的所有资源记录的列表。

2)域名的解析过程

①将主机域名映射为 IP 地址的过程称为域名解析。域名解析包括正向解析(从域名到 IP 地址)以及反向解析(从 IP 地址到域名)。Internet 的域名系统 DNS 能够透明地完成此项工作。

②域名到 IP 地址之间的转换具体可分为两种情况:一种是目标主机(要访问的主机)在本地网络;另一种是目标主机不在本地网络。

③对于第一种情况,解析过程比较简单:

首先,客户机向本地域名服务器发出域名解析的请求。其次,本地域名服务器检查其管理范围内主机的域名,查出目标主机的域名所对应的 IP 地址。最后,将解析出的 IP 地址返回给客户机。

对于第二种情况,解析过程相对复杂一些,以 www. sina. com. cn 的 IP 地址为例。

首先,客户机向自身指定的本地 DNS 服务器发出域名解析的请求,请求得到 www. sina. com. cn 的 IP 地址;其次,收到查询请求的本地 DNS 服务器若未能找到其对应的 IP 地址,则立即从根域层的域名服务器开始自上而下逐层查询,直到找到对应该域名的 IP 地址为止;再次,sina. com. cn 域名服务器给本地 DNS 服务器返回 www. sina. com. cn 所对应的 IP 地址;最后,本地 DNS 服务器向客户机发送一个包含有 www. sina. com. cn IP 地址回复。整个域名的解析过程如图 7.17 所示。

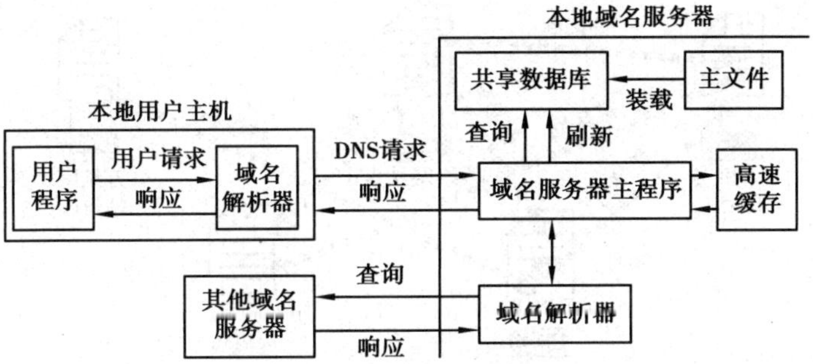

图 7.17　域名解析过程

7.7　Internet 服务

7.7.1　万维网

1)万维网概述

万维网(World Wide Web)并非某种特殊的计算机网络。万维网是一个大规模的、联机式的信息储藏所,英文简称 Web。万维网用链接的方法能够非常方便地从因特网上的一个站点访问另一个站点,从而主动按需获取丰富的信息。这种访问方式称为“链接”。

2）万维网发展历程

1965 年，Ted Nelson 首创了“超文本”术语。

1990 年，欧洲粒子物理实验室 CERN 出版了命令行浏览器，浏览服超文本文件及 CERN 的 USENET，导致万维网的诞生。1993 年 1 月，全世界共有 30 台 Web 服务器。

1993 年，伊利诺斯大学开发了称为“马赛克”（Mosaic）的软件。实现了文字和图像的“超媒体”链接显示。

1994 年，伊利诺斯大学推出了第一代万维网浏览器 Netscape Navigatoro。

3）万维网提供分布式服务

可以将 WWW 比喻成因特网 Internet 上的一个超大型的虚拟图书馆；“WWW 站点”、“Web 站点”、网站或“Web 节点”就像图书馆中的一本本书；“Homepage”或“主页”就是某个 WWW 站点的起始页，它像是一本书的封面或目录；“Web 页”或“网页”则是书中的某一页；每个页面中包含有指向其他页面的“链接”（link），用户单击一个“链接”就可以跟随这个“链接”来到它所指向的页面，这个“链接”也称为“超链接”（hyperlink）。超链接是实现 WWW 分布式服务的基础。

如图 7.18 所示，这个图中画了 5 个万维网上的站点，他们分布在全球各地。每一个万维网站点都存放了许多 Web 页，在这些 Web 页中有一些地方的文字或者图标使用特殊方式显示，如用不同颜色或者下画线，而当我们将鼠标移动到这里时，鼠标的箭头就变成了一只手的形状，这说明这些地方有一个“超链接”。例如，在站点 A 的某个 Web 页中有两个“超链接”1 和 2，当鼠标单击超链接 1 时，就会链接到站点 B 的某个 Web 页；而站点 B 的这个 Web 页中又有两个“超链接”3 和 4，当鼠标单击超链接 3 时，就会链接到站点 C 的某个 Web 页。

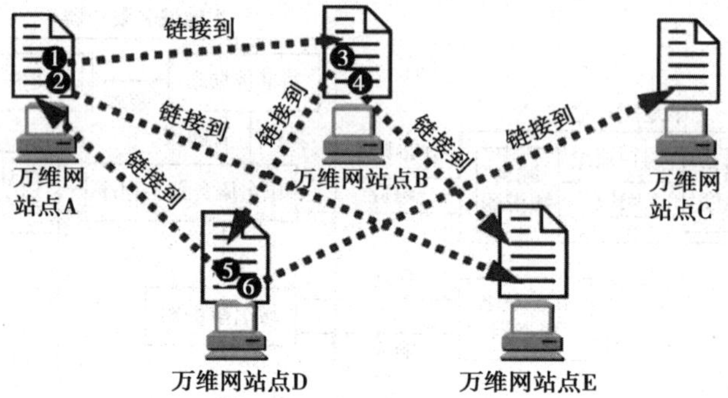

图 7.18 万维网示意图

我们把包含指向其他文档的链接的文本称为“超文本”，如果不仅包含文本，还包含图形、图像、声音、动画、视频，则称为“超媒体”。超文本体现的是非线性结构思想，阅读时，不用按线性方式顺序往下读，而是有选择地阅读自己感兴趣的部分。超媒体与超文本的区别是文档内容不同。超文本文档仅包含文本信息，而超媒体文档还包含其他表示方式的信息，如图形、图像、声音、动画甚至活动视频图像。

4）万维网体系结构

万维网以客户机-服务器方式工作。通常将观看 Web 页的程序称为浏览器（Browser），IE，Chrome，Firefox 是比较流行的浏览器。Web 页所驻留的主机则运行服务器程序，称为万维网服务器，Apache Tomcat、IIS 是最常见的服务器软件，如图 7.19 所示。

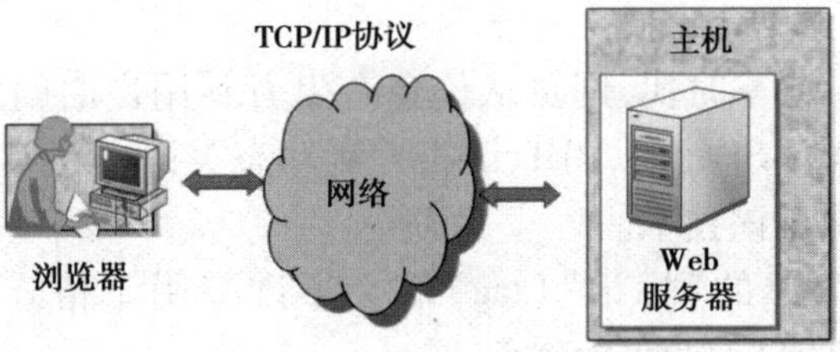

图 7.19　万维网体系结构示意图

5）统一资源定位符 URL

统一资源定位符 URL 是对可以从因特网上得到的资源的位置和访问方法的一种简洁表示。URL 给资源的位置提供了一种抽象的识别方法，并用这种方法给资源定位。只要能够对资源定位，系统就可以对资源进行各种操作，如存取、更新、替换和查找其属性。URL 相当于一个文件名在网络范围的扩展。因此，URL 是与因特网相连的机器上的任何可访问对象的一个指针。

URL 包括 3 个部分，即<协议>：//<主机>：<端口>/<路径>，可以用来表示因特网上的任何资源，包括 Web 页、图片、视频等文档。

协议是指通信协议，即使用什么协议来获取该万维网文档，最常用的协议就是 Http 超文本传送协议，其次是 FTP 文件传送协议。

主机是指文档所在的主机域名。端口指协议端口号，TCP/IP 协议中为主要的协议分配有系统端口号，如 Http 使用 80 端口，FTP 使用 21 端口，这时端口就可以省略不写。路径是文档在主机上的文件目录结构，如果访问的是主页，这时路径可以省略不写。

例如，http：//www. eszy. edu. cn/，表示访问恩施××技术学院网站的首页，如图 7.20 所示。

图 7.20　恩施××技术学院网站首页示意图

网页中包含文字、图片、视频、超链接等多种元素，WWW 从最早的 HTML 超文本标记语言、CSS 层叠样表到 JSP、OWL 等语言，由此历经了 Web 1.0，2.0，3.0 时代。

(1)Web 1.0

Web 1.0 是一个信息共享时代,网页从信息产生者到用户之间是一个单向流程;主要以HTML 语言编制静态页面;ASP,JSP,PHP 语言编制动态页面。新浪、搜狐、腾讯、盛大、百度、Google 等门户网站广泛使用该技术。

HTML 语言用非常简单的"标记"(tag)定义了许多用于格式排版的命令。如<FONT COLOR=RED>定义文字的显示颜色为红色。

动态网页是融合了应用程序、数据库技术、电子商务、检索、地图都是动态页面的应用代表。

(2)Web 2.0

Web 2.0 是一个信息共建时代,强调参与和互动,所有人既是资源的产生者又是信息的提供者。

BLOG、Wiki、社会网络服务、站点摘要、标签是 2.0 时代的典型应用,由此产生了维基百科、新浪微博、twitter 推特、人人网等一大批的新生网站。

XML 可扩展标记语言和 Ajax 语言功不可没,它们使得不同的设备之间可以进行数据交换与处理,实现动态显示与交互。

(3)Web 3.0

Web 3.0 也称为 Semantic Web,是一个知识传承时代,使用 OWL 网络本体语言 Web Ontology Languag 作为语义互联网的标准建模语言。

在 Web 3.0 中,智能语义程序介入网络资源流程中,机器之间是可理解的、可自动处理,因此,网站内的信息可以直接和其他网站相关信息进行交互,能通过第三方信息平台同时对多家网站的信息进行整合使用;用户在互联网上拥有自己的数据,并能在不同网站上使用;完全基于 Web,用浏览器即可实现复杂系统程序才能实现的系统功能,如一些统计、图表分析功能。

Web 3.0 提供的是语义搜索,可以从词语的语义层次上认识和处理用户的检索请求,帮助用户缩小搜索范围,为解决问题而提供方案和参考。

Web 发展了几十个春秋,虚拟实现、实时、推送、富媒体、线下访问、移动、GPS 地理位置等新生事物层出不穷,Web 技术发展越来越快,其应用规模也越来越大。

7.7.2 电子邮件

电子邮件(E-mail)是因特网上使用最多和最受用户欢迎的一种应用,因为它比纸质信件更快更便宜,不仅可以传送文字信息,还可以附上声音和图像。

1)E-mail 体系结构

一个电子邮件系统包括用户代理、邮件服务器和电子邮件协议 3 部分。人们通过用户代理读取、阅读和发送电子邮件,邮件服务器负责将用户邮件从源端移动到目的地,如图 7.21 所示。

(1)用户代理

用户代理又称为电子邮件客户端软件,是用户与电子邮件系统的接口。比如,微软的 Outlook、谷歌的 Gmail 都是很受欢迎的电子邮件用户代理。

用户代理至少应当具备以下 4 个功能:一是撰写邮件;二是能方便显示信件,包括来信附件中的声音和图像;三是能够发送和接收邮件;四是邮件阅读后删除、存盘、打印和转发等操作。

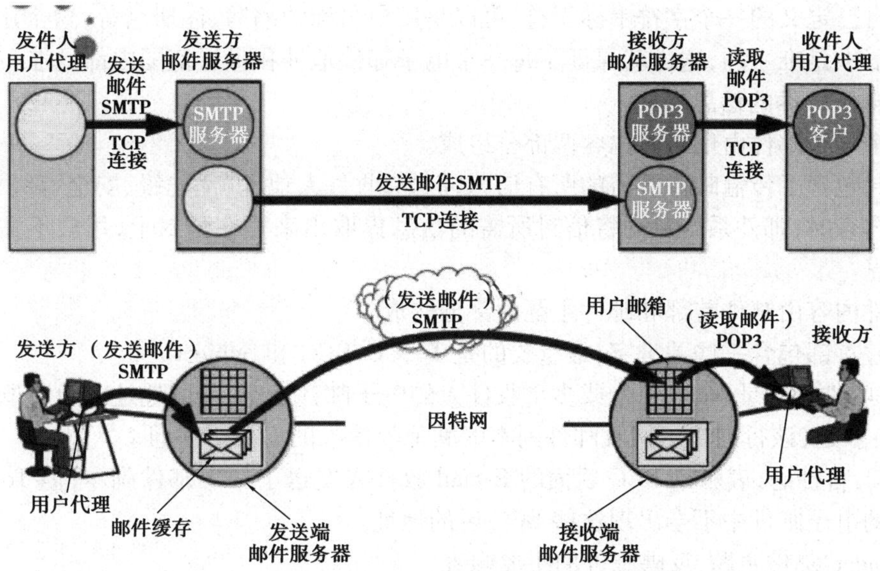

图 7.21　E-mail 体系结构

(2)邮件服务器

邮件服务器负责发送、接收、转发电子邮件,同时还要向发件人报告邮件传送的结果。邮件服务器 24 h 不间断地工作,并负责维护、管理用户邮箱。邮箱是在邮件服务器中为每个合法用户开辟的一个存储用户邮件的空间,用来为用户存储接收的电子邮件;每个邮箱都是私人的,拥有账号和密码属性,合法用户才能阅读邮箱中的邮件。

(3)电子邮件协议

邮件服务器按照客户机——服务器方式工作,需要使用两种不同的协议:一种协议在邮件服务器之间发送邮件,如邮件发送协议 SMTP;另一种协议如邮局协议 POP3。

电子邮件是基于计算机网络的通信系统,因此,在接收和发送时必须遵循一些基本协议。首先是简单邮件传输协议(SMTP),用于用户代理向邮件服务器发送邮件或负责邮件服务器之间的传送,包括定义电子邮件信息格式和传输邮件标准;其次是邮局协议(POP3),用于用户代理从邮件服务器读取邮件;除这两个协议外,还有网际报文存取协议(IMAP)和通用因特网邮件扩展协议(MIME)。

网际报文存取协议也是一个邮件读取协议,但它比邮局协议复杂,其最大的好处就是用户可以在不同的地方用不同的设备阅读和处理同一邮件。

通用因特网邮件扩展协议则是为了满足用户对多媒体电子邮件和使用本国语言发送邮件的需求,有了 MIME,邮件中才能附加不同格式的文字(中文、英文、日文、俄文等)、图像、音视频等多媒体内容。

2)电子邮件地址

在电子邮件系统中,用户代理和邮件服务器都是根据电子邮件地址来传送邮件的,这与我们生活中邮局按照信封上的邮寄地址投递信件相似。

电子邮件系统规定电子邮件地址的格式是:用户名@ 邮件服务器的域名。

例如,在电子邮件地址“eszy2023@ sina. com”中,“sina. com”就是邮件服务器的域名,而“eszy2023”就是在“sina. com”邮件服务器中收件人的用户名,也就是收件人的邮箱名,是由收件人为自己定义的一个字符串标识符,可以是用户名称的缩写、注册名等,这个用户名在该邮件服务器中是唯一的,这样就保证了每一个电子邮件地址在世界范围内都是唯一的。

3)电子邮件的信息格式

一个电子邮件由信封和内容两部分组成。

信封包含了传输邮件所需的所有信息,例如,收件人地址、优先级、安全等级等;当用户写好邮件内容时,邮件系统自动将信封所需的信息提取出来写在信封上,用户不需要填写信封上的信息。

邮件内容由邮件首部和邮件主题两部分构成。

邮件首部包含一些关键字,最重要的是 To,CC,BCC 和 Subject。

To:收件人地址,填入一个或多个收件人的电子邮件地址,不同地址之间用逗号分开。

CC:抄送,该行列出了接收邮件副本的其他收信人的 E-mail 地址。

BCC:盲抄送,表示给 BCC 后面的 E-mail 收件人发送了一个邮件副本,但 To 后面的收信人收到的电子邮件中不会出现这些 BCC 后的地址。

Subject:邮件主题,反映邮件的主要内容。

4)WebMail

20 世纪 90 年代中期,Hotmail 引入了基于 Web 的电子邮件,今天许多著名的网站如谷歌的 Gmail、雅虎 Mail、网易、新浪都提供了基于万维网的电子邮件。WebMail 是一个软件实例,利用 Web 通过浏览器代替用户代理,为用户提供邮件服务。

如图 7.22 所示,假定用户 A 向网易网站申请了一个电子邮件地址 AAA@ 163. com。当用户 A 需要发送或接收邮件时,它首先要登录到网易的邮件服务器,输入用户名和密码后,就可以编写、发送和读取自己邮箱 AAA 中的邮件。注意电子邮件从 A 的浏览器发送到网易邮件服务器时,不是使用 SMTP 协议,而是使用 HTTP 协议。假定 A 用户发送邮件给地址为 BBB@ sina. com 的用户 B,用户 B 从其新浪邮箱中读取 A 发来的邮件时,仍然使用的是 HTTP 协议,而不是 POP3 协议。

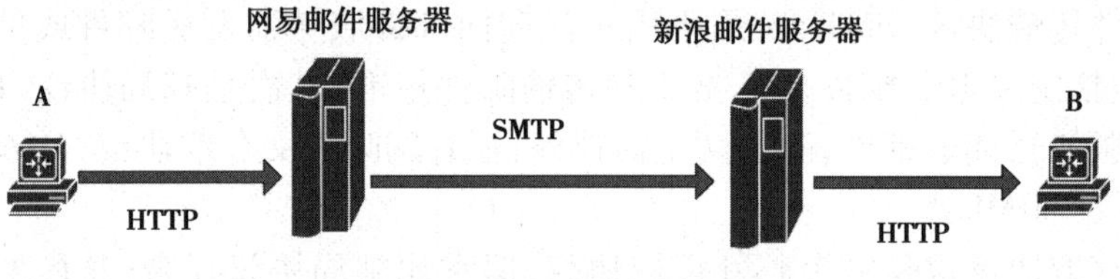

图 7.22　WebMail 示意图

目前绝大多数人都在使用 WebMail,但是不幸的是大多数 WebMail 都是邮寄宣传品或者垃圾邮件,但我们仍然还在使用它,因为 E-mail 非常不拘小节,使用门槛较低。

项目小结

Internet 是目前最大的全球互联网络,它连接着全世界成千上万个网络。近年来,Internet 的日益发展和壮大让我们看到了它对社会的巨大影响力。21 世纪是计算机与网络的时代,谁能够更好地利用网络,谁就将成为信息时代的主人。因此,掌握 Internet 基础知识是现代人必备的技能之一。

本项目首先介绍了 Internet 的基本概念、基本特点及其产生的历史背景,目的是让读者清楚地了解 Internet 的由来;其次对 Internet 的物理结构、协议结构、地址结构、子网掩码、域名系统等重要问题进行深入、详细的探讨,目的是使读者对 Internet 有一个全面的理解,真正把握住它的核心内容。

思考与练习

一、选择题

1. B 类地址 154.19.2.7 的哪一类部分是网络地址?(　　)

A. 154　　B. 154.19　　C. 154.19.2　　D. 154.19.2.7

2. C 类 IP 地址,每个网络可有(　　)台。

A. 127　　B. 254　　C. 512　　D. 1024

3. IP 地址是一组(　　)位的二进制数组成的。

A. 8 位　　B. 16 位　　C. 32 位　　D. 64 位

4. IP 地址 202.201.216.62 是属于哪类地址?(　　)

A. A　　B. B　　C. C　　D. D

5. 一个子网网段地址为 2.0.0.0,掩码为 255.255.224.0 网络,它的一个有效子网网段地址是(　　)。

A. 2.1.16.0　　B. 2.2.160.0　　C. 2.3.48.0　　D. 2.4.172.0

6. 一个子网网段地址为 5.96.0.0,掩码为 255.224.0.0 网络,它允许的最大主机地址是(　　)。

A. 5.127.255.254　　B. 5.128.255.254

C. 126.255.254　　D. 5.129.255.255

7. 一个了网掩码为 255.255.248.0 的网络中,合法的网络地址是(　　)。

A. 150.150.42.0　　B. 150.150.15.0

C. 150.150.7.0　　D. 150.150.96.0

8. 如果 C 类子网的掩码为 255.255.255.224,则包含的子网位数、子网数目、每个子网中主机数目正确的是(　　)。

A. 2,2,62　　B. 3,8,30　　C. 3,14,30　　D. 5,8,6

9. IP 地址为 172.168.120.1/20,则子网 ID、子网掩码、子网个数分别为(　　)。

A. 172.168.112.0,255.255.240.0、16

B. 172.168.108.0,255.255.240.0、16

C. 172.168.96.0,255.240.0.0、256

D. 172.168.96.0,255.240.0.0、16

10. 子网掩码为 255.255.0.0,下列哪个 IP 地址不在同一网段中?(　　)

A. 172.25.15.201　　B. 172.25.16.15

C. 172. 16. 25. 16　　　　D. 172. 25. 201. 15

11. B 类地址子网掩码为 255. 255. 255. 248，则每个子网内可用主机地址数为(　　)。

A. 10　　B. 8　　C. 6　　D. 4

12. 对于 C 类 IP 地址，子网掩码为 255. 255. 255. 248，则能提供子网数为(　　)。

A. 16　　B. 32　　C. 30　　D. 128

13. 3 个网段 192. 168. 1. 0/24，192. 168. 2. 0/24，192. 168. 3. 0/24 能够汇聚成下列网段的是(　　)。

A. 192. 168. 1. 0/22　　　　B. 192. 168. 2. 0/22

C. 192. 168. 3. 0/22　　　　D. 192. 168. 0. 0/22

二、填空题

1. 域名地址中的后缀 cn 代表__________。

2. 因特网采用的通信协议是__________。

3. 个人计算机接入 Internet 的主要方式是__________。

4. Internet 提供的主要服务有__________、文件传输 FTP、远程登录 Telnet、电子商务、视频会议、IP 电话、视频点播等。

5. 用户要想在网上查询 WWW 信息，必须安装并运行一个被称为__________的软件。

三、问答题

1. 简述 ARP 和 RARP 的区别。

2. 简述域名解析的过程。

3. IPv6 地址有哪些格式，各有什么特点？

实验 7　主机配置多个 IP 地址

一、实验目的

1. 了解 IP 地址的基本配置方法。

2. 掌握多个 IP 地址的配置方法。

3. 掌握网络连通性的测试方法。

二、实验设备

连接好网络的主机若干台。

三、实验背景

有两个局域网 LAN1(192. 168. 0. 0/24)，LAN2(192. 168. 1. 0/24)，LAN1 和 LAN2 通过交换机物理相连。因为 LAN1 的网络号是 192. 168. 0，LAN2 的网络号是 192. 168. 1，所以 LAN1 下的主机和 LAN2 下的主机无法通信。如何才能让它们相互通信呢？

解决方法:一个网卡设置多个 IP 的作用就是连接多个网段。

四、实验步骤

(1)右键单击桌面右下角的网络图标,选择“打开网络和 Internet 设置”,如图 7.23 所示。

图 7.23　网络和 Internet 设置示意图

(2)选择状态/选择“更改适配器选项”,如图 7.24 所示。

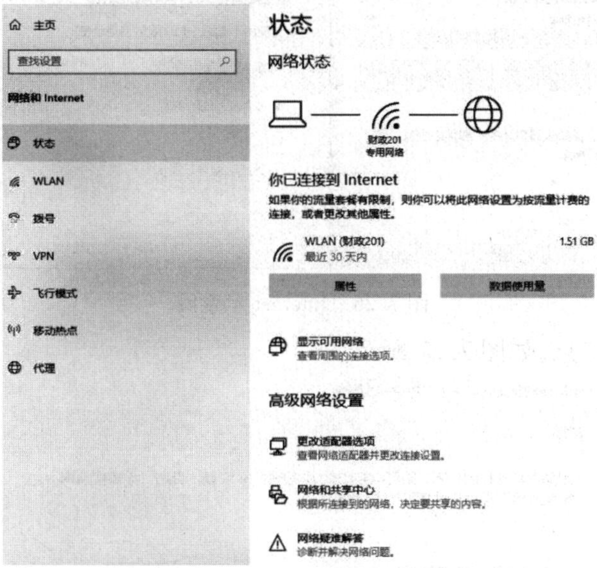

图 7.24　更改适配器选项示意图

(3)右键单击当前使用的网卡,选择“属性”,如图 7.25 所示。

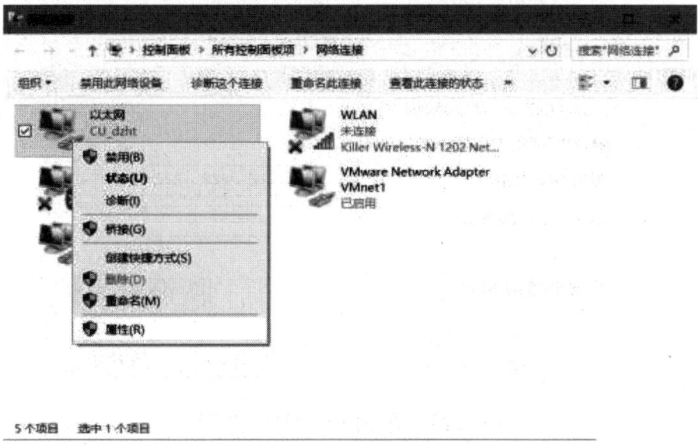

图 7.25　属性示意图

(4)双击“Internet 协议版本 4(TCP/IPv4)”,如图 7.26 所示。

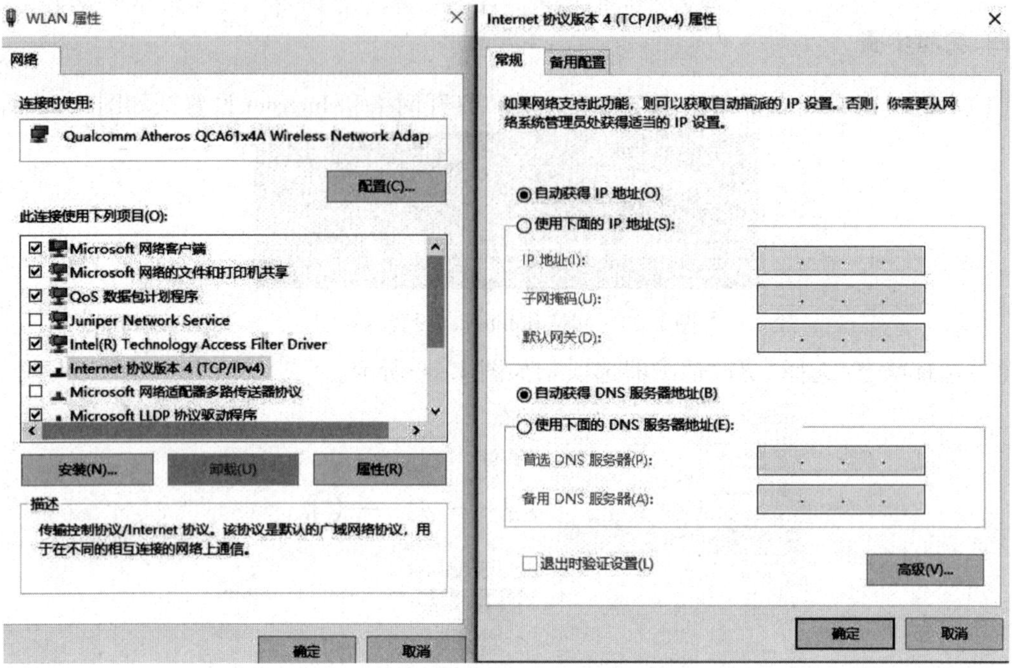

图 7.26　Internet 示意图

(5)添加 IP 地址信息,如图 7.27 所示。

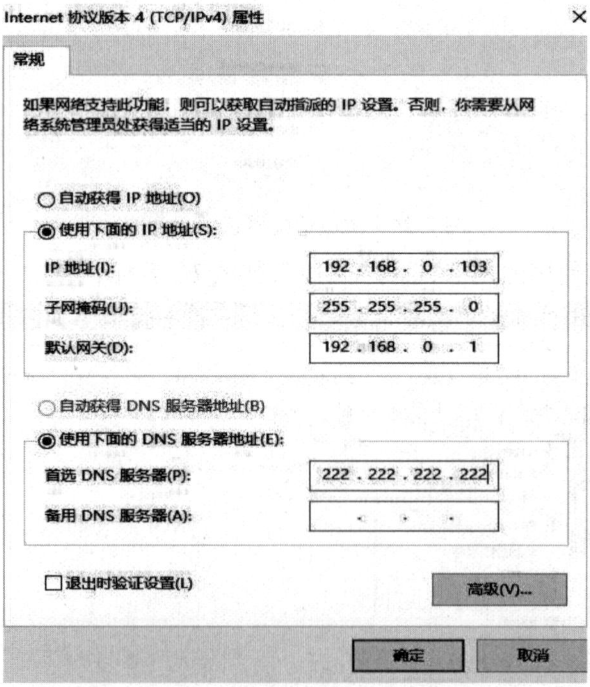

图 7.27　添加 IP 地址示意图

(6)单击下方的“高级”按钮,在高级选项中单击上方的“添加”,如图 7.28 所示。

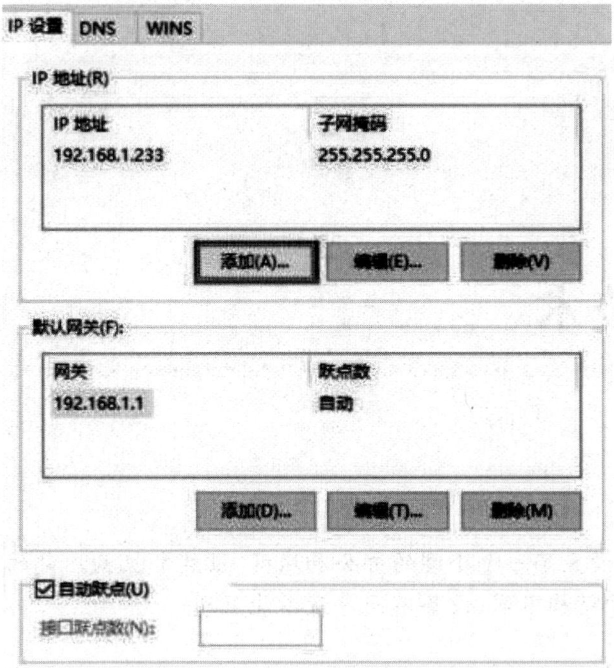

图 7.28　高级设置界面示意图

(7)用相同的方法输入另一个 IP 地址,保存即可。(设置 IP 地址需要在同一个网段)

项目 8 网络互连技术

[任务导入]

小张在公司内部设置了一个小型的办公局域网，虽然本机构内部的站点之间能够相互通信，但是其他部门由于结构不同、设备不同导致不能互通。

[知识目标]

- 了解网络互连的基本概念；
- 网络互连的类型和层次；
- 熟记因特网的接入技术及其特点。

[技能目标]

- 培养学生网络设备的选型能力和网络设备互联调试能力。

[课程思政目标]

通过对本项目的学习，让学生了解不同网络之间相同，由于结构不同、设备不同导致不能互通。为了实现网络通信，网络的每一层都有多个协议，只要遵守这些规则就可以和任意站点实现互联、互通和互操作。网络协议充分体现了和谐、包容、尊重规则的理念，这也是学生需要具备的品质。让学生知道在社会生活中，只有遵守法律或约定俗成的社会规则，才能获得充分的自由及广阔的天地来发挥自己的个性；反之，则寸步难行。每个协议的产生都是追求通信的卓越。作为新时代的新青年也应该具备追求卓越的理念，只有持续坚持追求更高的目标，才能不断进步、提高能力并完善自我。

8.1 网络互连的基本概念

随着计算机、通信和计算机网络技术的飞速发展，单一的局域网已不能满足社会对信息的需求，需将分布在不同地理位置的多个相同或不同类型的计算机网络互连，以实现更广泛的资源共享和信息交流。

8.1.1　网络互连概述

1)网络互连的概念

网络互连是指将分布在不同地理位置、使用不同数据链路层协议的单个网络通过网络互联设备进行连接,使之成为一个更大规模的互联网络系统,以实现更大范围的数据通信和资源共享。

2)网络互连的优点

(1)扩大资源共享的范围

将多个计算机网络互联起来就构成了一个更大的网络——Internet。在Internet上的用户只要遵循相同的协议,就能相互通信,并且Internet上的资源也可以被更多的用户所共享。

(2)提高网络的性能

总线型网络随着用户数的增多,冲突的概率和数据发送延迟会显著增大,网络性能也会随之降低。但如果采用子网自治以及子网互联的方法就可以缩小冲突域,可有效提高网络性能。

(3)降低连网的成本

当同一地区的多台主机希望接入另一地区的某个网络时,一般都采用主机先行联网(构成局域网),再通过网络互联技术和其他网络连接的方法,这样可以大大降低连网成本。

(4)提高网络的安全性

将具有相同权限的用户主机组成一个网络,在网络互联设备上严格控制其他用户对该网的访问,从而可以实现提高网络的安全机制。

(5)提高网络的可靠性

设备故障可能导致整个网络瘫痪,而通过子网的划分可以有效地限制设备故障对网络的影响范围。

网络互连是指在物理网络之间必须存在一条或一条以上的物理连接线路。需要注意的是,网络互连接包括网络"互连"与"互联"两种,虽然只有一字之差,但两者是很大的区别,前者是强调网络的物理连接,而后者则主要指逻辑上的连接。与"网络互连接"相关的还有"网络互通信"与"网络互操作"两个名词。"网络互通信"是指在网络互连接的基础上,网络之间可以进行数据交换的手段。"网络互操作"则是指网络中计算机之间具有透明地访问对方资源的能力,而这种能力是建立在互连接与互通信基础上的,通过高层软件实现。

8.1.2　网络互连的类型和层次

按网络覆盖范围,计算机网络可以分为局域网、城域网和广域网。

1)局域网-局域网互连(LAN-LAN)

在实际网络应用中,局域网-局域网互连是最常见的一种,如图8.1所示。

局域网-局域网互连,一般又可分为同种局域网互连(如两个以太网之间的互连)和异种局域网互连(如一个以太网和一个令牌环网的互连)两种。

①同构网互连:指具有相同传输性质和相同通信协议的局域网互连。

②异构网互连:指两种完全不同传输性质和不同通信协议的局域网互连。

目前,不同类型的网络之间的互联大多是异构网互连。异构网的互连较复杂,常用连接设备有网桥或路由器。

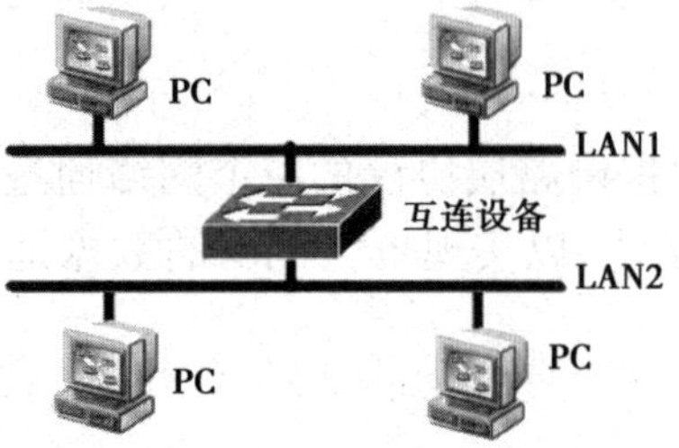

图 8.1　局域网互连示意图

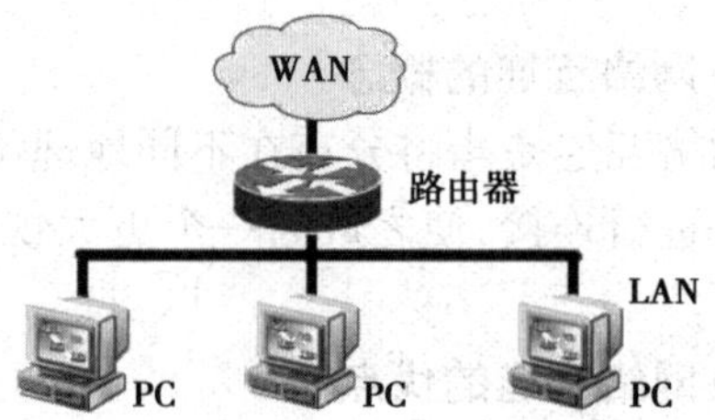

图 8.2　局域网-广域网互连示意图

2)局域网-广域网互连(LAN-WAN)

局域网-广域网互连也是常见的网络互连方式之一,如图 8.2 所示。局域网-广域网互连一般可通过路由器(Router)或网关(Gateway)实现。

广域网(Wide Area Network)是以信息传输为主要目的的数据通信网,一般作为网络互连的中间媒介。广域网主要由交换节点和公用数据网(PDN)组成。

综合业务数据网(ISDN)是由综合数字电话网发展起来的一个网络,它提供端到端的数字连接以支持广泛的服务,包括声音和非声音的,用户的访问是通过少量、多用途的用户网络标准实现的。

数字数据网(DDN)也就是我们常说的数据租用专线,是目前最流行、广泛使用的数据通信服务,由光纤、数字微波或卫星等数字传输通道和数字交叉复用设备组成;适合于有固定速率的高通信量网络环境,如数据传输,语音、图像传输,民航、火车站售票连网,银行联网、股市行情广播及交易,信息数据库查询等。

分组交换数据网(PSDN)是最早被广泛应用的广域网技术,典型的分组交换网有 X.25 网、帧中继网 FR、ATM。帧中继网 FR 提供 64 kb/s ~ 2 Mb/s 的速率,适合多媒体传输;ATM 是信息高速公路上的"高速公路",它比帧中继的传输速率高,短距离时高达 2.2 Gb/s,长距离时可达 10 ~ 100 Mb/s,如图 8.3 所示。

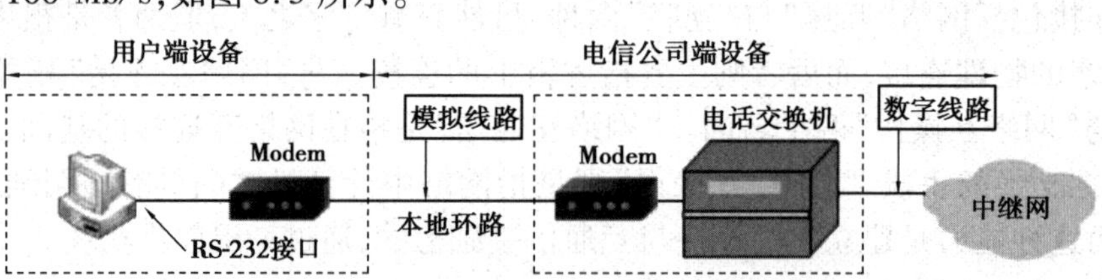

图 8.3　分组交换数据网示意图

3)局域网-广域网-局域网互连(LAN-WAN-LAN)

如果两个局域网的地理位置相隔很远,可以通过广域网实现两个局域网的互连。其连接如图 8.4 所示。

4)广域网-广域网互连(WAN-WAN)

WAN-WAN 互连一般在政府的电信部门或国际组织间进行将不同地区的网络互连,以构成更大规模的网络。WAN-WAN 的互连主要使用路由器或网关实现,如图 8.5 所示。

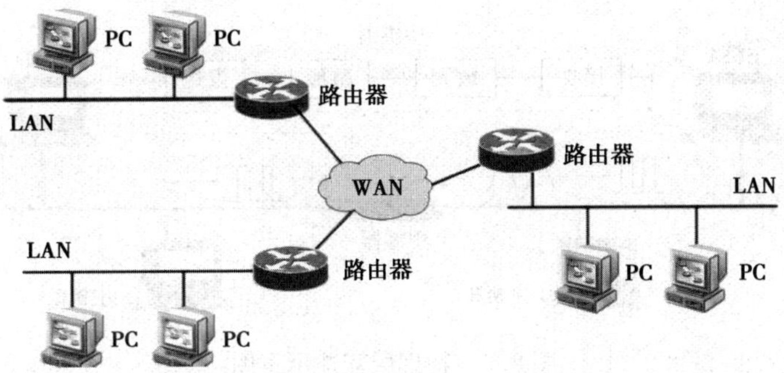

图8.4　局域网-广域网-局域网互连示意图

图8.5　广域网-广域网互连示意图

8.2　网络互连的层次与设备

网络互连不仅要把多个网络用物理线路连接起来,而且要使用户无法察觉不同网络之间的差异。各种网络协议的功能不同,分属不同的网络层次,网络互连的关键主要是将不同网段、网络或子网通过网络互连设备连接起来,如图8.6所示。

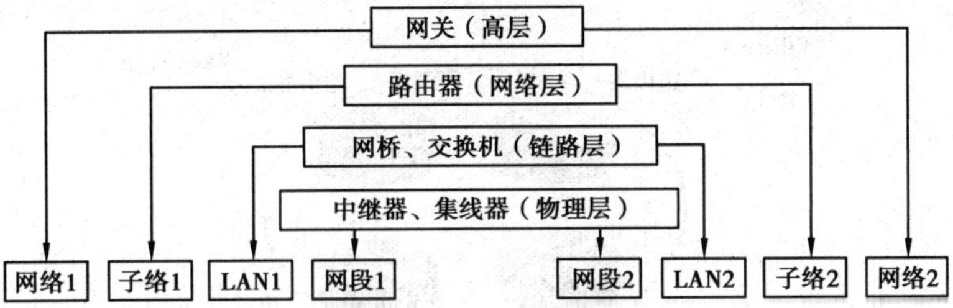

图8.6　网络互连层次示意图

8.2.1　网络互连的层次

1)物理层互连

物理层互连的设备是中继器。中继器在物理层互连中起的作用是将一个网段传输的数据信号进行放大和整形,然后发送到另一个网段上,克服信号经过长距离传输后引起的衰减,如图8.7所示。

2)数据链路层互连

数据链路层互连的设备是网桥。网桥一般用于互连两个或多个同一类型的局域网,其作用是对数据进行存储和转发,并且能够根据MAC地址对数据进行过滤,以实现多个网络系统之间的数据交换。

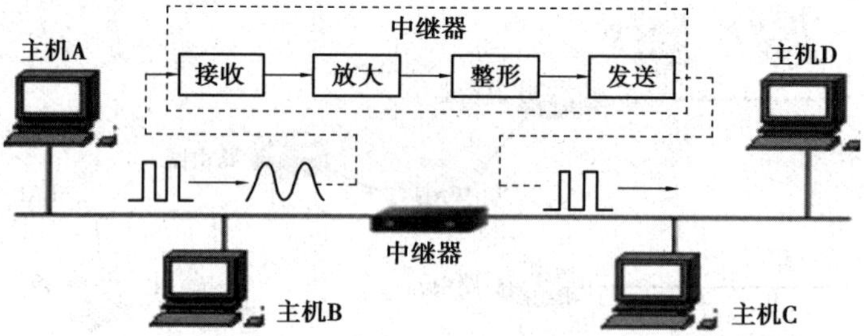

图 8.7　物理层互连示意图

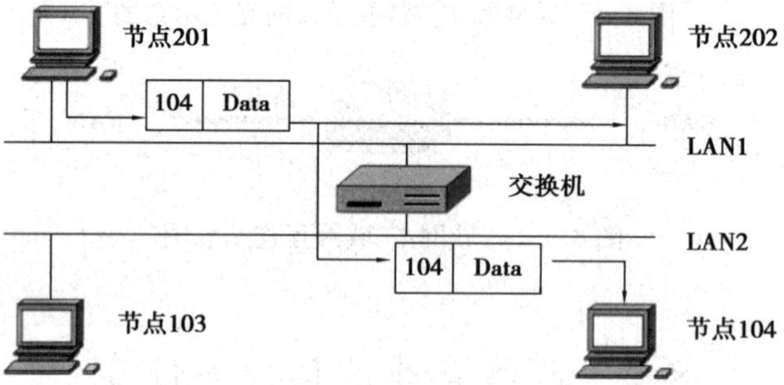

图 8.8　数据链路层互连示意图

3)网络层互连

网络层互连的设备是路由器。网络层互连主要是解决路由选择、拥塞控制、差错处理与分段技术等问题,如图 8.9 所示。

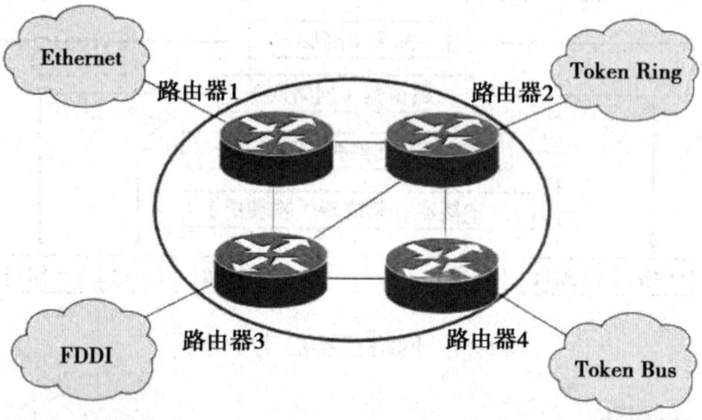

图 8.9　网络层互连示意图

4)高层互连

实现高层互连的设备是网关。高层互连是指传输层以上各层协议不同的网络之间的互联,高层互连所使用的网关大多是应用层网关,或称为应用程序网关(Application Gateway)。

8.2.2　利用网关实现互连

(1)直接转换

将进入网关的报文格式直接转换成输出网络的报文格式。

如果一个网关互连 2 个网络,则要进行 2 种网络协议之间的转换,即网络 A 到网络 B 的转换和网络 B 到网络 A 的转换。

如果一个网关互连3个网络，则要进行6种协议之间的转换；如果互联 n 个网络，则要进行 $n(n-1)$ 种转换。显然，网关互连的网络数越多，编写协议转换程序模块的工作量就越大。同时，系统对网关的存储空间与处理能力的要求也越高。

(2)制订标准的网间报文格式

将进入网关的报文格式转换为标准的网间报文格式，在输出端再由网间报文格式转换为另一网络的报文格式，如图8.10所示。

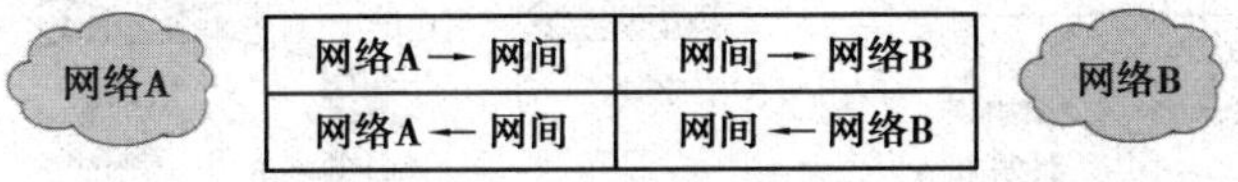

图8.10　网络互连示意图

8.2.3　网络互连设备

网络互连的目的是实现网络之间的通信和更大范围的资源共享。但是不同的网络所使用的通信协议往往也不相同，因此，网络之间的通信必须要依靠一个中间设备来进行协议转换，这种转换既可以由软件实现，也可以由硬件实现。但是由于软件的转换速度较慢，因此，通常都使用硬件来完成不同协议之间的转换，这种设备称为网络互连设备。常用的网络互连设备有中继器、网桥、路由器和网关等。

1)物理层互连设备

物理层的互连如图8.11所示，主要解决的问题是在不同的电缆段间复制位信号。互连的主要设备是中继器。中继器是最简单的网络设备，它工作在OSI参考模型的最低层——物理层，常用于两个网络节点之间物理信号的双向转发工作。严格地说，中继器只是网段连接设备而不是网络互连设备，它只能用来连接具有相同物理层协议的局域网。

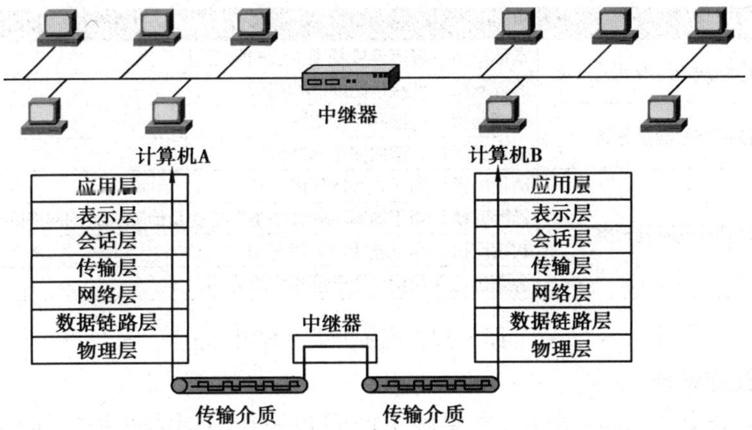

图8.11　中继器工作示意图

中继器常用于两个网络节点之间物理信号的双向转发工作，连接两个(或多个)网段，对信号起中继放大作用，补偿信号衰减，支持远距离的通信。中继器主要完成物理层的功能，负责在两个节点的物理层上按位传递信息，完成信号的复制、调整和放大，以此延长网络的长度。中继器对所有送达的数据不加选择地予以传送。

一般情况下，中继器两端连接的是相同的介质，但有的中继器也可以完成不同介质的转接工作。有些品牌的中继器可以连接不同物理介质的电缆段，如细同轴电缆和光纤。

2）数据链路层互连设备

数据链路层的互连如图 8.12 所示，主要解决的问题是在不同的网络之间存储和转发数据帧。互连的主要设备是网桥。

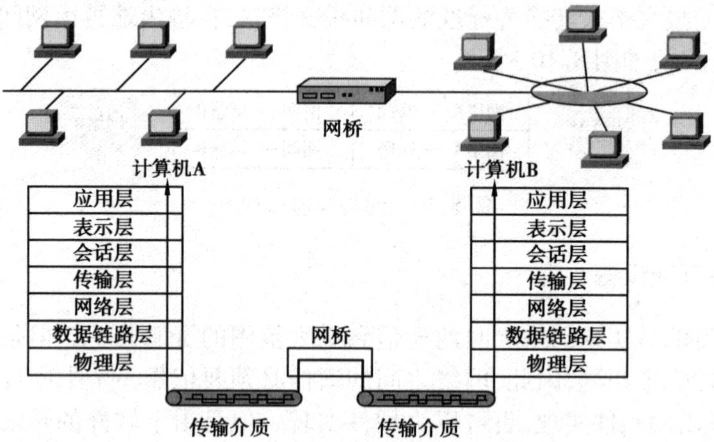

图 8.12　网桥工作示意图

网桥是一种在 OSI 参考模型的数据链路层实现局域网之间互连的设备。网桥的功能是完成数据帧的转发，主要目的是在连接的网络之间提供透明的通信。数据帧转发的依据是数据帧中的源地址和目的地址，用来判断一个帧是否转发和转发到哪个端口。帧中的地址称为“MAC”地址或“硬件”地址，一般指网卡地址。网桥还能起到隔离作用。

所有网桥都是在数据链路层提供连接服务的，网桥的分类方法有多种，如图 8.13 所示。在本书中主要介绍透明网桥、转换网桥、封装网桥和源路由选择网桥。

分类依据	分类结果
根据网桥连接的网络段的距离远近分类	本地网桥：直接连接距离很近的网络段
	远程网桥：连接远距离的网络段
根据网桥所连接的网络段数量分类	级联网桥：连接两个网络段
	多端口网桥：连接多个网络段
根据介质访问控制协议的不同分类	透明网桥：用于以太网环境
	转换网桥：用于具有不同介质类型格式及传输机制的网络间
	封装网桥：用于连接FDDI骨干网
	源路由选择网桥：用于连接令牌环网

图 8.13　网桥分类示意图

3）网络层互连设备

网络层的互连如图 8.14 所示，主要解决的问题是在不同的网络之间存储和转发分组。互连的主要设备是路由器。路由器工作在 OSI 参考模型的网络层，属于网络层的一种互连设备。如果两个网络的网络层协议相同，则主要是解决路由选择问题；如果协议不同，则主要是解决协议转换。一般来说，异种网络互连与多个子网互连都是采用路由器来完成的。

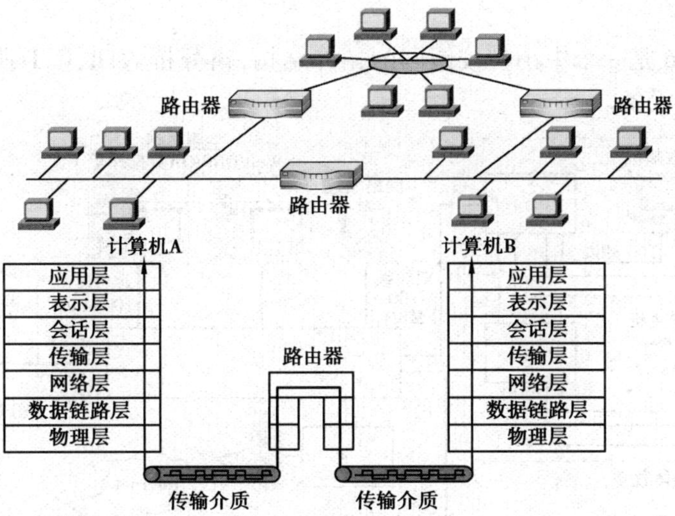

图8.14　路由器工作示意图

4)高层互连设备

传输层及以上各层协议不同的网络之间的互连属于高层互连,如图8.15所示。实现高层互连的主要设备是网关。网关工作在OSI参考模型的高层,即传输层到应用层,它既可是一个专用设备,也可以用计算机作为硬件平台,由软件实现其功能。

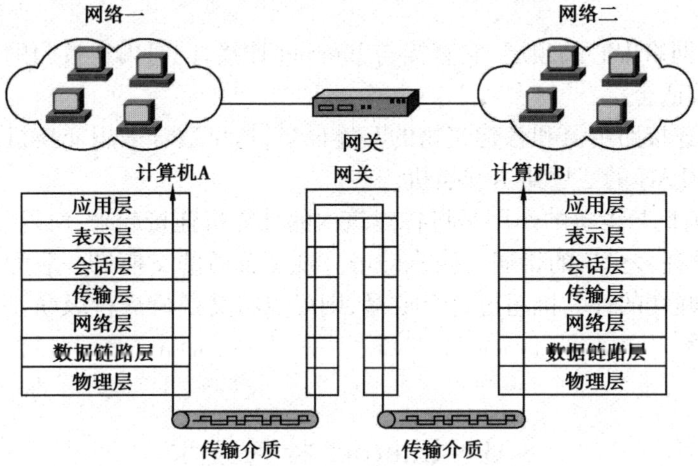

图8.15　网关互连工作示意图

网关也称为网间协议变换器,它是比网桥与路由器更复杂的网络互连设备。网关可以实现不同协议的网络互连,包括不同网络操作系统的网络互连,也可以实现局域网与远程网的互连。当两个完全不同的网络(不仅硬件不同,整体结构、数据类型和通信协议也可以完全不同)连接时,通常需要使用网关。

网关不仅具有路由器的功能,而且其主要功能是实现异种网络之间传输层以上的协议转换,它相当于语言交流中的翻译。网关的协议转换总是针对某种特殊的应用协议或者有限的特殊应用,如电子邮件、文件传输和远程登录等。

按照不同的分类标准,网关可分为很多种。目前,网关主要有3种:协议网关、应用网关和安全网关。

【实例】图 8.16 是一个中小型校园网的拓扑结构，请分析 A，B，C，D，E，F 处各适合采用什么样的网络互连设备。

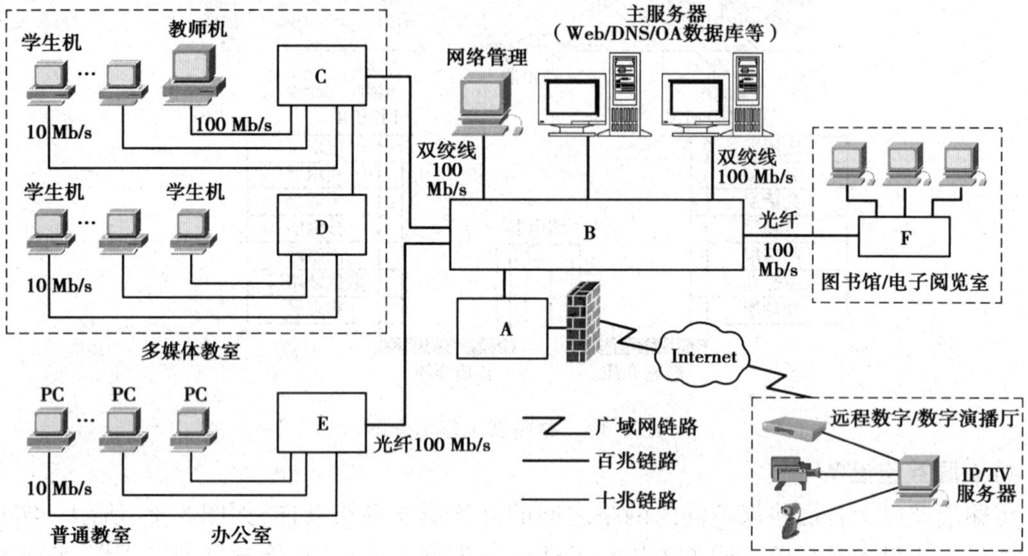

图 8.16　中小型校园网的拓扑结构

分析如下：

(1) A 设备在网络中心的顶层，它直接与 Internet 连接，同时内连校园网中的防火墙，故此处采用路由器比较适合。

(2) B 设备是连接路由器和各建筑物的互连设备，这里适合采用交换机。为了方便管理，此处宜选用支持 VLAN 的三层路由交换机。

(3) 因为 C，D，E，F 设备的作用是将各建筑内的计算机连接起来，所以只需根据每幢楼的计算机数量决定选择多少口的普通交换机即可。现在普通的交换机一般为 24 口，也有 48 口的交换机，如果一幢楼的计算机超过这个数量，则可以将交换机进行级联，也可以采用可堆叠的交换机进行堆叠。

8.3　Internet 接入技术

Internet 为我们提供了大量的服务，如 WWW 服务、电子邮件服务、即时通信服务等，为了获得这些服务，我们必须将自己的计算机接入 Internet 中，成为因特网的一员，才能享受它为我们提供的各类服务与信息资源。

目前常见的几种因特网接入方式有 ADSL 宽带接入、有线电视宽带接入、专线接入、无线接入。

8.3.1　ADSL 接入技术

1) ADSL 概述

ADSL 即非对称数字用户线，它是一种通过标准双绞电话线给家庭、办公室用户提供宽带数据服务的技术，并且还能实现电话与数据业务互不干扰，传输距离可达 3 ~ 5 km。

ADSL 宽带业务同时为用户提供了 3 个信息通道：一条是传输速率为 1.5 ~ 9 Mb/s 的高速下行通道，用于用户下载信息；一条是传输速率为 640 kb/s ~ 1 Mb/s 的中速双工通道，用于用户上传输出信息；还有一条是普通的老式电话服务通道，用于普通电话服务。

ADSL 目前已广泛应用在家庭上网中，ADSL 上网无须拨号，并可同时连接多个设备，包括 ADSL Modem、普通电话机和个人计算机等。

2) ADSL 的主要特点

①ADSL 在一条电话线上同时提供了电话和高速数据服务，电话与数据服务互不影响。

②ADSL 提供了高速数据通信能力，其数据传输速率远高于拨号上网，能很好地满足交互式多媒体应用。ADSL 提供了灵活的接入方式，可支持专线方式和虚拟拨号方式。

③ADSL 可提供多种服务。ADSL 专线可选择不同的接入速率（如 512 kb/s、2 Mb/s），用户可灵活选择 VOD 服务；ADSL 接入网还可与 ATM 网配合，为公司用户提供组建 VPN 专网及远程局域网互联的能力。

ADSL 的不足之处在于：它们的覆盖面有限（只能在短距离内提供高速数据传输），并且一般高速传输数据是非对称的，只能单向高速传输数据（通常是网络的下行方向）。

3) ADSL 的工作方式

ADSL 是一种利用双绞线高速传输数据的技术。它利用分频技术把普通电话线路所传输的低频信号和高频信号分离开，即在同一根线上分别传送数据和语音信号，数据信号并不通过电话交换机设备。上行（从用户到网络）的低速传输可达 640 kb/s ~ 1 Mb/s，下行（从网络到用户）的高速传输可达 1 ~ 8 Mb/s，有效传输距离为 3 ~ 5 km。

8.3.2　HFC 接入

光纤同轴混合（Hybrid Fiber Coax，HFC）接入是当前主要的一种互联网宽带接入技术。

1) Cable Modem 的工作方式

由于有线电视网所采用的是模拟传输协议，因此网络需要用一个 Modem 来协助完成数字数据的转换。Cable Modem 能使计算机发出的数据信号与电缆传输的射频信号实现相互之间的转换。Cable Modem 也有多种类型：从传输方式划分，可分为对称式传输和非对称式传输。从网络通信的角度划分，可分为同步传输和异步传输。从接入的角度划分，可分为个人 Cable Modem 和宽带 Cable Modem。从接口的角度划分，可分为外置式、内置式和交互式机顶盒。

2) Cable Modem 的接入方式

利用 Cable Modem 技术接入 Internet，硬件设备同 ADSL 类似，需有一个将电视信号与数据信号分开的"分线器"，数据信号经 Cable Modem 与局域网相连。不同之处在于它是基于 CATV 网 HFC 基础设施的网络接入技术，以频分复用方式将话音、数据和 CATV 模拟信号复接，在接收端再还原为数字信号。通过 Cable Modem 接入的方法如图 8.17 所示。

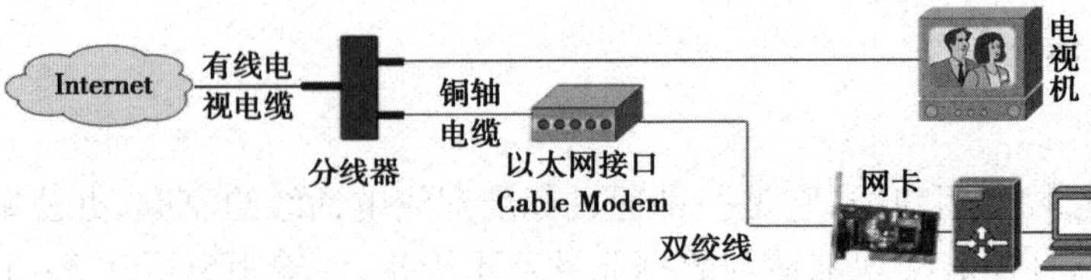

图 8.17　Cable Modem 接入方式示意图

从图中可以看出,利用 Cable Modem 技术接入 Internet,硬件设备同上面所讲的 ADSL 接入方式类似,需要有一个将电视信号与数据信号分开的“分线器”,数据信号经 Cable Modem 与局域网相连。两者的不同之处在于,它是基于有线电视网 HFC 基础设施的网络接入技术,以频分复用方式将语音、数据与有线电视模拟信号复接,在接收端再还原为数字信号。

Cable Modem 采用了与 ADSL 类似的非对称传输模式,提供了高达近 40 Mb/s 的下行速率和 10 Mb/s 的上行速率。Cable Modem 能够自动建立与 Internet 的高速连接,用户可以拥有独立的 IP 地址。

8.3.3　光纤接入

1)光纤接入技术概述

光纤接入技术实际上是指在接入网中全部或部分采用光纤传输介质,构成光纤用户环路(或称为光纤接入网),实现用户高性能宽带接入的一种方案。

光纤接入网是指采用光纤传输技术的接入网,可分为光纤到户(FTTH)、光纤到路边(FTTC)、光纤到大楼(FTTB)、光纤到办公室(FHHO)、光纤到楼层(FTTF)、光纤到小区(FTTZ)等类型。其中,FTTH 将是未来宽带接入网的发展趋势。目前,光纤接入网大多采用 PON(无源光网络)结构,采用该结构初期投资少,维护简单,易于扩展,结构灵活,但要求采用性能好,带宽高的光器件。

2)光纤接入网的主要特点

①带宽高;

②网络的可升级性能好;

③双向传输;

④接入简单、费用少。

8.3.4　无线接入

无线接入方式分为两种:一种是无线局域网的方式;另一种是直接使用上网卡的方式。

(1)无线局域网方式(Wi-Fi)

使用无线局域网方式时,采用无线应用通信协议(Wireless Application Protocal,WAP)为 IEEE 802.1la、802.11b、802.11g 等,用户端使用计算机和无线网卡,服务端使用无线信号发射装置(Access Point,AP)提供连接信号,如图 8.18 所示。

(2)直接使用上网卡

直接使用上网卡是直接通过使用移动上网卡来上网。使用这种上网方式用户端需要购买额外的上网卡设备,上网卡的号码已经固化在 PC 卡上,直接插入笔记本电脑的 PCMCIA 插槽或 USB 端口即可,如图 8.19 所示。

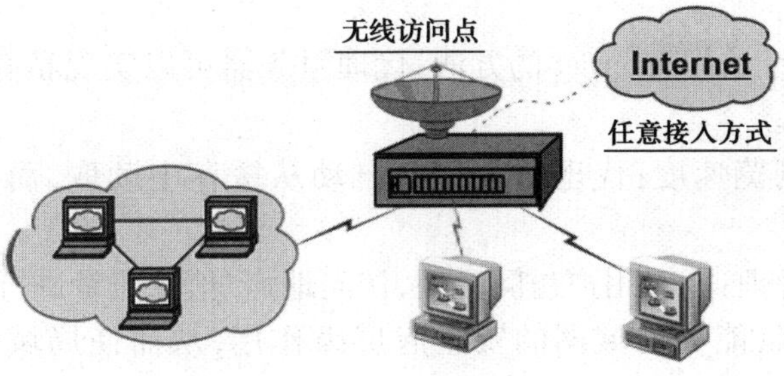

图 8.18　Wi-Fi 组网方式示意图

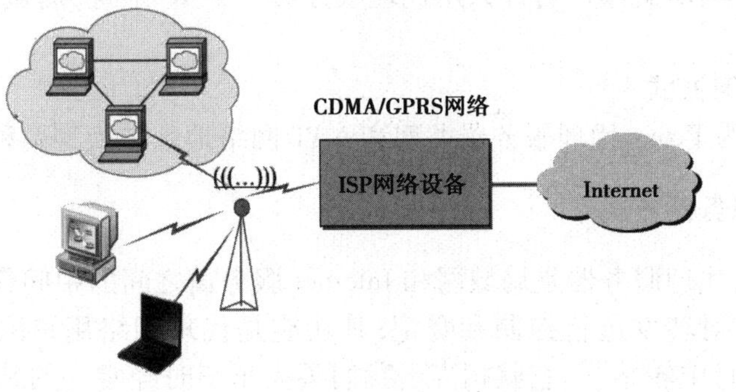

图 8.19　使用上网卡组网示意图

【思考题】　在了解了常见因特网接入方式后,能不能给小明和他的朋友们做个因特网接入方案呢?

背景材料:小明和他的两个朋友要在淘宝网上开一家网店,他们购置了 3 台计算机,请问他们要采取哪种因特网接入方案才能连上因特网,开始网店的运营呢?你们给小明提供方案时要告诉他去找哪个因特网接入提供商。小明需要购置什么网络产品?接入的网络速率是多少?收费标准和因特网接入提供商的服务情况也要一一告知。

8.4　共享 Internet 接入

在介绍共享上网前,我们先来看这样一个实际场景:一个办公室里有 5 台计算机,通过 ADSL 方式申请了一条因特网接入线路,希望这 5 台计算机共享这条线路连入因特网,这个问题的解决方法有两种:一种是代理服务器共享上网,另一种是网络地址转换共享上网。无论是哪种方式都是把局域网内部的网络请求在局域网与因特网连接处做转换处理,然后从连接互联网的线路发送到互联网,然后把从互联网接收到的数据在处理后发送到发出该请求的内部计算机上。

8.4.1　共享上网方式

1)工作原理

所谓共享上网,就是把局域网内部的网络请求在局域网与因特网连接处做转换处理,然后从连接互联网的线路发送到互联网,然后把从互联网接收到的数据在处理后发送到发出该请求的内部计算机上。

2)特点

①提供私有 IP 地址访问 Internet 的方法:代理服务器可以实现私有 IP 包转发和 IP 地址的转换(即 NAT 功能)。

②加快对网络的浏览速度:代理服务器会自动从缓存中读取,而不必再次连接远程服务器。

③方便对用户的管理:能对用户访问时间、访问地点、信息流量进行统计,对用户进记账。

④可以作为防火墙:能为局域网的安全起屏障作用,从而使局域网的安全性得以大大提高。

⑤降低使用成本:所有用户对外只用代理服务器一个 IP 地址,局域网内不再需要合法的 IP 地址。

3)共享上网实习方式

共享上网可分为 Proxy 代理服务器类型和 NAT 网络地址转换型两种类型。

8.4.2 代理服务器方式

从名称上来看,代理服务器是局域网和 Internet 服务商之间的中间代理机构,它负责转发合法的网络信息,并对转发进行控制和登记;其功能是代理网络用户取得网络信息,形象地说,它是网络信息的"中转站"。它就相当于我们买火车票时经常去的站外"火车票代理点",能够代理我们购买火车票的要求,提高查询、出票速度。

代理服务器处在用户端和 Internet 主机之间,对于 Internet 主机而言,代理服务器是客户机,它向 Internet 主机提出各种服务申请;对于用户端而言,代理服务器则是服务器,它接收用户端提出的申请并提供相应的服务,即用户端访问 Internet 时所发出的请求不再直接发送到远端的 Internet 主机,而是被送到代理服务器上。代理服务器向远端 Internet 主机提出相应的申请,接收 Internet 主机提供的数据并保存在自己的硬盘上,然后用这些数据对客户机提供相应的服务。

严格地说,代理服务器是建立在 TCP/TP 协议应用层上的服务软件,一般安装在局域网中一台性能比较优越且能够直接接入 Internet 的计算机上,目前,常用的有 WinGate,Winproxy 软件等。当设置好代理服务器后,在局域网中的每台客户机上必须配置使用代理服务器,并指向代理服务器的 IP 地址和服务端口号,图中显示代理服务器地址为 202.119.80.20,端口号为 8080。当代理服务器启动时,将利用一个动态连接程序来开辟一个指定的端口,等待用户的访问请求。

利用代理服务器实现 Internet 共享的优点是:代理服务器有缓存功能,可以加快对网络的访问速度,而且它一般都具有同时支持多种应用的能力,如 HTTP 代理、FTP 代理、SS1 代理等。由于代理服务器对每一种网络应用都是独立进行代理工作的,因此对用户具有很强的控制管理能力。但这种方式下,每个客户端的每种网络应用软件都需要进行配置,且代理服务器对新出现的网络应用无法支持。

8.4.3 网络地址转换模式

网络地址转换模式是将局域网内部的"非法互联网 IP 地址"通过 NAT 软件,转化成"合法互联网 IP 地址",实现对 Internet 的合法访问。

这种方法需要在局域网连接到因特网的路由器或者一台高性能的计算机上安装 NAT 软

件，如 WinRoute，Internet Gateway 等。装有 NAT 软件的路由器称为 NAT 路由器，它至少有一个有效的外部全球 IP 地址。这样，所有使用本地地址的主机在和外界通信时，都要在 NAT 路由器上将其本地地址转换成全球 IP 地址，才能和因特网连接。

网络地址转换模式的优缺点。

(1)优点

内部机器只需设置共享服务器的地址为客户端机器的网关，服务软件就完成所有转换工作，客户端就像一台具有真正连接互联网能力的机器一样，由于 NAT 针对每一个数据包转换，也就不存在不同网络应用协议的需要分别代理和处理的问题，用户不需要考虑根据每一种网络应用程序进行连接代理的配置工作，使用起来无拘无束。

(2)缺点

对客户机所使用的网络应用程序在控制管理能力上比 Proxy 类型差。

项目小结

如今的网络应用中，掌握网络互联的基本知识是进一步深入学习网络应用技术的前提。

本项目先介绍网络互联的基本概念和基本类型，目的是让读者认识到网络互连的目的是什么，有哪些好处；再对网络互联的层次做详细阐述，让读者真正理解不同层次上的网络互联问题，为读者进一步学习常用的网络互连设备做铺垫。

思考与练习

一、选择题

1. IGMP，SMTP，UDP 分别对应于 OSI/RM 中的哪层协议？(　　)

A. 网络层、传输层、会话层　　B. 物理层、数据链路层、传输层

C. 网络层、应用层、传输层　　D. 传输层、会话层、应用层

2. IPv4 和 IPv6 分别由多少位二进制数组成？(　　)

A. 32，48　　B. 48，128　　C. 16，32　　D. 32，128

3. 下列有关因特网的叙述，说法错误的是(　　)。

A. 因特网是国际计算机互联网

B. 因特网是计算机网络的网络

C. 因特网上提供了多种信息网络系统

D. 万维网就是因特网

4. ADSL 的上传频道是指(　　)。

A. 电话公司向客户端传送　　B. 客户端向电话公司传送

C. 电话公司向服务器端传送　　D. 服务器端向电话公司传送

5. 在 DDN 网中，国际间互联的数据通路主要采用什么同步方式？(　　)

A. 准同步　　B. 主从同步　　C. 自同步　　D. 外同步

6. ISP 是指(　　)。

A. 一种连接因特网的方式　　B. 一种机构域名

C. 因特网服务提供商　　D. 一种网络连接设备

7. 下列关于 5/4/3 规则的叙述,错误的是(　　)。

A. 在该配置中可以使用 4 个中继器

B. 整体上最多可以存在 5 个网段

C. 2 个网段用作连接网段

D. 4 个网段连接以太网节点

二、填空题

1. 在星型局域网结构中,连接文件服务器与工作站的设备是__________。
2. 在中继系统中,中继器处于__________。
3. 企业 Intranet 要与 Internet 互联,必需的连接设备是__________。
4. 域名地址中的后级 cn 代表__________,fr 代表__________。
5. 因特网采用的通信协议是__________。
6. 个人计算机接入 Internet 的主要方式是__________。

三、简答题

1. 简述用于网络互连的设备及其主要作用。
2. 有哪些划分 VLAN 的方法?
3. Internet 的接入方式有哪些?

实验 8　配置网络打印机

一、实验目的

1. 了解打印机的共享方式。
2. 掌握局域网内普通打印机的共享和使用。
3. 掌握网络打印机的安装和使用。

二、实验设备

1. 连接到网络的若干台电脑。
2. 普通打印机一台。

三、实验任务

1. 实现局域网内普通打印机的共享。
2. 安装和使用网络打印机。

四、实验步骤

一共有两个步骤：一是设置 Win 10 中的打印机为共享；二是添加共享打印机，设置步骤如下：

1. 安装共享打印机

将普通打印机连接在安装 Windows Server 2020 的计算机上（步骤省略），然后在该计算机上执行本地打印机安装操作。

①选择“开始”→“设置”→“控制面板”命令，在弹出的界面中，找到“设备和打印机”并单击，如图 8.20 所示。

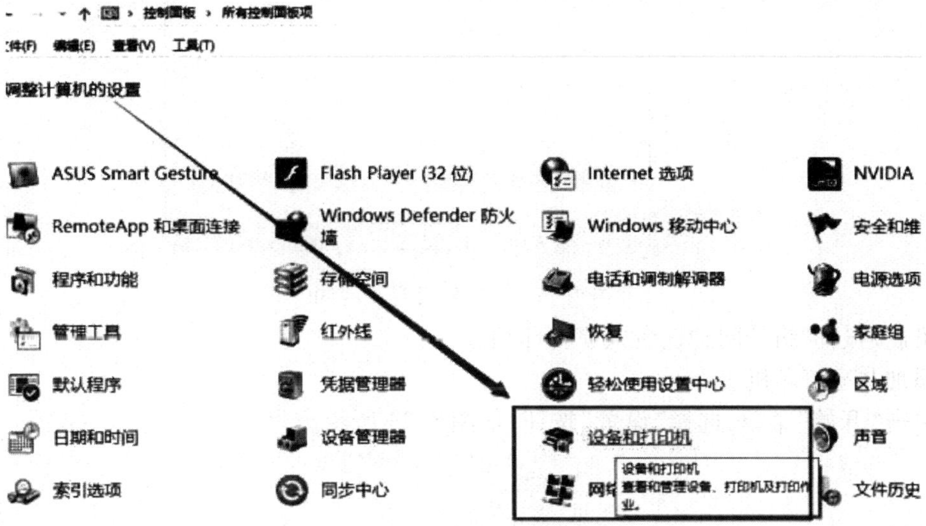

图 8.20　设备打印机界面示意图

②在弹出的“设备和打印机”界面中，右键单击一台想要共享的打印机，在弹出的选项中单击“打印机属性”，如图 8.21 所示。

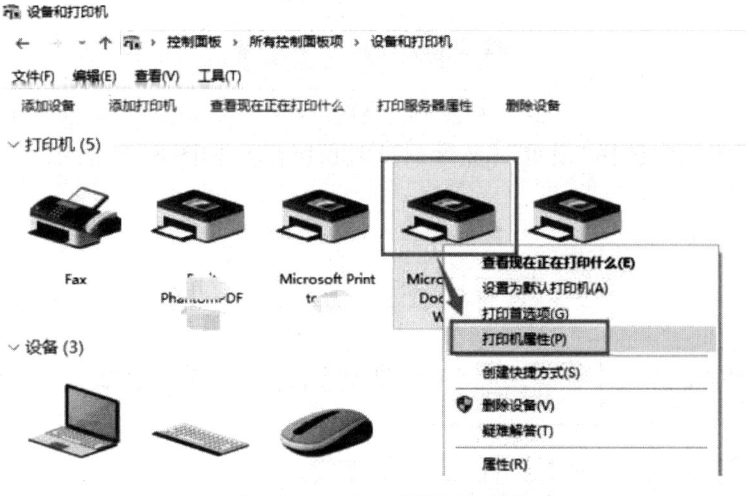

图 8.21　打印机属性示意图

③在弹出的“打印机属性”对话框中，单击“共享”选项卡，如图 8.22 所示。

④在弹出的界面中，勾选“共享这台打印机”，然后单击“确定”按钮，即可设置完成，其他

图 8.22 “共享”属性示意图

计算机可以通过网络访问到这台共享打印机。

2. 添加共享打印机

①单击“开始”菜单,选择“设置”按钮,如图 8.23 所示。

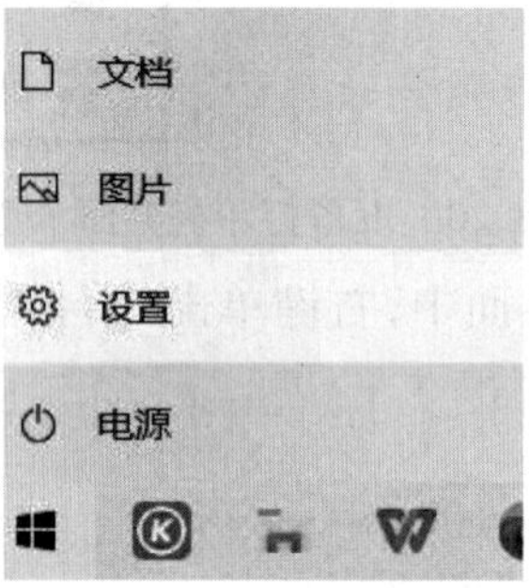

图 8.23 设置示意图

②在“设置”界面中选择“设置”(蓝牙、打印机、鼠标),如图 8.24 所示。

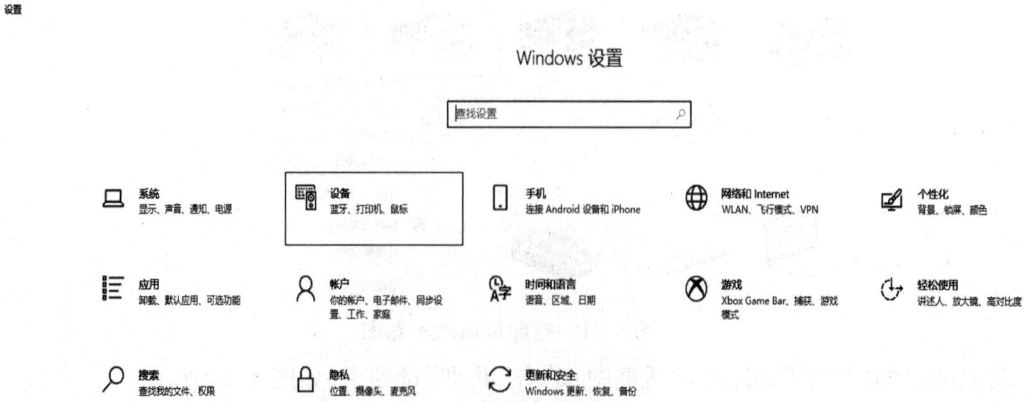

图 8.24 “设置”界面

③选择打印机和扫描仪,然后在右侧单击添加打印机和扫描仪,如图8.25所示。

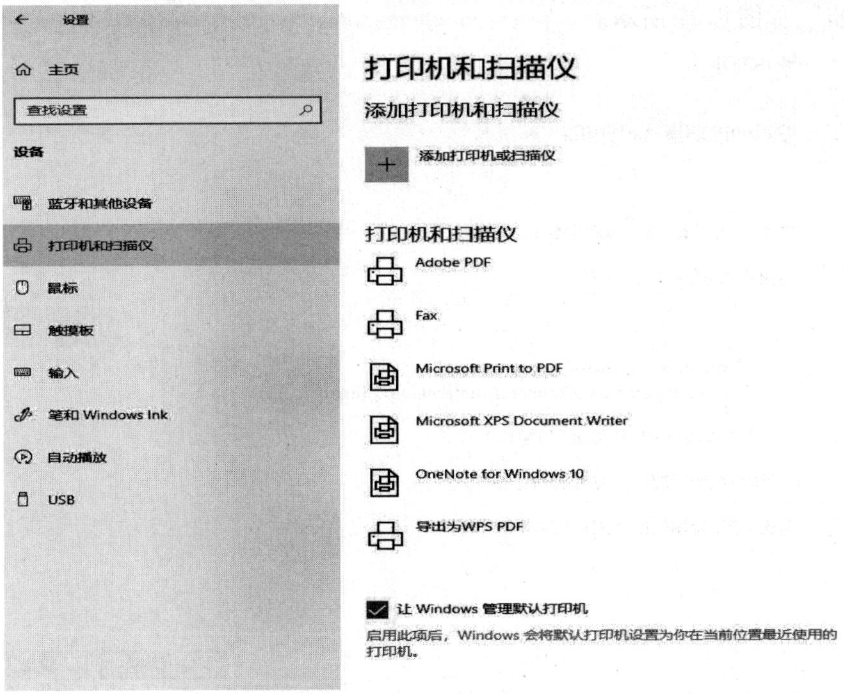

图8.25　“打印机和扫描仪”界面

④如果没有搜索到共享的打印机,再单击“我需要的打印机不在列表中”,如图8.26所示。

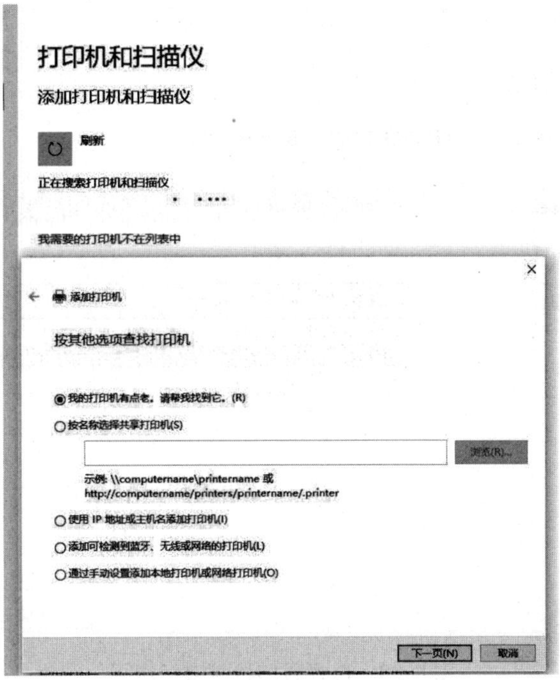

图8.26　“添加打印机”界面

⑤在“添加打印机”的窗口中单击“通过手动设置添加本地打印机或网络打印机”，然后单击“下一步”，如图 8.27 所示。

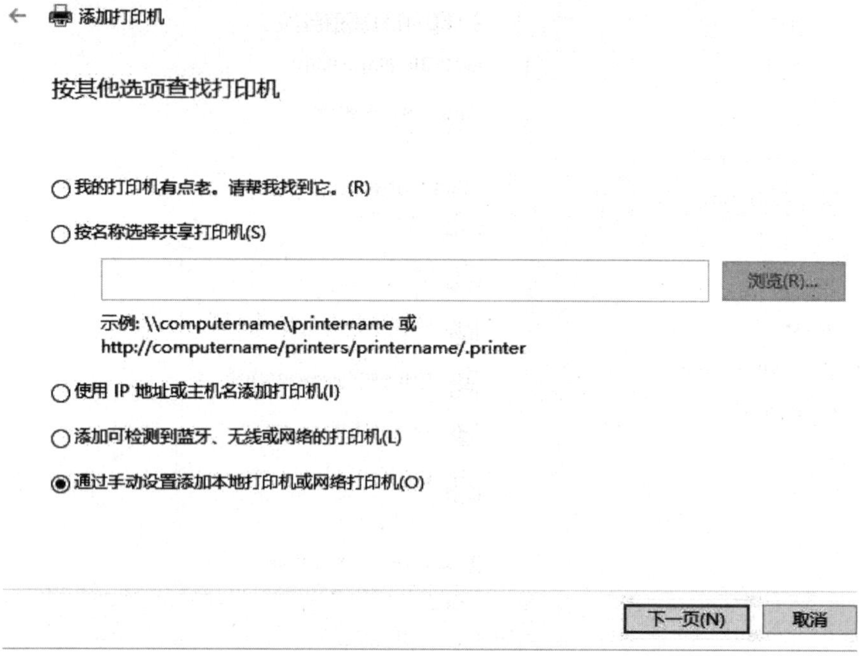

图 8.27 “手动设置打印机”界面

⑥单击“创建新端口”，端口类型选择“Local Port”，单击“下一步”，如图 8.28 所示。

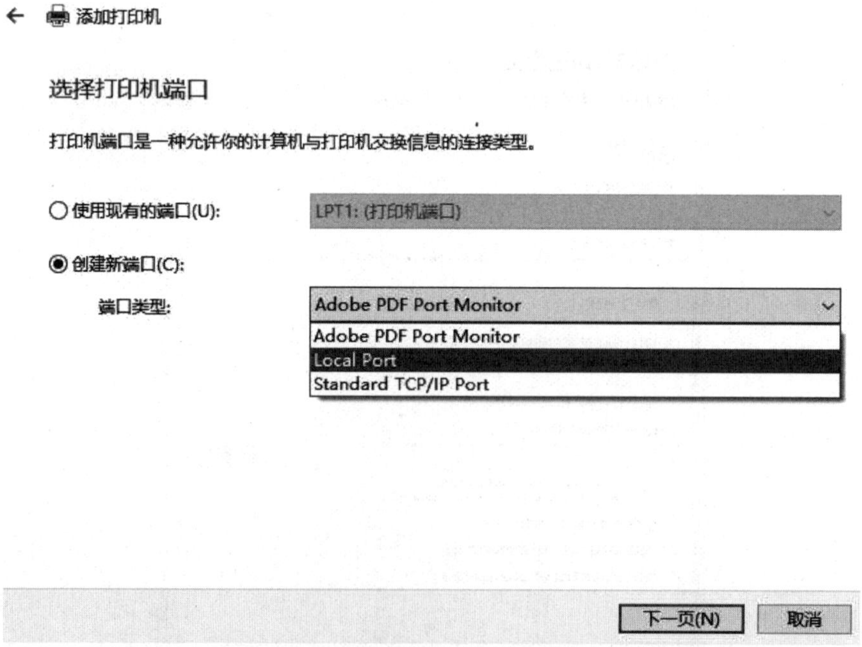

图 8.28 选择打印机端口示意图

⑦输入端口名，输入打印机所连接的计算机 IP 地址加上打印机名称，例如，\192.168.1.

2200\共享打印机名,如图8.29所示。

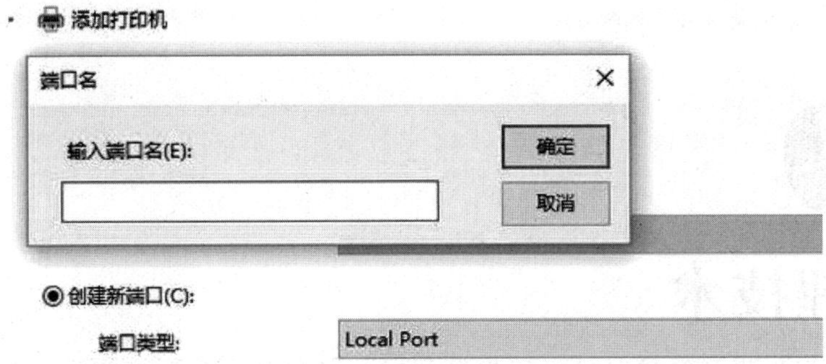

图8.29　“输入端口”界面

⑧在右边列表中选择打印机型号,单击“下一步”,如图8.30所示。

图8.30　选择“打印机型号”界面

⑨输入打印机名称,输入好后单击“下一步”。

⑩单击“完成”按钮即可完成网络打印机的添加工作。

项目 9
网络管理技术

[任务导入]

随着网络规模的扩大和网络复杂性的增加,对网络管理功能的要求越来越高,尤其当网络出现故障时不能进行有效解决,主要是对网络命令不能正确应用。于是,公司准备进行网络命令的培训,并且要求同事们在网络出现故障时要善于用相关网络命令排除故障。

[知识目标]

- 了解网络管理类的概念及功能。
- 理解产生网络故障的主要原因。
- 掌握常见的网络故障排查过程、网络故障排除工具的使用。
- 了解常见网络故障及排除方法。

[技能目标]

- 根据不同企事业单位的需求和应用环境部署相应的管理措施和软硬件系统。

[课程思政目标]

通过本项目的学习,使学生深刻认识到网络要进行有效的管理才能体现网络的真正价值。网络管理员是计算机网络专业的其中一个职业岗位,一个品德优良的管理者在社会主义发展中具有非常重要的意义。要加强大学生理想信念、价值取向、政治信仰和社会责任的教育,培养他们拥有良好的道德品质,爱国、敬业的社会主义核心价值观。

作为当代大学生,应情系国家,树立报国的爱国情怀,自觉融入坚持和发展中国特色社会主义事业、建设社会主义现代化强国、实现中华民族伟大复兴的奋斗中。

9.1 网络管理概述

9.1.1 网络管理的定义

网络管理包括对硬件、软件和人力的使用、综合和协调,以便对网络资源进行监视、测试、配置、分析、评价和控制,这样就能以合理的价格满足网络的需求,如实时运行性能,服务质量等。网络管理常简称为网管。

网络管理并不是指对网络进行行政上的管理,而是通过网络管理,网络管理者可对网络资源的使用情况进行记录和对网络运行状态进行检测,监控用户对网络系统的操作和对网络资源的使用,分析网络数据流量和网络性能,监测对网络的非法入侵或对非法地址的访问,从而加强对网络的管理提高设备利用率,减少运行费用。

如图 9.1 所示,管理站也常称为网络运行中心(Network Operations Center,NOC),是网络管理系统的核心。

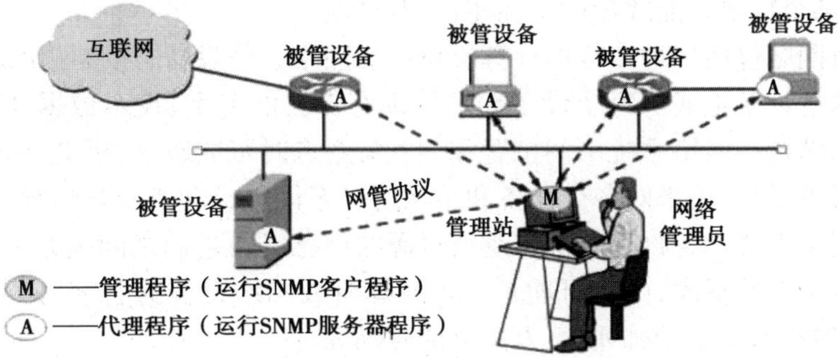

图 9.1　网络管理模型

管理程序在运行时称为管理进程。

管理站(硬件)或管理程序(软件)都可称为管理者(manager)。manager 不是指人而是指机器或软件。

网络管理员(administrator)指的是人。大型网络往往实行多级管理,因而有多个管理者,而一个管理者一般只管理本地网络的设备。

国际标准化组织在 ISO/IEC 7498-4 中定义并描述了开放系统互联(Open System Interconnection,OSI)管理的术语和概念,提出了一个 OSI 管理的结构并描述了 OSI 管理应有的行为。通常对一个网络管系统需要定义以下内容:

①系统的功能。即一个网络管理系统应该具有哪些功能。

②网络资源的表示。网络管理很大一部分是对网络中的资源管理。网络中的资源就是指网络中的硬件、软件以及所提供的服务等。而一个网络管理系统必须在系统中将它们表示出来,才能对其进行管理。

③网络管理信息的表示。网络管理系统对网络的管理主要靠系统中网络管理信息的传递来实现。网络管理信息应如何表示?怎样传递?传送的协议是什么?这都是一个网络管理系统必须考虑的问题。

④系统的结构。即网络管理系统的结构是怎样的。网络日益普及家庭化,目前年轻人因为工作无法照顾老人、无法随时照看儿童,网络移动设备配合 App 的应用可以缓解这些困局,通过网络可以随时看家人的情况,必要时呼叫钟点工和家政护理人员到场。其实这就是移动网络对家庭生活的管理功能。

9.1.2　网络管理功能

在实际网络管理过程中,网络管理应具有的功能非常广泛,包括很多方面。在 OSI 网络管理标准中定义了网络管理的 5 大功能:配置管理、故障管理、计费管理、性能管理和安全管理。事实上,网络管理还应包括其他功能,如网络规划、网络操作人员的管理等。除了基本的网络管理五大功能,其他网络管理功能实现都与具体的网络实际条件有关,因此只需关注 OSI 网络管理标准中的五大功能。

1)配置管理

配置管理(Configuration Management)主要负责初始化网络并配置网络,以使其提供网络服务。配置管理是一组对辨别、定义、控制和监视组成一个通信网络的对象所必需的相关功能,目的是实现某个特定功能或使网络性能达到最优。

一个计算机网络包括多种多样的计算机设备和网络通信设备,连接网络的各种物理结构和逻辑结构由这些设备组成。每个设备和结构都有自己的名字、技术数据、状态等重要的信息。这些设备和结构在网络系统中的位置和相互关系有时可能改变,因此必须有一个面向全网的设备配置管理系统,用来对各个设备和结构的静态信息或动态变化情况进行统一和科学管理。这种对网络系统中各物理资源与逻辑资源的信息以及它们之间关系的管理,实际上是管理一个表格或一个数据库,内容可能是一台计算机或网络设备的名字、其在网络系统中的物理位置、设备的技术参数、维护联系人及电话号码等。

配置管理需要实现的功能包括:

①设置开放系统中有关路由操作的参数。

②被管对象和被管对象组名字的管理。

③初始化或关闭被管对象。

④根据要求收集系统当前状态的有关信息。

⑤获取系统重要变化的信息。

⑥更改系统的配置。

2)故障管理

故障管理(Fault Management)是网络管理中最基本的功能之一。当网络中某个组成失效时,网络管理器必须迅速查找到故障并及时排除。网络故障管理包括故障检测、隔离和纠正 3 个方面,应包括以下典型功能:

(1)故障检测

主动探测或被动接收网络上的各种事件信息,并识别出其中与网络和系统故障的相关内容,对其中的关键部分保持跟踪,生成网络故障事件记录。

(2)故障报警

接收故障监测模块传来的报警信息,根据报警策略驱动不同的报警程序,以报警窗口/振铃(通知一线网络管理人员)或电子邮件(通知决策管理人员)发出网络严重故障警报。

(3)故障信息管理

依靠对事件记录的分析,定义网络故障并生成故障卡片,记录排除故障的步骤和与故障相关的值班员日志,构造排错行动记录,将事件—故障—日志构成故障逻辑上相互关联的整体,以反映故障产生、变化、消除的整个过程的各个方面。

(4)排错支持工具

向管理人员提供一系列的实时检测工具,对被管设备的状况进行测试并记录测试结果以供技术人员分析和排错。根据已有的排错经验和管理员对故障状态的描述给出对排错行动的提示。

(5)检索/分析故障信息

阅览并且以关键字检索查询故障管理系统中所有的数据库记录,定期收集故障记录数据,在此基础上给出被管网络系统、被管线路设备的可靠性参数。

3)计费管理

计费管理(Accounting Management)又称记账管理,是记录网络用户对网络的使用情况并核算用户费用的管理。计费管理根据资源管理机制制定计费政策,统计用户使用的网络资源,并量化为网络费用。

在计费管理中,首先要根据各类服务的成本,供需关系等因素制定资费政策,资费政策还包括根据业务情况制订的折扣率;其次要收集计费收据,如使用的网络服务、占用时间、通信距离、通信地点等计费服务费用,通常计费管理包括以下几个主要功能:

①通过计费管理功能可以估算出用户使用网络资源可能需要的费用和代价,以及已经使用的资源。

②网络管理员可以规定用户可使用的最大费用,从而控制用户过多占用和使用网络资源。

③当用户为了一个通信目的需要使用多个网络中的资源时,通过计费管理功能可以计算总费用。

4)性能管理

性能管理(Performance Management)用于估价系统资源的运行状况及通信效率等系统性能。其能力包括监视和分析被管网络及其所提供服务的性能机制。性能分析的结果可能会触发某个诊断测试过程或重新配置网络以维持网络的性能。一些典型的功能如下:

①收集统计管理的对象信息。

②维护并检查系统状态日志。

③确定调整网络性能评价标准和性能阈值,调整性能检测模型。

④根据性能分析结构调整网络拓扑结构,优化网络设备配置,从而确保网络性能达到预期水平。

5)安全管理

安全管理(Security Management)按照本地制定的规则来控制对网络资源的访问,以保证网络不被侵害,并保证重要的信息不被未授权的用户访问。安全性一直是网络的薄弱环节之一,而用户对网络安全的要求又相当高,因此网络安全管理非常重要。网络中主要有以下几大安全问题:

①保护网络数据不被侵入者非法获取。

②防止侵入者在外网络上发出错误的信息。

③控制对网络的资源访问。

相应地,网络安全管理应包括对授权机制、访问控制、加密和加密关键字的管理,另外,还需维护和检查安全日志。

在网络管理过程中,存储和传输的管理和控制信息对网络的运行和管理至关重要,一旦泄密、被篡改和伪造,将给网络造成灾难性的破坏。网络管理本身的安全由以下机制保证:

①管理员身份认证,采用基于公开密钥的证书认证机制,为提高系统效率,对信任域内(如局域网)的用户,可以使用简单口令认证。

②管理信息存储和传输的加密与完整性，Web 浏览器和网络管理服务器之间采用安全套接层（Secure Socket Layer，SSL）传输协议，对管理信息加密传输并保证其完整性；内部存储的机密信息，如登录口令等，也是经过加密的。

③网络管理用户分组管理与访问控制，网络管理系统的用户（即管理员）按任务的不同分成若干用户组，不同的用户组中有不同的权限范围，对用户的操作由访问控制检查，保证用户不能越权使用网络管理系统。

④系统日志分析，记录用户所有的操作，使系统的操作和对网络对象的修改有据可查，同时也有助于故障的跟踪与恢复。

9.2 网络故障概述

网络故障是指由硬件的问题、软件的漏洞、病毒的侵入等引起的网络无法提供正常服务或降低服务质量的状态。

9.2.1 常见网络故障

一般来说，引起计算机网络故障的因素有很多种，下面介绍几种常见的网络故障。

1）硬件故障

硬件故障是指网络设备或通信媒体的故障。此类故障非常多，通常表现为时断时续或网络完全断开。

2）软件故障

软件故障是指设备或者计算机软件设置上的问题。它是当前最常见的计算机网络故障之一，此类故障通常表现为网速缓慢、时断时续、无法浏览网页等。

3）内网故障

内网故障是指内部局域网通信的故障。

4）外网故障

外网故障是指访问互联网 Internet 的故障。

9.2.2 产生网络故障的主要原因

1）网络连接故障

网络连接故障是发生故障之后首先考虑的因素，通常网络连接故障会涉及网卡、网线、集线器、交换机、路由器等设备，如果其中一个出现问题，必然会导致网络故障。

2）软件属性设置故障

计算机的配置选项、应用程序的参数设置不正确也有可能导致网络故障的发生。

3）网络协议故障

没有网络协议就没有计算机网络，如果缺少合适的网络协议，那么局域网中的网络设备和计算机之间就无法建立通信连接。因此网络协议在网络中处于举足轻重的地位，决定网络能否正常运行。

9.2.3　常见故障排查过程

1)识别故障的现象

在进行故障排除前,必须确切地知道网络到底出现了什么问题:是无法共享网络、不能浏览网页,还是在“网上邻居”窗口中查找不到对方的计算机?知道出现了什么问题并能够及时对其定位,是成功排除网络故障的首要条件。因此,在排查网络故障时一定要找到问题的出发点。

总体来说,在识别网络故障时要注意以下几个方面。

①当网络发生故障时,正在运行哪些程序;

②这些程序以前是否成功运行过;

③如果程序成功运行过,最后一次运行是在什么时候;

④第一次发生故障前对系统配置、软件配置以及硬件设备配置曾做过哪些更改。

2)故障现象的描述

在处理网络故障时,对故障的描述显得格外重要。如无法浏览网页,仅凭这个信息能判断出究竟是哪里出现了问题?所以需要注意此时的错误信息。

3)列举可能出现故障的原因

在得知详细的网络故障后,就要从多方面来列举有可能导致故障的原因。例如,无法浏览网页时,到底是网络硬件故障、网络连接故障、网络协议设置不当,还是IE浏览器的参数设置有误。这是不可能一下子找出问题的根源所在,只能根据出错的可能性将所有导致故障的原因逐一列举出来,不要忽略其中的任何一个故障产生的原因。

4)缩小搜索范围

在排查网络故障时,要借助一些软件工具或者硬件设备从各种有可能导致故障的原因中剔除非故障因素。这时不仅需要对有可能导致故障的原因逐一进行测试,而且不要根据一次测试的结果断定某部分的网络运行正常或者不正常,要尽量使用各种方法测试所有导致网络故障的可能性。

5)故障排除

在经过上面的测试、基本确定网络故障产生的根源后,就要对症下药。属于计算机故障的就要检查网络协议配置、应用程序的参数是否正确;属于网卡、网线等方面的硬件故障,可通过替换方法排除网络故障。因为已经对所发生的网络故障有了充分的了解,所以排除起来也就更容易。

6)故障分析

故障分析的主要目的是制定相应的对策来防止此类问题的再次发生。例如,如果网络故障是由系统或者应用程序参数变更所导致的,那么就要在以后的使用中注意,尽量不要擅自修改这些参数。

9.2.4　网络故障检测工具

1)网络故障检测的硬件工具

网络故障检测的硬件工具有很多,如数字万用表、时域反射仪、电缆测试仪、示波器、协议分析仪等。但是网络故障检测的硬件工具对普通的网络用户来说很难接触到,故在此不做重点介绍。

2）网络故障检测的软件工具

（1）数据包网际检测程序 Ping 命令

作用：Ping 命令是网络中使用的最频繁的命令之一，主要用来确定网络的连通性问题。Ping 是 Windows、UNIX、Linux 等操作系统集成的 TCP/IP 应用程序之一。可以在“开始”“运行”中直接执行 Ping 命令，也可以在“开始”“运行”中输入命令“CMD”，打开命令提示符窗口后再使用 Ping 命令，如图 9.2 所示。

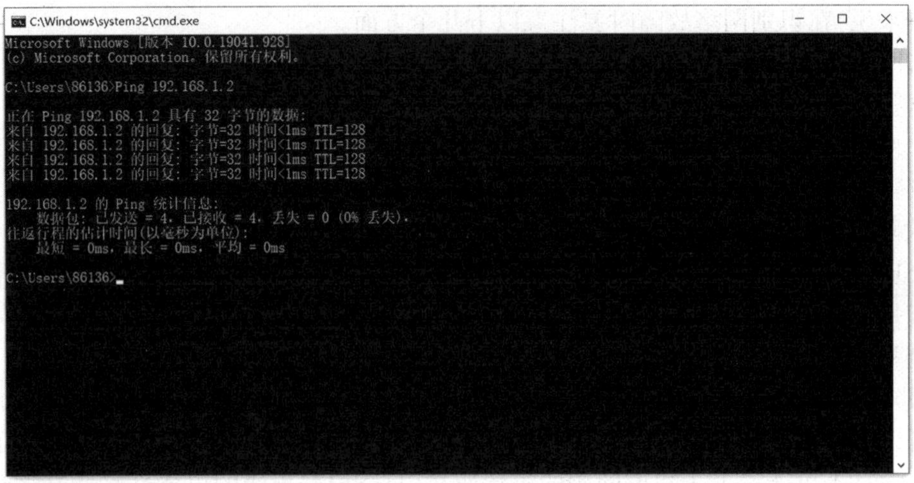

图 9.2　Ping 命令使用窗口

语法格式：Ping IP 地址或主机名 参数

Ping 命令的参数如下所列。

-t：表示 Ping 指定的计算机直到中断。

-a：表示将地址解析为计算机名。

-f：在数据包中发送“不要分段”标志，数据包就不会被路由上的网关分段。

-n：发送 count 指定的 ECHO 数据包数，默认值为 4。

-w：指定超时间隔，单位为 ms。

Ping 命令的出错信息说明。unknown host（不知名主机）；network unreachable（网络不能到达）；no answer（无响应）。

（2）IP 配置查询命令 IPConfig

作用：此命令可以显示 IP 的具体配置信息，如显示网卡的物理地址、主机的 IP 地址、子网掩码和默认网关等，还可以查看主机名、DNS 服务器、节点类型等相关信息。

语法格式：IPConfig/参数

IPConfig 命令的参数如下所列。

/?：显示所有可用参数信息。

/all：显示所有有关 IP 地址的配置信息。

/batch [file]：将命令结果写入指定文件。

/release_all：释放所有网络适配器。

/renew_ all：重试所有网络适配器。

在命令提示符窗口中输入命令 IPConfig/all,按“Enter”键后结果如图 9.3 所示。

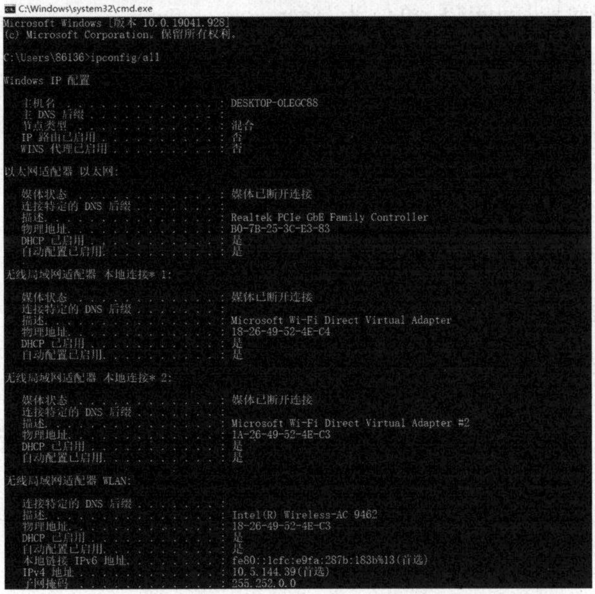

图 9.3　IPConfig 命令使用窗口

利用 IPConfig 命令可以使用户很方便地了解到所用主机 IP 地址的实际配置情况,当用户设置的是利用网络中的 DHCP 服务器动态获取 IP 地址时,此命令非常有用,利用它可以清楚地知道本机分配的 IP 地址情况。

(3)网络状态查询命令 Netstat

作用:此命令可以显示当前正在活动的网络连接的详细信息,统计目前总共有哪些网络连接正在运行,如显示 TCP/IP、UDP 等的使用状态,选择特定的协议并查看其具体信息,显示所有主机的端口号及当前主机的详细路由信息等。

语法格式:Netstat 参数

Netstat 命令的参数如下所列。

r:显示本机路由表的内容。

-s:显示每个协议的使用状态。

-n:以数字表格形式显示地址和端口。

-a:显示所有主机的端口号。

利用 Netstat 命令可以显示本地或与之相连的远程计算机的连接状态,包括 TCP,IP,UDP,ICMP 的使用情况;了解本地主机开放的端口情况。

(4)路由分析诊断命令 Tracert

作用:用来显示数据包到达目的主机所经过的路径,并显示到达每个节点的时间。其功能与 Ping 命令类似,但测试的内容比 Ping 命令更详细。

语法格式:Tracert　IP 地址或主机名　参数

Tracert 命令的参数如下所列。

-d:不解析目的主机的名称。

-h maximum hops:指定搜索到目的地址的最大跳跃数。

-j host list:按照主机列表中的地址释放源路由。

-w timeout:指定超时时间间隔,单位为毫秒。

9.3 实例

9.3.1 连通性故障

1)连通性故障的表现形式

①计算机无法登录到服务器。

②计算机无法通过局域网接入 Internet。

③计算机在“网上邻居”窗口中只能看到自己,而看不到其他计算机,从而无法使用其他计算机的共享资源和共享打印机。

④计算机无法在网络内访问其他计算机中的资源。

⑤网络中的部分计算机运行速度十分缓慢。

2)连通性故障的表现形式

①网线、插座故障。

②Hub 电源未打开,Hub 硬件故障,或 Hub 端口硬件故障。

③网络协议未安装正确。

④网卡驱动未安装或安装不正确及网卡硬件故障。

⑤UPS(电源)故障。

3)连通性故障排除法

①确认连通性故障。

②利用指示灯判断网卡故障。

③利用 Ping 命令排除网卡故障。

④在确定网卡和协议都正确的情况下,网络还是不通,可以初步断定是 Hub 或双绞线有问题。

⑤如果确定 Hub 有故障,出现应先检查 Hub 的指示灯是否正常。

4)故障排除实例

【实例 1】 一台计算机,网络配置正常,但不能连通网络。

分析、排除故障的方法:本机通过信息插座和局域网连接,经确认网络配置和网卡没有问题后,怀疑是连接计算机和信息插座的网线有问题。把此网线换到其他计算机中,工作正常。于是怀疑信息插座到交换机的线路有问题,经检测也没有问题。

故障排除过程:使用测线仪再次测试网线,发现 3 线有时不通,仔细检查,原来在制作网线时 3 线已快要被压线钳压断。使用网线时,因为曲折的原因,这条线偶尔会通。重新制作网线后,故障排除。

提示:使用压线钳剥双绞线的外皮时,非常容易出现这种现象,有些线被压得快要断开,但还能使用时,长时间使用会引起网络不通的故障。在制作网线时一定要仔细检查,不能做完后测通就了事。

【实例2】　××校信息工程学院607实训室120台计算机在启动Windows时一直停留在启动画面不能进入系统。

分析、排除故障的方法：首先怀疑是计算机病毒的原因，经过查毒，发现没有问题。测试时发现使用安全模式可以进入，但普通模式则不能进入。偶然发现机房中有两台计算机可以进入，把这两台计算机替换到其他位置也出现相同问题，于是开始怀疑网络问题。

9.3.2　网络协议故障

1）协议故障的表现形式

①计算机无法登录到服务器。

②计算机无法通过局域网接入Internet。

③计算机在"网上邻居"中既看不到自己，也无法在网络中访问其他计算机。

④计算机在"网上邻居"中能够看到自己和其他成员，但无法访问其他计算机。

2）协议故障产生的主要原因

①网卡安装错误。

②协议未安装：实现局域网通信，需安装NetBEUI协议。

③协议配置不正确：TCP/IP涉及的基本参数有4个，包括IP地址、子网掩码、DNS、网关，任何一个设置出现错误，都会导致故障发生。

④网络中存在重名的计算机。

3）协议故障的基本排除方法

①使用Ping命令，Ping本地的IP地址，检查网卡和IP是否安装完好。如果无法连通，则说明TCP/IP有问题。

②检查计算机是否安装了TCP/IP和NetBEUI协议，如果没有，则建议安装这两个协议，并把TCP/IP参数配置好，重新启动计算机并再次进行测试。

③在"控制面板"的"网络"属性中，单击"文件及打印共享"按钮，在弹出的"文件及打印共享"对话框中进行检查，看是否选中了"允许其他用户访问我的文件"或"允许其他计算机使用我的打印机"复选框。如果没有，则全部选中或选中其中一个复选框，否则将无法使用共享文件夹。

④在"网络"属性的"标识"中，重新为该计算机命名，使其在网络中具有唯一性。

4）故障排除实例

【实例3】　××校信息工程学院404实训室，大量计算机出现"本机的计算机名已经被使用""IP地址冲突"等提示。

分析、排除故障的方法：此机房使用网络复制安装系统，因为安装了保护卡，所以后来手动修改计算机名和IP地址时，有些计算机忘记取消保护。

提示：由于学校机房较大，查找发生冲突的计算机相对比较困难。这时，应注意出现冲突提示时会提示发生冲突的计算机网卡的MAC地址。利用这些MAC地址，可以很容易地找到发生冲突的计算机。建议机房管理人员事先把所有计算机的MAC地址统计一遍，这对以后查找网络故障和配置安全机制十分有用。

【实例4】　一台局域网中的计算机，可以通过局域网访问Internet，也可以看到网上邻居，但是其他计算机在网上邻居中不能看到此计算机，机房管理系统也不能管理此计算机。

分析、排除故障的方法:能上网,说明网络连通和 TCP/IP 没有问题,Ping 不通则说明 TCP/IP 有问题。打开网络属性的 IP 配置,检查网卡的 IP 地址配置没有错误。打开“拨号网络适配器”的 TCP/IP 属性,发现已经设置了固定的 IP 地址,将此 IP 地址设置为“自动获得 IP 地址”后,计算机恢复正常。

9.3.3 网络配置故障

1)网络配置故障的表现形式

配置错误也是导致故障发生的重要原因之一。计算机的使用者(特别是初学者)对计算机设置的修改可能会产生一些令人意想不到的访问错误。常见的网络配置故障有以下几种表现形式。

①只能 Ping 通本机。

②计算机只能与某些计算机而不是全部计算机进行通信。

③Ping 命令运行正常,但无法上网浏览,无法访问网络中的其他设备。

2)网络配置故障的基本排除方法

①在“控制面板”的“网络”属性中,查看 TCP/IP 的配置,指定 IP 地址必须配置在以太网网卡的 TCP/IP 上,拨号网络适配器的 IP 地址应是自动获取的。配置完成后重新启动计算机,测试网络运行状态。

②在命令提示符窗口中运行 IPConfig 命令,查看网关设置是否正确。

③在命令提示符窗口中运行 IPConfig 命令,查看 DNS 设置是否正确。

3)故障排除实例

【实例 5】 某局域网可以 Ping 通 IP 地址,但 Ping 不通域名。

分析、排除故障的方法:这表示 TCP/IP 中的“DNS 设置”不正确,请检查其中的配置。对于对等网而言,“主机”应填计算机本身的名称,“域”不须填写,DNS 服务器应填计算机本身的 IP 地址。对于服务器/工作站网络而言,“主机”应填服务器的名称,“域”应填局域网服务器设置的域,DNS 服务器应填服务器的 IP 地址。

项目小结

本项目叙述了网络管理的基本应用、网络管理 5 个基本功能(配置管理、性能管理、故障管理、安全管理、记账管理)的作用,并介绍了常见网络故障及排除方法。

思考与练习

一、选择题

1. 利用(　　),可访问诸如每秒传输的数据和网络差错率等网络管理数据,使管理员能够更方便地管理网络的性能。

A. SNMP　　B. SIP　　C. ARP　　D. TCP/IP

2. 如果可以 Ping 到一个 IP 地址但不能远程登录,可能是因为(　　)。

A. IP 地址不对　　B. 网络接口卡出错

C. 上层功能没有起作用　　D. 子网配置出错

3. OSI 规定的网络管理的功能域不包括(　　)。

A. 计费管理　　B. 安全管理　　C. 性能管理　　D. 操作人员的管理

4. 找出受网络问题影响的用户数目主要是(　　)。

A. 确定这个问题和用户有关还是与网络有关

B. 确定这个问题的范围

C. 弄清楚哪些电缆需要检查

D. 确定需要多少技术人员

5. 当网卡和集线器正确连接后,通常可以发现网卡和集线器上的(　　)灯点亮。

A. 冲突　　B. 衰减　　C. 连接　　D. MDI

二、填空题

1. 当前最流行的网络管理协议是__________。

2. 保证网络安全的最主要因素是__________。

3. 为了观察数据包从数据源到目的地的路径和网络瓶颈,需要使用__________。

三、问答题

1. 简述网络管理的基本内容。

2. 简述网络管理的五大功能。

3. 简述网络故障的诊断方法及常见的排错过程。

实验9　DNS 服务器的配置与管理

一、实验目的

1. 了解域名解析的方法。

2. 熟悉 DNS 的基本概念。

3. 掌握 DNS 服务器的安装与配置。

二、实验设备

1. 硬件环境:局域网,每人一台计算机,Windows Server 2019 Standard 安装盘。

2. 软件环境:Windows Server 2019 Standard 操作系统,Windows 自带的 DNS 组件。

三、实验内容和步骤

计算机在网络中通信时只能识别如“192.168.11.18”之类的数字地址,而人们把该数字地址称为 IP 地址。为什么当人们打开浏览器,在地址栏中输入如 http://www.test18.com(虚拟地址)的域名后,就能进入所需要的页面吗?这是因为在输入域名后,有一种叫作“DNS 服务器”的计算机,自动把域名“翻译”成了相应的 IP 地址,并调出该 IP 地址所对应的网页,传回给浏览器。

1. 配置 IP 地址

选择“开始”→“控制面板”→“查看网络状态和任务”→“更改适配器设置”选项,选中“Ethernet0”并单击右键,选择“属性”选项,在 Ethernet0 属性窗口中选中“Internet 协议版本 4(TCP/IPv4)属性”复选框,单击“属性”按钮,设置 IP 地址、子网掩码、默认网关和首选 DNS 服务器地址等参数,如图 9.4 所示。

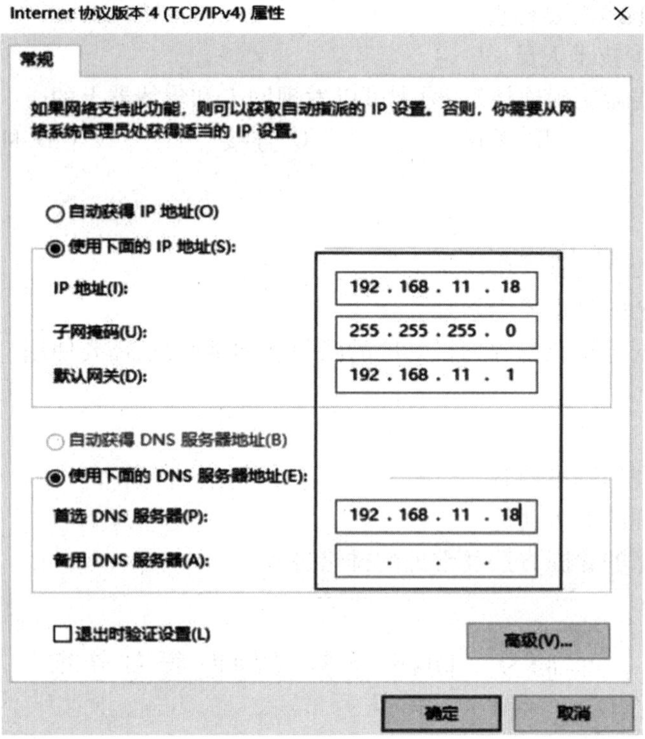

图 9.4　配置 IP 地址

2. DNS 服务程序的安装

步骤 1:选择“开始”→“服务器管理器”→“添加角色和功能”选项,弹出“添加角色和功能向导”对话框,单击“下一步”按钮,选中“基于角色或基于功能的安装”单选按钮,单击“下一步”按钮,选中“从服务器池中选择服务器”单选按钮,单击“下一步”按钮,选中“DNS 服务器”复选框,单击“添加功能”按钮,如图 9.5 所示。

步骤 2:依次单击“下一步”按钮,直至进入安装界面,单击“安装”按钮,即可开始安装 DNS 服务所需的系统文件。

步骤 3:安装完后,单击“关闭”按钮即可,此时,在“管理工具”下增加了“DNS”选项。

3. DNS 服务器的设置

步骤 1:选择“开始”→“服务器管理器”选项,选择“工具”→“DNS”选项,打开“DNS 管理器”界面,如图 9.6 所示。

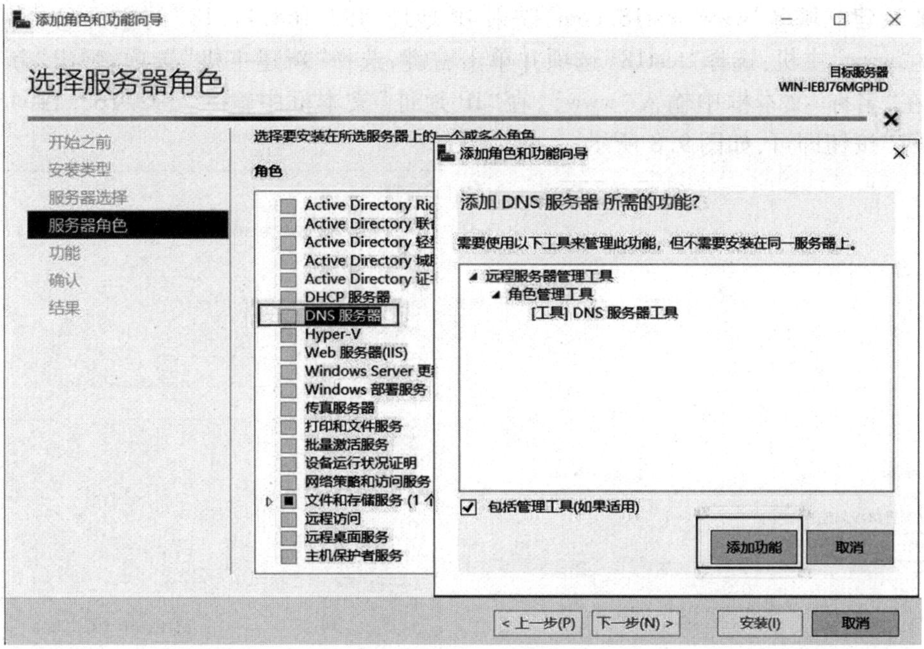

图 9.5　安装 DNS 服务器

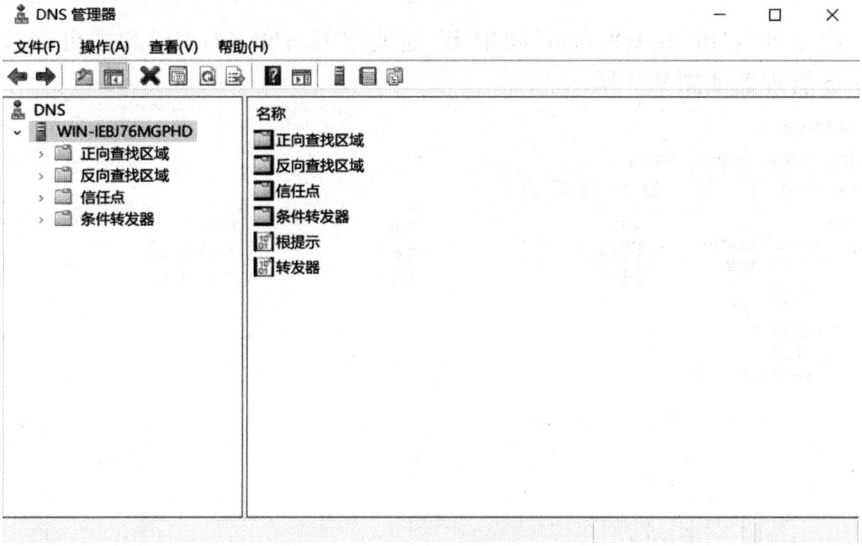

图 9.6　“DNS 管理器”界面

步骤 2:建立域名为“www. test118. com”。

建立“com”区域:选择“DNS”→“WIN-IEBJ76MGPHD”(服务器名称)→“正向查找区域”选项并单击右键,在弹出的快捷菜单中选择“新建区域”选项,弹出“新建区域向导”对话框,根据提示单击“下一步”按钮,选中“主要区域”单选按钮,单击“下一步”按钮,在“区域名称”文本框中输入“com”,单击“下一步”按钮,直至完成。

建立“test18”域:选中“com”选项并单击右键,选择“新建域”选项,弹出“新建 DNS 域”对话框,在“请键入新的 DNS 域名”文本框中输入“test18”,单击“确定”按钮,如图 9.7 所示。

步骤3:建立域名“www. test18. com”映射IP地址“192. 168. 11. 18”的主机记录。

建立“www”主机:选择“test18”选项并单击右键,选择“新建主机”选项,弹出“新建主机”对话框,在“名称”文本框中输入“www”,在“IP地址”文本框中输入“192. 168. 11. 18”,单击“添加主机”按钮即可,如图9.8所示。

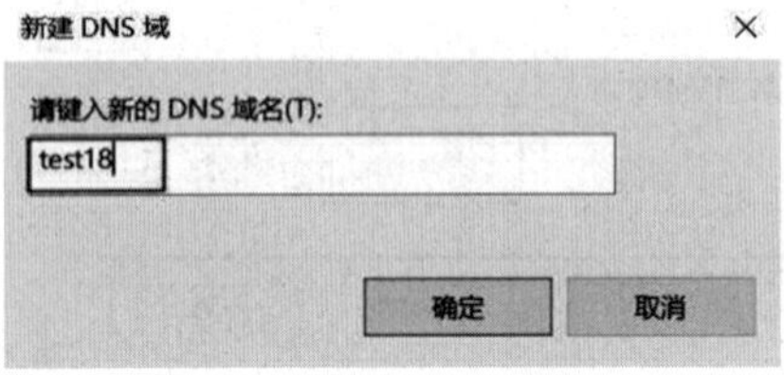

图9.7 新建DNS域名

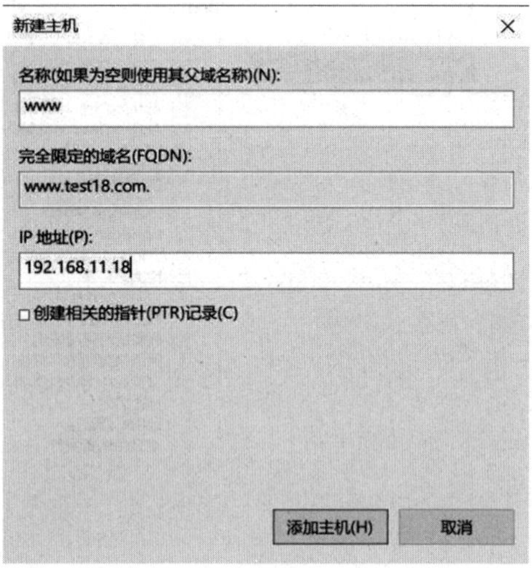

图9.8 新建主机

步骤4:建立域名“ftp. test18. com”映射IP地址“192. 168. 11. 19”的主机记录方法同上,建立好的DNS管理器如图9.9所示。

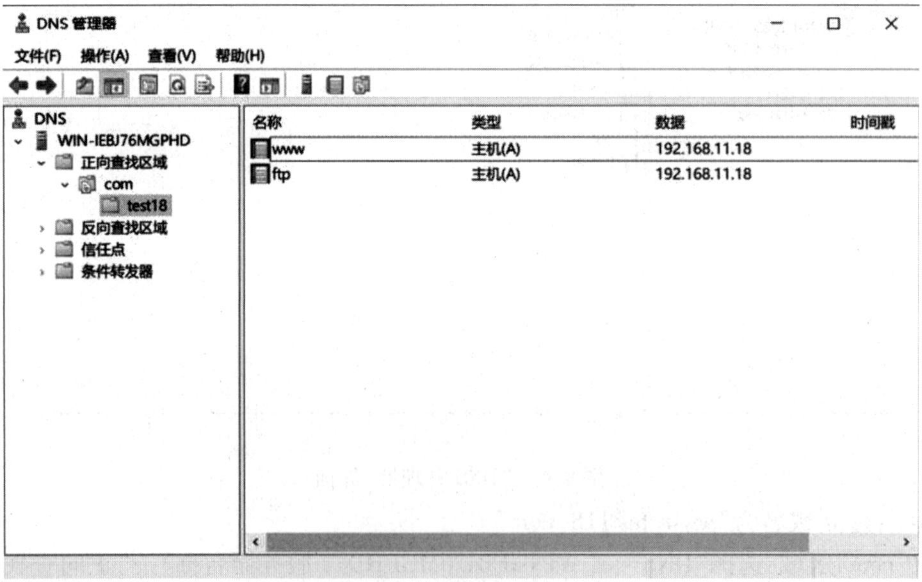

图9.9 新建DNS管理器

4. 创建反向查找区域

反向查找区域不一定非要创建,但是加上它后,可以使用Nslookup工具来诊断DNS服务器故障。

步骤1:在“DNS管理器”窗口中单击右键“反向查找区域”选项,选择“新建区域”选项,弹出“新建区域向导”对话框,单击“下一步”按钮,选中“主要区域单选按钮”,单击“下一步”按钮,选中“IPv4 反向查找区域单选按钮”,单击“下一步”按钮。

步骤2:在“网络 ID”文本框中填入 IP 地址“192.168.11”,单击“下一步”按钮。

步骤3:进入区域文件界面,单击“下一步”按钮,直至完成,至此,“反向搜索区域”的安装完成。这样就拥有了两个区域,即正向查找区域和反向查找区域。

步骤4:右键单击“反向查找区域”下的“11.168.192.in-addr.arpa”选项,选择“新建指针(PRT)”选项,主机 IP 地址为“192.168.11.18”,主机名为“www.test18.com”。单击“确定”按钮,即可建立一个 IP 地址到域名的 PTR 记录,如图 9.10 所示。

图 9.10　新建资源记录

5. DNS 设置后的验证

为了测试所进行的设置是否成功,通常采用 Windows 自带的“Ping”命令完成,如“Ping www.test18.com”。成功的 DNS 测试如图 9.11 所示。

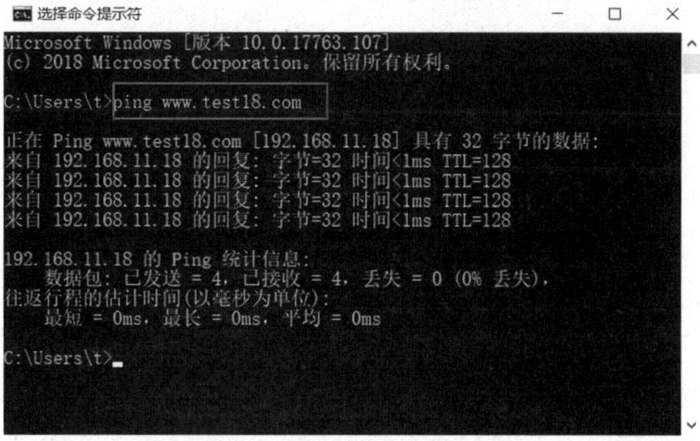

图 9.11　利用 Ping 命令测试 DNS

四、实验思考

1. 如何在一个 IP 地址上建立多个域名服务？

2. 在任务栏中，选择"开始"→"运行"选项，在"运行"文本框中输入"cmd"并按"Enter"键，进入命令提示符界面，输入"Nslookup/?"，了解 Nslookup 的用法，并利用它测试 DNS。

项目 10 网络技术展望

[任务导入]

在科技日新月异的今天,物物相联逐渐普及,任何事情似乎都可以与网络有关,都可以通过网络完成,网络的发展改变了人们的生活方式。

[知识目标]

- 了解物联网的发展历程,理解物联网的含义和技术架构。
- 了解云计算的定义和原理。
- 了解云计算与物联网之间的关系。
- 理解大数据的含义、基本特征以及大数据对当今社会的重要影响。

[技能目标]

- 理解目前主流的云计算技术。

[课程思政目标]

通过对本项目的学习,使学生深刻地认识到国家发生日新月异的变化,是离不开技术的支撑。以习近平同志为核心的党中央高度重视传统媒体和创新媒体的融合发展,习近平总书记多次在不同的场合强调要利用新技术、新应用创新媒体传播方式。引导学生关注最新的传播技术、传播方式,特别是计算机网络的新技术,使学生被技术的魅力所吸引,建立起自豪感。

10.1 物联网技术

物联网技术是指通过信息传感设备,按约定的协议,将任何物体与网络相连,物体通过信息传播媒介进行信息交换和通信,以实现智能化识别、定位、跟踪、监管等功能。

10.1.1 物联网的发展

物联网过去被称为传感网。1999 年,在美国召开的移动计算和网络国际会议上提出“传感网是下一个世纪人类面临的又一个发展机遇”。2003 年,美国《技术评论》提出传感网络技术将是未来改变人们生活的十大技术之首。

2005 年 11 月 17 日,在突尼斯举行的信息社会世界峰会(The World Summit on the Infomation Society, WSIS)上,国际电信联盟(International Telecommunication Union, ITU)正式提出了

"物联网"的概念。

自 2009 年 8 月,时任国务院总理温家宝提出"感知中国"以来,物联网被正式列为国家五大新兴战略性产业之一,写入《政府工作报告》,物联网在中国受到了全社会极大的关注,其受关注程度是在美国、欧盟以及其他各国不可比拟的。

物联网的概念与其说是一个外来概念,不如说它已经是一个"中国制造"的概念,它的覆盖范围与时俱进,已经超越了 1999 年 Ashton 教授和 2005 年 ITU 报告所指的范围,物联网已被贴上"中国式"标签。

10.1.2 物联网的定义

物联网的定义目前还存在较大的争议,各个国家和地区对物联网都有自己的定义。

中国对物联网的定义:通过信息传感设备,按照约定的协议,把任何物品与互联网连接起来,进行信息交换和通信,以实现智能化识别、跟踪、定位、监控和管理。它是在互联网的基础上延伸和扩展的网络。

物联网的英文名称为(The Internet of Things),物联网是通过射频识别(Radio Frequency Identification,RFID)、红外感应器、全球定位系统、激光扫描器等信息传感设备,按约定的协议,把任何物品与互联网连接起来,进行信息交换和通信,以实现智能化识别、定位、跟踪、监控和管理的一种网络。物联网的概念是在 1999 年提出的。物联网就是"物物相连的互联网"。它有两层意思:第一,物联网的核心和基础仍然是互联网,是在互联网基础上的延伸和扩展的网络;第二,其用户端延伸和扩展到了任何物品与物品之间,进行信息交换和通信。

10.1.3 物联网的技术架构

从技术架构上看,物联网可分为感知层、网络层和应用层 3 层,如图 10.1 所示。

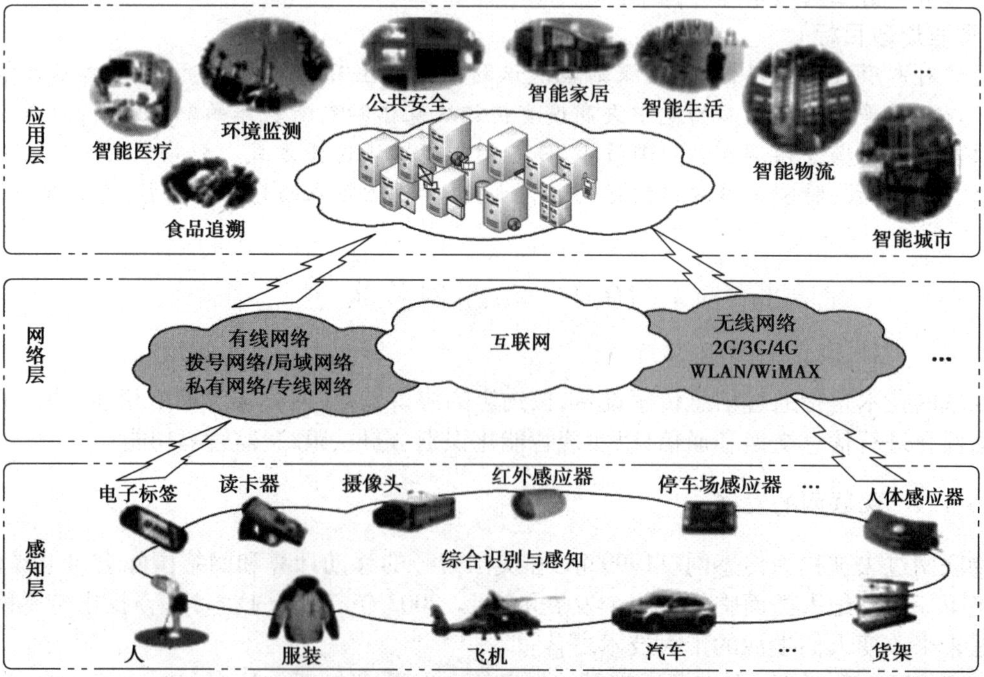

图 10.1 物联网技术架构

(1)第一层感知层

由各种传感器以及传感器网关构成,包括温度传感器、湿度传感器、电子标签、摄像头、红外线感应器等感知终端,该层的主要功能是识别物体和采集信息。感知层是物联网发展和应用的基础。例如,张贴安装在设备上的 RFID 标签和用来识别 RFID 信息的扫描仪、感应器都属于物联网的感知层。现在的高速公路不停车收费系统、超市仓储管理系统等都是基于这类结构的物联网。

(2)第二层网络层

网络层是物联网二层中标准化程度最高、产业化能才最强、最成熟的部分,包括网络管理中心、通信与互联网的融合网络和信息处理中心等。网络层利用有线或无线网络将感知层获取的信息进行处理和传递。

(3)第三层应用层

应用层是物联网和用户(包括人、组织和其他系统)的接口,它与行业需求结合,实现物联网的智能应用。

10.1.4　物联网应用

目前,物联网把新一代 IT 技术充分运用在各行各业之中,具体地讲,就是把感应器嵌入和装备到电网、铁路、桥梁、隧道、公路、建筑、供水系统、大坝、油气管道等各种物体中,然后将“物联网”与现有的互联网整合起来,实现人类社会与物理系统的整合,在这个整合的网络中,存在能力超级强大的中心计算机群,能够对整合网络内的人员、机器、设备和基础设施实施实时的管理和控制,在此基础上,人类可以以更加精细和动态的方式管理生产和生活,达到“智慧”状态,提高资源利用率和生产力水平,改善人与自然之间的关系,如图 10.2 所示。

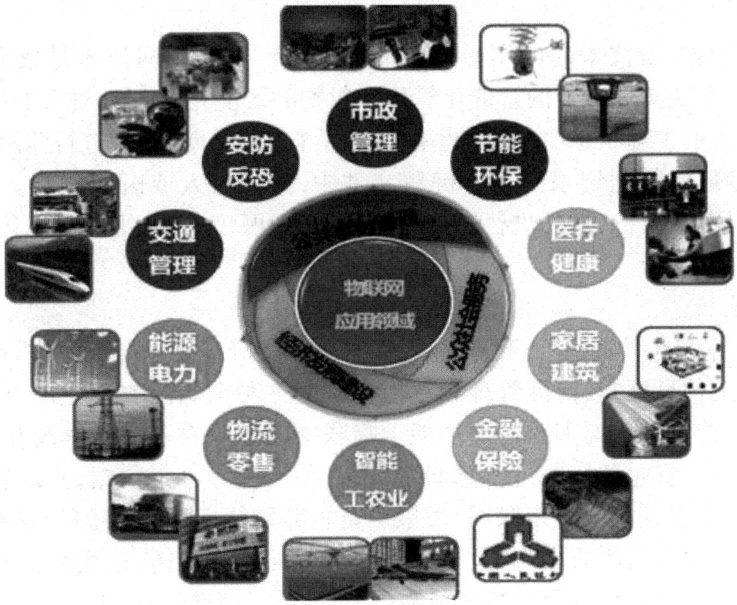

图 10.2　物联网应用

1)智慧物流

智慧物流是指以物联网、大数据、人工智能等信息技术为支撑,在物流的运输、仓储、配送等各个环节实现系统感知、全面分析及处理等功能。目前,应用于物联网领域的主要体现在仓储、运输监测以及快递终端等方面,通过物联网技术实现对货物的监测以及运输车辆的监测,包括货物车辆位置、状态以及货物温湿度、油耗及车速等,物联网技术的使用能提高运输效率,提升整个物流行业的智能化水平。

2)智能交通

智能交通是物联网的一种重要体现形式,利用信息技术将人、车和路紧密地结合起来,改善交通运输环境、保障交通安全以及提高资源利用率。运用物联网技术具体的应用领域,包括智能公交车、共享单车、车联网、充电桩监测、智能红绿灯以及智慧停车等领域。其中,车联网是近年来各大厂商及互联网企业争相进入的领域。

3)智能家居

智能家居是指使用不同的方法和设备来提高人们的生活能力,使家庭变得更舒适、安全和高效。物联网应用于智能家居领域,能够对家居类产品的位置、状态、变化进行监测,分析其变化特征,同时根据人的需要,在一定程度上进行反馈。智能家居行业发展主要分为 3 个阶段,即单品连接、物物联动和平台集成。其发展方向首先是连接智能家居单品,其次走向不同单品之间的联动,最后向智能家居系统平台发展。目前,各个智能家居类企业正在从单品向物物联动的过渡阶段。

4)智慧能源环保

智慧能源环保属于智慧城市的一个部分,其物联网应用主要集中在水能、电能、燃气、路灯等能源以及井盖、垃圾桶等环保装置。如智慧井盖监测水位以及其状态、智能水电表实现远程抄表、智能垃圾桶自动感应等。将物联网技术应用于传统的水、电、光能设备进行联网,通过监测,提升利用效率,减少能源损耗。

5)智能医疗

在智能医疗领域,新技术的应用必须以人为中心。而物联网技术是数据获取的主要途径,能有效地帮助医院实现对人的智能化管理和对物的智能化管理。对人的智能化管理指的是通过传感器对人的生理状态(如心跳频率、体力消耗、血压高低等)进行监测,主要是指医疗可穿戴设备,将获取的数据记录到电子健康文件中,方便个人或医生查阅。除此之外,通过 RFID 技术还能对医疗设备、物品进行监控与管理,实现医疗设备、用品可视化,主要表现为数字化医院。

6)智能农业

智慧农业是指利用物联网、人工智能、大数据等现代信息技术与农业进行深度融合,实现农业生产全过程的信息感知、精准管理和智能控制的一种全新的农业生产方式,可实现农业可视化诊断、远程控制以及灾害预警等功能。物联网应用于农业主要体现在两个方面,即农业种植和畜牧养殖。农业种植通过传感器、摄像头和卫星等收集数据,实现农作物数字化和机械装备数字化(主要是指农机车联网)发展。畜牧养殖是指利用传统的耳标、可穿戴设备以及摄像头等收集畜禽产品的数据,通过对收集到的数据进行分析,运用算法判断畜禽产品健康状况、喂养情况、位置信息以及发情期预测等,对其进行精准管理。

10.2　云计算技术

10.2.1　云计算的概念

云计算(Cloud Computing),最早由谷歌提出,它描述的是一种基于互联网的计算方式,通过这种方式,共享的软、硬件资源和信息可以按需提供给计算机和其他设备。

通常将提供资源的网络称为"云",云计算的核心思想是:将大量用网络连接的计算资源统一管理和调度,构成一个计算资源池向用户按需服务,如图10.3所示。

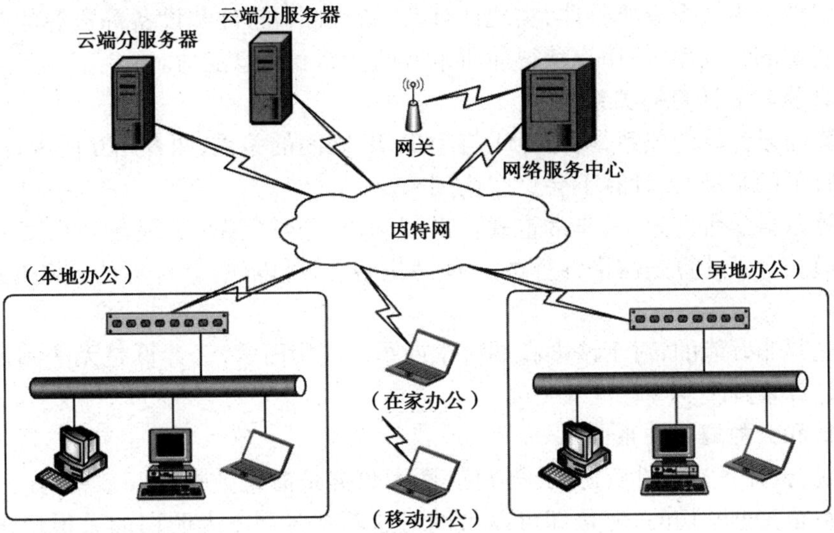

图10.3　云计算

10.2.2　云计算的特点

1)超大规模

"云"具有相当的规模。Google云计算已经拥有100多万台服务器,Amazon、IBM、微软和Yahoo等公司的"云"均拥有几十万台服务器。"云"能赋予用户前所未有的计算能力。

2)虚拟化

云计算支持用户在任意位置、使用各种终端获取服务。所请求的资源来自"云",而不是固定的有形体。应用在"云"中某处运行,但实际上用户无须了解运行的具体位置,只需一台终端设备就可通过网络来获取各种能力超强的服务。

3)高可靠性

"云"使用了数据多副本容错、计算节点同构可互换等措施来保障服务的高可靠性,使用云计算比使用本地计算机更可靠。

4)通用性

云计算不局限于特定的应用,同一片"云"可以同时支撑不同应用的运行,在"云"的支撑下可以构造出千变万化的应用。

5)按需服务

“云”是庞大的资源池,用户按需购买服务,像自来水、电和煤气一样计费。

6)极其廉价

“云”的特殊容错措施使得可以采用极其廉价的节点来构成“云”。“云”的自动化管理使数据中心管理成本大幅降低。“云”具有前所未有的性能价格比。

10.2.3 网格计算与云计算

1)什么是网格计算

网格(Grid)是20世纪90年代中期发展起来的下一代因特网核心技术。

网格是在网络基础上,基于SOA,使用互操作、按需集成等技术手段,将分散在不同地理位置的资源虚拟成为一个有机整体,实现计算、存储、数据、软件和设备等资源的共享,从而大幅度地提高资源的利用率,使用户获得前所未有的计算和信息能力。

2)网格计算与云计算的关系

网格计算与云计算的关系,就像OSI与TCP/IP之间的关系,两者相互促进,协同发展,没有网格计算打下的基础,云计算不会这么快到来。

网格计算以科学研究为主,非常重视标准规则,也非常复杂,实现起来难度大,而且缺乏成功的商业模式。云计算是网格计算的一种简化形态,可以说,云计算的成功也体现了网格计算的成功。

云计算也并非万能的,对于许多高端科学或军事应用而言,云计算是无法满足需求的,必须依靠网格计算来解决。

3)云计算和大数据的关系

简单来说,云计算是硬件资源的虚拟化,而大数据是海量数据的高效处理。虽然从这个解释来看也不是完全贴切的,但是却可以帮助对这两个名字不太明白的人很快理解其区别。当然,如果解释更形象一些,云计算相当于我们的计算机和操作系统,将大量的硬件资源虚拟化后再进行分配使用。

可以说,大数据相当于海量数据的“数据库”,通观大数据领域的发展也可以看出,当前的大数据发展一直在向着近似于传统数据库体验的方向发展,一句话就是,传统数据库给大数据的发展提供了足够大的空间。

大数据的总体架构包括数据存储、数据处理和数据分析3层。数据先通过存储层存储,再根据数据需求和目标建立相应的数据模型和数据分析指标体系对数据进行分析产生价值。

而中间的时效性又通过中间数据处理层提供的强大的并行计算和分布式计算能力完成。三者相互配合,这使大数据产生最终价值。

不看现在云计算发展情况,未来的趋势是:云计算作为计算资源的底层,支撑着上层的大数据处理,而大数据的发展趋势是,实时交互式的查询效率和分析能力,借用Google一篇技术论文中的话:“动一下鼠标就可以在妙极操作PB级别的数据”,确实令人兴奋不已。

4)云计算和物联网的联系

物联网是在互联网的发展中衍生出的网络概念,随着物联网技术的不断变革,使得其产生了海量数据信息,且需要较大规模的数据处理能力和存储能力。云计算技术的大规模数据处理能力在物联网发展中起的作用也因此越来越大。

云计算的分布是大规模服务器,很好地解决了物联网服务器节点不可靠的问题。随着物联网的逐渐发展,感知层和感知数据都在不断地增长,在访问量不断增加的情况下,会造成物联网的服务器间歇性的崩塌。增加更多的服务器资金成本,而且在数据信息较少的情况下,会使得服务器产生浪费的状态。基于这种情况,云计算弹性计算的技术能很好地解决该问题。

另一方面,云计算集成的 AI 和大数据处理能力,很好地充当“大脑”的角色,能够从收集到的实物信息中分析出潜在规律并给终端设备发送指令,使物联网所连接的设备具备了真正意义上的“智能”。

10.2.4　云计算核心技术

云计算是一种以数据和处理能力为中心的密集型计算模式,它融合了多项 ICT 技术,是传统技术“平滑演进”的产物。其中,以虚拟化技术、分布式数据存储技术、编程模型、大规模数据管理技术、分布式资源管理、信息安全、云计算平台管理技术、绿色节能技术最为关键。

1)虚拟化技术

虚拟化是云计算最重要的核心技术之一,它为云计算服务提供基础架构层面的支撑,是 ICT 服务快速走向云计算的最主要驱动力。可以说,没有虚拟化技术也就没有云计算服务的落地与成功。随着云计算应用的持续升温,业内对虚拟化技术的重视也提到了一个新的高度。与此同时,调查发现,很多人对云计算和虚拟化的认识都存在误区,认为云计算就是虚拟化的。事实上并非如此,虚拟化是云计算的重要组成部分但不是全部。

从技术上讲,虚拟化是一种在软件中仿真计算机的硬件,以虚拟资源为用户提供服务的计算形式。旨在合理调配计算机资源,使其更高效地提供服务。它把应用系统各硬件之间的物理划分打破,从而实现架构的动态化,实现物理资源的集中管理和使用。虚拟化的最大好处是增强系统的弹性和灵活性,降低成本、改进服务、提高资源利用效率。

从表现形式上看,虚拟化又分为两种应用模式:一是将一台性能强大的服务器虚拟成多个独立的小服务器,服务不同的用户;二是将多个服务器虚拟成一个强大的服务器,完成特定的功能。这两种模式的核心都是统一管理,动态分配资源,提高资源利用率。在云计算中,这两种模式都有比较多的应用。

2)分布式数据存储技术

云计算的另一大优势就是能够快速、高效地处理海量数据。在数据爆炸的今天,这一点至关重要。为了保证数据的高可靠性,云计算通常会采用分布式存储技术,将数据存储在不同的物理设备中。这种模式不仅摆脱了硬件设备的限制,同时扩展性更好,能够快速响应用户需求的变化。

分布式存储与传统的网络存储并不完全一样,传统的网络存储系统采用集中的存储服务器存放所有数据,存储服务器成为系统性能的瓶颈,不能满足大规模存储应用的需要。分布式网络存储系统采用可扩展的系统结构,利用多台存储服务器分担存储负荷,利用位置服务器定位存储信息,它不但提高了系统的可靠性、可用性和存取效率,还易于扩展。

在当前的云计算领域,Google 的 GFS 和 Hadoop 开发的开源系统 HDFS 是比较流行的两种云计算分布式存储系统。

3)编程模式

分布式并行编程模式创立的初衷是更高效地利用软、硬件资源,让用户更快速、更简单地使用应用或服务。在分布式并行编程模式中,后台复杂的任务处理和资源调度对于用户来说是透明的,这样能够大大提升用户体验。MapReduce 是当前云计算主流并行编程模式之一。MapReduce 模式将任务自动分成多个子任务,通过 Map 和 Reduce 两步实现任务在大规模计算节点中的高度与分配。

MapReduce 是 Google 开发的 Java、Python、C++编程模型,主要用于大规模数据集(大于 1 TB)的并行运算。MapReduce 模式的思想是将要执行的问题分解成 Map(映射)和 Reduce(化简)的方式,先通过 Map 程序将数据切割成不相关的区块,分配(调度)给大量计算机处理,达到分布式运算的效果,再通过 Reduce 程序将结果汇整输出。

4)大规模数据管理

处理海量数据是云计算的一大优势。如何处理则涉及很多层面的东西,因此高效的数据处理技术也是云计算不可或缺的核心技术之一。对于云计算来说,数据管理面临巨大的挑战。云计算不仅要保证数据的存储和访问,还要能够对海量数据进行特定的检索和分析。由于云计算需要对海量的分布式数据进行处理、分析,因此,数据管理技术必须能够高效地管理大量的数据。

Google 的 BT(Big Table)数据管理技术和 Hadoop 团队开发的开源数据管理模块 HBase 是业界比较典型的大规模数据管理技术。

5)分布式资源管理

云计算采用了分布式存储技术存储数据,那么自然要引入分布式资源管理技术。在多节点的并发执行环境中,各个节点的状态需要同步,并且在单个节点出现故障时,系统需要有效的机制保证其他节点不受影响。而分布式资源管理系统恰是这样的技术,它是保证系统状态的关键。

另外,云计算系统所处理的资源往往非常庞大,少则几百台服务器,多则上万台,同时可能跨越多个地域。且云平台中运行的应用也是数以千计,如何有效地管理这批资源,保证它们正常提供服务,需要强大的技术支撑。因此,分布式资源管理技术的重要性可想而知。

全球各大云计算方案/服务提供商们都在积极开展相关技术的研发工作。其中 Google 内部使用的 Borg 技术很受业内称道。另外,微软、IBM、Oracle/Sun 等云计算巨头都有相应解决方案提出。

6)云计算平台管理

云计算资源规模庞大,服务器数量众多并分布在不同的地点,同时运行着数百种应用,如何有效地管理这些服务器,保证整个系统提供不间断的服务是巨大的挑战。云计算系统的平台管理技术,需要具有高效调配大量服务器资源,使其更好地协同工作能力。其中,方便部署和开通新业务、快速发现并且恢复系统故障、通过自动化、智能化手段实现大规模系统可靠的运营是云计算平台管理技术的关键。

对于提供者而言,云计算可以有 3 种部署模式,即公共云、私有云和混合云。3 种模式对平台管理的要求不相同。对于用户而言,由于企业对 ICT 资源共享的控制、对系统效率的要求以及 ICT 成本投入预算不尽相同,企业所需的云计算系统规模及可管理性能也大不相同。因此,云计算平台管理方案要更多地考虑定制化需求,能够满足不同场景的应用需求。

包括Google、IBM、微软、Oracle/Sun等在内的许多厂商都有云计算平台管理方案推出。这些方案能够帮助企业实现基础架构整合、实现企业硬件资源和软件资源的统一管理、统一分配、统一部署、统一监控和统一备份，打破应用对资源的独占，让企业云计算平台价值得以充分发挥。

10.2.5　云计算发展趋势

在一个数据驱动的社会，越来越多的企业或组织依靠云来实现自己的数字化转型。在最近的一份报告中，云计算市场预计将在2019年达到2 060亿美元的惊人规模，前瞻到2025年市场规模有望突破5 400亿元。

事实上，据说到2025年，将会有超过750亿活跃的物联网设备。通过互联网或云计算发送和检索数据的过程将变得更加简单，但是这些海量的数据是如何处理的呢？毫无疑问，物联网的增长对边缘云、雾和云平台产生了需求，因为这些基础设施被那些严重依赖数据的组织所使用。公共云不再是一种适用于所有类型的解决方案，对于具有特定需求的组织来说，将所有内容迁移到云上是一项艰巨的任务。

云计算的未来，或许并不模糊，越来越多的公司正在探索其他类型的云计算，如雾计算(Fog Computing)、边缘计算(Edge Computing)以及共享云计算。

1)雾计算

雾计算的定义是将云计算扩展到企业网络的边缘。雾是分布式网络环境的另一层，与云计算和物联网密切相关。它包含一个分散的计算环境，其中基础设施提供存储、数据、应用程序和计算。

雾化将云计算的概念扩展到网络边缘，使其成为物联网和其他需要实时交互的应用程序的理想选择，Fog组网主要利用本地计算机资源而不是访问远程计算机资源，从而减少延迟问题和性能，使其更加强大和高效。雾计算有助于提高效率，减少需要传输到云中进行处理、分析和存储的数据量。尽管出于效率原因使用，但也可以用于安全性和遵从性原因。在延迟方面，雾计算在网络方面具有较低的延迟。它还可以减少发送到云计算机的数据量，而云计算在发送或转换数据时不会提供任何数据减少。如果讨论响应性，与云计算相比，雾系统或雾化系统的响应时间很长。在云计算中，可以集成多个数据源，但是雾处理允许集成多个数据源和设备，这是云计算和雾计算的主要区别之一。虽然雾网络是以访问速度著称，但云计算速度在很大程度上依赖于VM的连接。因此，对于大用户来说，由于雾处理提供的安全性和保障被广泛推荐。

2)边缘计算

边缘计算通常处理在网络周围创建数据的数据处理，以替代集中式数据处理仓库。对于入口点来说，使用边缘设备允许进入核心网络。在这里，计算主要或完全在成为智能设备或边缘设备的分布式设备节点上执行，而不是主要集中在云环境中。

边缘计算最伟大的例子之一就是自动驾驶汽车。随着边缘计算技术和人工智能(Artificial Intelligence,AI)的集成，用自动驾驶技术取代人类汽车驾驶员成为可能。然而，要使其正常工作，所需的是该技术能够对道路事故作出实时反应。这种前沿技术的另一个很好的例子就是预测性维护。边缘计算的应用使得物联网无线传感器网络能够实时监测机器的健康状况。通过边缘计算技术获取的数据被发送到集中式云数据中心进一步分析。

10.3 大数据时代

10.3.1 大数据的概念

大数据是继物联网、云计算、移动互联网之后又一个热门科技概念，广义上它是指无法在可承受的时间范围内用常规软件工具进行捕捉、管理、处理的数据集合。从产业角度看，常常把这些数据与采集它们的工具、平台、分析系统一起称为“大数据”。

“大数据”在互联网行业主要指：互联网公司在日常运营中生成、积累的用户网络行为的非结构化和半结构化数据。这些数据的规模是如此庞大，以至于不能用 G 或 T 来衡量。目前，数据量的衡量单位已从 TB(1 TB=1 024 GB)级别跃升到 PB(1 PB=1 024 TB)、EB(1 EB=1 024 PB)乃至 ZB(1 ZB~1 024 EB)级别。

10.3.2 大数据的特征

大数据主要具有以下四大基本特征。

1）数据量大

目前对大数据的起始计量单位至少是 P(210 T=1 024~1 000 T)、E(220 T=1 048 576 T~100 万 T)或 Z(230=1 073 741 824~10 亿 T)。

2）种类繁多

数据种类包括网络日志、音频、视频、图片、地理位置信息等，多种类型的数据对数据处理能力提出了更高的要求。

3）价值密度低

物流领域的数据量非常庞大，包括来自企业、互联网、港口、运载工具等的数据，如何从如此巨大的数据中挖掘企业所需的数据资料，就需借助大数据分析技术，如利用大数据来分析集装箱移动信息，物流企业就能知道哪些港口有剩余运载量，哪些港口吞吐量大，货物周转速度快，应在哪个位置的港口部署海运业务，大数据已成为智慧物流的引擎。

4）速度快、时效性强

采用非关系型数据库技术（NoSQL）和数据库集群技术（MPP NewSQL）快速处理非结构化以及半结构化的数据，以获取高价值信息，这与传统数据处理技术有着本质的区别。这是大数据区别于传统数据挖掘最显著的特征。

10.3.3 大数据应用

1）电商行业

电商行业是最早将大数据用于精准营销的行业，它可以根据消费者的习惯提前生产物料和物流管理，这有利于美好社会的精细化生产。在电商行业利用大数据分析，可以更加精准地预测市场发展趋势，提供个性化推荐、优化企业的供应链管理，提高运营效率。

2）金融行业

大数据在金融行业的使用非常广泛，主要使用在交易过程中。现在许多股权交易都是使用大数据算法进行的。这些算法能够越来越多地考虑社交媒体和网站新闻,并且决定接下来的几秒内是选择购买还是出售。

3)**生物技术**

生物技术是人类未来挑战疾病的重要武器。科学家可以利用大数据技术的应用,这样能够加速他们自己的基因和其他动物基因的研究过程,并且还能成为人类未来克服疾病的重要武器之一。技术不仅可以改良作物,还可以利用遗传技术培育人体器官,消灭细菌等。

目前移动互联网和物联网的发展非常迅速,大数据知识得到更多人的认可。大量的数据能够和大数据技术完美结合进行解决问题,改善收集、存储、计算和分析等问题,并且还能促进社会对大数据的重新认识。

10.3.4　大数据发展趋势

随着国家在大数据中心、工业互联网、人工智能、5G 等行业和领域“新基建”政策的引导和推动下,大数据基础软件在各行业中将会持续地深入应用。未来,将会产生大数据行业两极化:一是面向通用行业、具备通用大数据技术和生态大数据产品供应商;二是面向特定各行业领域,具有行业特征和属性,具备行业技术和生态的专用型大数据基础软件;与此同时,各行业领域在经历了不同的大数据建设阶段后,将会出现更多的数据价值诉求,而能够推动大数据基础软件行业发展的关键则在于持续释放数据价值、持续创新数据应用,并构建行业技术生态。

未来大数据行业有以下 4 个方面的发展趋势。

1)**数据治理和数据安全**

数据治理是指对数据的收集、存储、处理、分析等环节进行有效管理,确保数据的质量和可靠性。随着数据量的不断增大,数据治理将变得越来越重要。同时,数据安全问题也会成为一个越来越重要的问题,随着黑客攻击和数据泄露事件的不断增加,数据安全问题将越来越引人注目。

2)**物联网、区块链和大数据融合**

随着物联网技术的发展,越来越多的设备和传感器将与互联网连接,生成海量的数据。大数据行业将与物联网产业融合,通过大数据技术实现对物联网数据的处理和分析,从而为物联网应用提供更高的价值。而区块链技术将与大数据技术融合,实现更加安全和可信的数据交换和共享。通过区块链技术的应用,大数据行业将进一步增强数据的可靠性和安全性,同时也提高了数据的可用性和可访问性。

3)**数据应用和商业模式的创新**

大数据技术的应用和商业模式的创新将成为大数据行业发展的重要驱动力。未来,大数据行业需要创新应用场景和商业模式,探索新的数据应用领域,开拓新的商业价值,为数字经济的发展注入新的动力。

4)**大数据的开放和共享**

数据的开放和共享将成为大数据行业发展的重要方向,政府和企业将更加愿意开放和共享自己的数据,促进数据的交流和利用。同时,数据共享也将促进数据产业的协同发展。

总之,未来大数据行业的发展趋势将围绕数据治理、人工智能、云计算、物联网、区块链、数据伦理等方面展开,同时也需要加强对数据人才的培养和引进,创新应用场景和商业模式,为数字经济的发展注入新的动力。

项目小结

随着现代社会的发展,网络的应用也进入新的时代。网络的变化可以说是日新月异,物联网、云计算和大数据这些新技术将为人们带来更好的网络资源。

思考与练习

一、选择题

1. 物联网的英文名称是(　　)。

A. Internet of Matters　　B. Internet of Theorys

C. Internet of Things　　D. Internet of Clouds

2. 物联网的核心技术是(　　)。

A. 射频识别　　B. 集成电路　　C. 无线电　　D. 操作系统

3. 物联网技术是基于射频识别技术发展起来的新兴产业,射频识别技术主要是基于什么方式进行信息传输的呢?(　　)

A. 声波　　B. 电场和磁场　　C. 双绞线　　D. 同轴电缆

4. 在云计算中,不属于虚拟层的是(　　)。

A. 服务器虚拟化　　B. 存储虚拟化　　C. 网络虚拟化　　D. 桌面虚拟化

5. 云计算是对(　　)技术的发展与运用。

A. 并行计算　　B. 网络计算　　C. 分布式计算　　D. 3 个选项都是

6. 从研究现状上看,下列选项不属于云计算特点的是(　　)。

A. 超大规模　　B. 虚拟化　　C. 私有云　　D. 高可靠性

7. 关于物联网的描述,正确的是(　　)。

A. 物联网中的“网”是指物理上独立于互联网的网络

B. 物联网中的“物”指客观世界的物品,包括人、商品、地理环境等

C. 二维码技术是物联网架构中的应用层技术

D. 应用软件是物联网产业链中需求量最大和最基础的环节

二、问答题

1. 简述物联网的定义。

2. 简述物联网的原理。

3. 什么是云计算?

4. 什么是虚拟化?

参考文献

[1] 曹桂林,李春平,唐明惠,计算机网络技术基础[M]. 哈尔滨:哈尔滨工程大学出版社,2022.

[2] 周舸,计算机网络技术基础[M]. 5 版. 北京:人民邮电出版社,2018.

[3] 龚娟,栾婷婷,王昱煜,计算机网络基础:微课版[M]. 4 版. 北京:人民邮电出版社,2022.

[4] 安洛生. 网络安全技术[M]. 长沙:国防科技大学出版社,2010.

[5] 薛涛,加云岗,赵旭. 计算机网络基础[M]. 北京:电子工业出版社,2015.

[6] 黄玉兰. 物联网传感器技术与应用[M]. 北京:人民邮电出版社,2014.

[7] 王鹏,黄焱,安俊秀,等. 云计算与大数据技术[M]. 北京:人民邮电出版社,2014.

[8] 刘鹏,张燕. 大数据可视化[M]. 北京:电子工业出版社,2018.

[9] 徐伶燕. 基于纠错码的数字签名在信息安全中的探究[D]. 南京:南京邮电大学,2015.